"十四五"职业教育国家规划教材

iCVE 智慧职教　智能制造专业 新形态一体化教材

U0770920

# 工业机器人技术基础（第2版）

▶ 主　编　双元教育
▶ 副主编　王志中　张建林　李　凯

中国教育出版传媒集团
高等教育出版社·北京

内容提要

本书是"十四五"职业教育国家规划教材,由"十三五"职业教育国家规划教材修订而成。本书围绕工业机器人原理及工业应用,介绍工业机器人的基本原理、重要组成部分和应用技术等,具体内容包括工业机器人概述、基本原理、驱动系统和机械系统、传感技术、机器视觉技术、末端执行器、控制与编程、关键技术应用及发展前景。

本书实现了互联网与传统教学的融合,采用"纸质教材+数字课程"的出版形式,以新颖的留白编排方式,突出资源的导航,扫描二维码,即可观看微课、动画等数字资源,随扫随学,突破传统课堂教学的时空限制,激发学生自主学习的兴趣,打造高效课堂。本书还提供课件、习题参考答案、延伸阅读资料、案例资料等,授课教师可发送电子邮件至编辑邮箱 gzdz@ pub.hep.cn 获取。

本书适合作为职业院校工业机器人技术专业、机电一体化技术专业及装备制造大类其他相关专业的教材,也可供从事工业机器人应用工作的工程技术人员参考。

**图书在版编目(CIP)数据**

工业机器人技术基础/双元教育主编. --2 版. --北京:高等教育出版社,2025.2

ISBN 978-7-04-061924-9

Ⅰ.①工… Ⅱ.①双… Ⅲ.①工业机器人-教材

Ⅳ.①TP242.2

中国国家版本馆 CIP 数据核字(2024)第 052648 号

Gongye Jiqiren Jishu Jichu

| | | | | | | | | |
|---|---|---|---|---|---|---|---|---|
| 策划编辑 | 郭 晶 | 责任编辑 | 郭 晶 | 封面设计 | 赵 阳 | 版式设计 | 徐艳妮 |
| 责任绘图 | 邓 超 | 责任校对 | 窦丽娜 | 责任印制 | 刘弘远 | | |

| | | | | |
|---|---|---|---|---|
| 出版发行 | 高等教育出版社 | 网 址 | http://www.hep.edu.cn |
| 社 址 | 北京市西城区德外大街 4 号 | | http://www.hep.com.cn |
| 邮政编码 | 100120 | 网上订购 | http://www.hepmall.com.cn |
| 印 刷 | 河北吉祥印务有限公司 | | http://www.hepmall.com |
| 开 本 | 787mm×1092mm 1/16 | | http://www.hepmall.cn |
| 印 张 | 17.5 | 版 次 | 2018 年 5 月第 1 版 |
| 字 数 | 460 千字 | | 2025 年 2 月第 2 版 |
| 购书热线 | 010-58581118 | 印 次 | 2025 年 9 月第 3 次印刷 |
| 咨询电话 | 400-810-0598 | 定 价 | 45.00 元 |

# "智慧职教"服务指南

"智慧职教"(www.icve.com.cn)是由高等教育出版社建设和运营的职业教育数字教学资源共建共享平台和在线课程教学服务平台,与教材配套课程相关的部分包括资源库平台、职教云平台和 App 等。用户通过平台注册,登录即可使用该平台。

- 资源库平台:为学习者提供本教材配套课程及资源的浏览服务。

登录"智慧职教"平台,在首页搜索框中搜索"工业机器人技术基础",找到对应作者主持的课程,加入课程参加学习,即可浏览课程资源。

- 职教云平台:帮助任课教师对本教材配套课程进行引用、修改,再发布为个性化课程(SPOC)。

1. 登录职教云平台,在首页点击"新增课程"按钮,根据提示设置要构建的个性化课程的基本信息。

2. 进入课程编辑页面设置教学班级后,在"教学管理"的"教学设计"中"导入"教材配套课程,可根据教学需要进行修改,再发布为个性化课程。

- App:帮助任课教师和学生基于新构建的个性化课程开展线上线下混合式、智能化教与学。

1. 在应用市场搜索"智慧职教 icve"App,下载安装。

2. 登录 App,任课教师指导学生加入个性化课程,并利用 App 提供的各类功能,开展课前、课中、课后的教学互动,构建智慧课堂。

"智慧职教"使用帮助及常见问题解答请访问 help.icve.com.cn。

从 2010 年起，我国制造业产值在全世界占比排名第一，成为制造业第一大国，开始处于从制造业价值链的中低端向高端、从制造大国向制造强国、从"中国制造"向"中国创造"转变的关键历史时期。在制造业各个领域中，机器人是重点发展领域之一。工业机器人在"智能制造"中是关键的执行环节，它本身是多学科技术的融合，其应用也涉及机械、电气、软件等多学科的内容。同时，中国已经成为全球最大的工业机器人消费国，其应用必然会在更多领域展开，应用水平更加深入。2022 年我国工业机器人产量已达到 44.3 万台。根据教育部、人力资源和社会保障部、工业和信息化部发布的《制造业人才发展规划指南》（教职成〔2016〕9 号），到 2025 年，十大重点领域之一的高档数控机床和机器人领域的人才缺口将达到 450 万人。但我国工业机器人应用人才培养刚处于起步阶段，教材建设更是处于空白状态，目前市场上的教材多以工业机器人操作应用为主，很少涉及工业机器人的核心技术，急需对工业机器人技术应用相关教材进行系统、深入的开发。

双元教育科技有限公司长期从事高等教育高端应用人才培养，与 100 余所院校建立了深度合作关系，在专业建设、课程建设、实训条件建设等方面积累了丰富的经验，构建了专业调研、专业建设、人才培养、就业服务等系统的服务体系。双元教育在广泛调研的基础上，对工业机器人应用人才的岗位分布、能力需求、核心技术等开展了深入研究，组建了由高等教育领域课程开发专家、专业负责人、骨干教师、企业技术专家等组成的专业开发团队，与发那科、埃夫特等国内外工业机器人行业龙头企业共同设计开发了本套智能制造专业新形态一体化教材。

本套教材从工业机器人系统集成核心岗位能力培养出发，兼顾工业机器人系统安装调试、自动化智能工厂等综合技术，覆盖了工业机器人操作编程、建模仿真、离线编程、系统集成、运行维护等与工业机器人应用相关的核心技术。项目开发团队以企业真实案例为基础，开发教学项目和实训设备，由浅入深地讲解各相关技术，避免空洞的讲解，将理论与实践深度融合，使学习者在真实项目实践中掌握核心应用技术。

本套教材以工业机器人技术高端技能人才的培养为目标，具有完备的专业知识体系。教材以项目的形式编写，利于开展项目化教学，此为本套教材的第一个亮点；编写人员为工业机器人领域经验丰富的工程师，因此书中处处体现工程人员的思维、经验，有利于对学生开展工程教育，此为本套教材的又一大亮点；教材配有丰富的学习资源，详尽、实用，教师和学生均可受益，此为本套教材的第三个亮点。

本套教材可以有效支撑工业机器人技术高端技能人才的培养要求，但在工程应用中，尤其是新科技的应用，需要根据实践要求不断丰富与深入，紧跟科技的步伐，持续前进。以"新工科"的要求进行工业机器人技术高端技能人才培养，需要更加广泛深入地探索，希望各界同仁一道，携手并进，为教育事业共尽绵薄之力。

哈尔滨工业大学机器人研究所副所长　教授　博士生导师

李瑞峰

# 第 2 版前言

机器人技术代表了机电一体化技术的最高研究成果,涉及机械工程、电子技术、计算机技术、自动控制理论及人工智能等多门学科,是当代科学技术发展最活跃的领域之一。机器人的研究、制造和应用程度,是衡量科技发展水平的重要指标。

目前,机器人在人类生产和生活中的应用越来越普及,机器人技术应用岗位已经成为众多行业,特别是汽车制造、电子制造、半导体、精密仪器仪表、制药等行业的关键工作岗位之一。相关工程技术人员非常有必要学习和掌握机器人相关的专业技术知识。

本书为"十四五"职业教育国家规划教材,由"十三五"职业教育国家规划教材修订而成,以党的二十大精神为指导,旨在培养机器人技术领域德才兼备的高素质技术技能人才,在引导学习和掌握专业知识和实践技能的同时,树立民族产业自信,端正爱岗敬业态度,培养艰苦奋斗精神。本书以工业机器人技术的基础性、关键性技术及应用为编写主线,共包括 10 个单元。书中首先对工业机器人进行整体介绍,然后分别讲解机器人的基础理论、机械结构、传感技术、控制技术;接着从应用入手,讲解机器视觉技术、末端执行器及其他关键技术,并对工业机器人的典型应用进行系统介绍;最后对工业机器人的发展前景进行展望。

本书由双元教育科技有限公司(以下简称双元教育)任主编。重庆建筑工程职业学院王志中、鄂尔多斯职业学院张建林、长沙市望城区职业中等专业学校李凯任副主编,李亭、杨志成、王又稳参加编写工作。编写团队整合教育资源、企业资源,在充分调研企业当前、未来岗位需求的基础上,在以知名院校专家、企业实践专家为核心组成的专家指导委员会的带领下,以校企合作模式编写了本套面向职业院校的智能制造专业新形态一体化教材。学习者可进行系统化学习或单项学习。

编者在编写本书的过程中参考了部分相关著作、论文,在此向文献作者表示衷心的感谢。由于机器人技术的发展日新月异、应用领域广泛,加之编者水平有限,难以对工业机器人技术全面、详尽介绍。对于书中不妥之处,敬请读者提出宝贵意见。

编者
2025 年 1 月

# 第1版前言

机器人技术代表了机电一体化技术的最高研究成果,涉及机械工程、电子技术、计算机技术、自动控制理论及人工智能等多门学科,是当代科学技术发展最活跃的领域之一。机器人的研究、制造和应用程度,是一个国家或公司科技水平和经济实力的象征。目前,国际上许多大公司都在竞相研制各类先进机器人,向人们展示其科技实力。

随着机器人在人类生产和生活中的应用越来越普及,新世纪的大学生和工程技术人员非常有必要学习和掌握机器人相关的专业技术知识。机器人技术应用岗位目前已经成为众多行业,特别是汽车制造、电子制造、半导体、精密仪器仪表、制药等行业的关键和核心工作岗位之一。

本书以党的二十大报告相关精神为指导,旨在培养机器人技术领域德才兼备的高素质人才,引导学生在学习和掌握专业知识和实践技能的同时,树立民族产业自信,端正爱岗敬业态度,培养艰苦奋斗精神。本书以工业机器人技术的基础性、关键性技术及应用为编写主线,共 10 个单元。首先对工业机器人进行整体介绍,然后分别讲解了机器人的基础理论、机械结构、传感技术、控制技术;接着从应用入手,讲解了机器视觉技术、末端执行器及其他关键技术,并对工业机器人的典型应用进行了系统介绍;最后对工业机器人的发展前景进行了展望。

本书由双元教育科技有限公司(以下简称"双元教育")主编。双元教育整合教育资源、合作企业资源,在充分调研企业当前、未来岗位需求的基础上,在以知名院校专家、企业实践专家为核心组成的专家指导委员会的带领下,编写完成本套教材。学习者可进行体系化学习或单项学习。

在本书的编写过程中参考了诸多同行的相关著作、论文,在此向文献的作者表示衷心的感谢。由于机器人技术的发展日新月异、应用领域广泛,编者水平有限,难以对工业机器人技术进行全面、详细的介绍,书中存在的不妥之处,敬请读者批评指正,并提出宝贵意见。

编者

# 目录

# 概述

自第一次工业革命以来,人类的大量体力劳动开始逐渐被各种机械所取代,而这种变革为人类社会创造出了巨大的财富,极大地推动了人类社会的进步。在人力成本、原料成本不断上涨的今天,工业机器人作为第三次科技革命的重要切入点,彻底改变了工业生产模式,提升了工业生产效率。

工业机器人是一门多学科交叉的综合学科,涉及机械、电子、运动控制、传感检测和计算机技术等,它不是现有机械和电子技术的简单组合,而是这些技术融合的一体化装置。

目前,工业机器人技术的应用非常广泛,各行各业都离不开机器人的开发和应用。工业机器人的应用程度是衡量一个国家制造业自动化水平的重要标志。

## 学习目标

### 知识目标

- 熟悉工业机器人的发展历史,掌握工业机器人发展的三个阶段。
- 掌握工业机器人的定义。
- 熟悉工业机器人的常用类型,掌握各种类型机器人的特点。
- 了解国内外工业机器人的主要厂家,熟悉其产品特点。

### 能力目标

- 能够描述工业机器人发展的主要阶段。
- 能够认知各种类型的工业机器人,明确其特点。
- 能够认知工业机器人的主要厂家,明确其产品特点。

### 素养目标

- 学习工业机器人知识时把握技术细节,培养严谨认知与务实精神,为后续工作打下基础。
- 认识工业机器人多学科交叉属性,关联学科知识,提升整合知识解决问题的能力。
- 了解工业机器人发展历程与技术创新成果,树立关注前沿意识,激发探索兴趣。

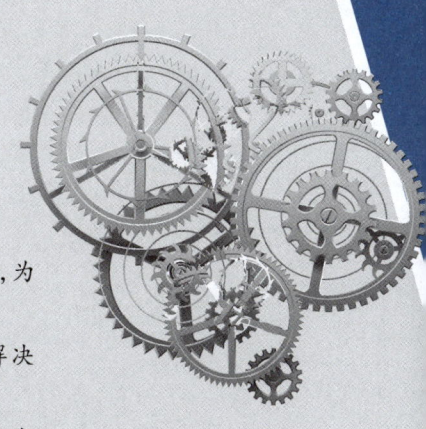

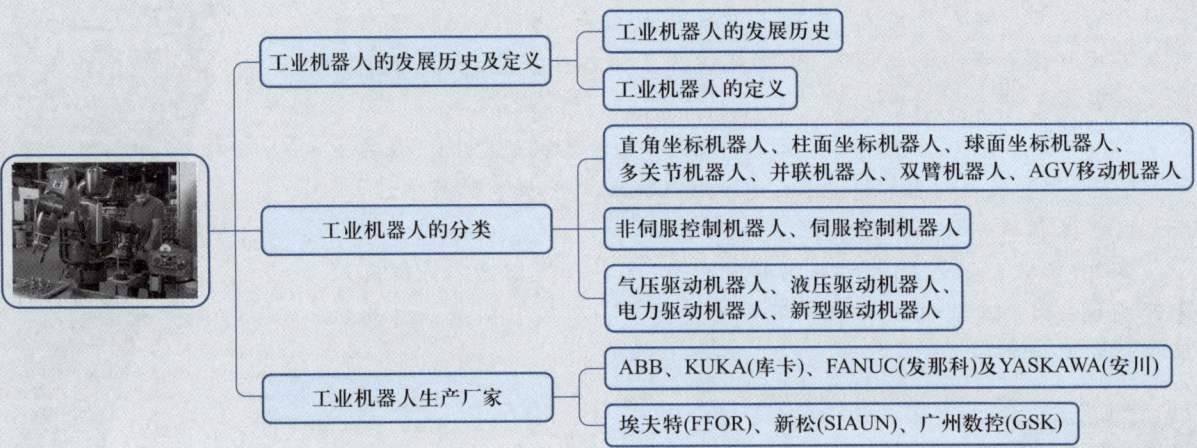

工业机器人的发展历史及定义
- 工业机器人的发展历史
- 工业机器人的定义

工业机器人的分类
- 直角坐标机器人、柱面坐标机器人、球面坐标机器人、多关节机器人、并联机器人、双臂机器人、AGV移动机器人
- 非伺服控制机器人、伺服控制机器人
- 气压驱动机器人、液压驱动机器人、电力驱动机器人、新型驱动机器人

工业机器人生产厂家
- ABB、KUKA(库卡)、FANUC(发那科)及YASKAWA(安川)
- 埃夫特(FFOR)、新松(SIAUN)、广州数控(GSK)

# 1.1 工业机器人的发展历史及定义

## 1.1.1 工业机器人的发展历史

万事万物都遵循着从无到有、从低到高的发展规律，机器人也不例外。早在三千多年前的西周时代，我国就出现了模仿能歌善舞者的木偶，称为"倡者"，这是世界上最早的"机器人"。

1920年，捷克作家卡雷尔·恰佩克发表了科幻剧本《罗萨姆的万能机器人》。恰佩克在剧本中把捷克语"Robota"写成了"Robot"，其意为"不知疲倦的劳动"，引起了人们的广泛关注。它被当成了"机器人"一词的起源。恰佩克把机器人定义为服务于人类的家伙，机器人的名字也由此产生。此后，"机器人"一词频繁出现在现代科幻小说和电影中。

然而，有实用价值的工业机器人的出现并不久远。20世纪五六十年代，随着机构理论和伺服理论的发展，机器人开始进入实用化和工业化阶段。随着现代科技的不断前进，机器人这一概念逐步演变成现实。在现代工业的发展过程中，机器人逐渐融合了机械、电子、运动、动力、控制、传感检测、计算技术等多门学科，成为现代科技发展极为重要的部分。

以下列举了应用于工业生产的工业机器人在发展历史上的标志性事件。

1954年，美国的乔治·德沃尔提出了一个与工业机器人有关的技术方案，并申请了"通用机器人"专利。该专利的要点在于借助伺服技术来控制机器人的各个关节，同时可以利用人手完成对机器人动作的示教，实现机器人动作的记录和再现。

1959年，乔治·德沃尔与美国发明家约瑟夫·英格伯格联手制造出第一台工业机器人Unimate（图1-1），机器人的历史才真正拉开了帷幕。

1960年，美国机械与铸造公司（AMF）生产出Versatran柱面坐标机器人。该机器人可进行点位和轨迹控制，是世界上第一台用于工业生产的机器人。

1968年，美国斯坦福研究所成功研发了机器人Shakey，由此拉开了第三代机器人研发的序幕。Shakey带有视觉传感器，能根据人的指令发现并抓取积木，不过控制它的计算机有一个房间那么大。Shakey可以称为世界上第一台智能机器人。

1979年，美国Unimation公司推出通用工业机器人PUMA，如图1-2所示，这标志着工业机器人技术已经成熟。这种机器人至今仍使用在生产第一线，许多机器人技术的研究都以该机器人为模型和对象。

19世纪70年代的日本面临严重的劳动力短缺问题，这个问题已成为制约其经济发展的主要问题。此时美国诞生并已投入生产的工业机器人给日本带来了转机。1967年，日本川崎重工和丰田公司分别从美国购买了工业机器人Unimate和Versatran的生产许可，从此日本开始了对机器人的研究和制造。

工程案例引入
美的中央空调自动化生产线

视频
美的中央空调自动化生产线

视频
工业机器人的发展历程

图1-1 Unimate机器人

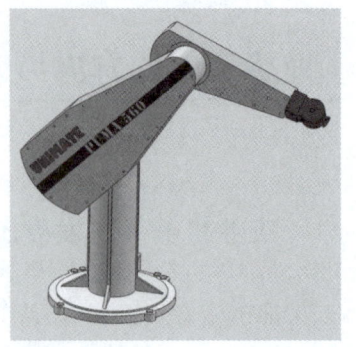

图1-2 PUMA机器人

1979年,日本山梨大学牧野洋发明了平面关节(selective compliance assembly robot arm,SCARA)机器人,该型机器人在以后的装配作业中得到了广泛应用。1980年之后,工业机器人在日本得到了快速发展。

德国工业机器人的总数居世界前列。尽管德国比英国和瑞典引进机器人晚了五六年,但德国的社会环境是有利于机器人工业发展的,战争导致的劳动力短缺以及较高的国民技术水平都是实现机器人广泛应用的有利条件。到了20世纪70年代中后期,德国政府采用行政手段为机器人的推广开辟道路:其在"改善劳动条件计划"中规定,对于一些有危险、有毒、有害的工作岗位,必须以机器人来代替普通人的劳动。这个计划为机器人的应用开拓了广泛的市场,并推动了工业机器人技术的发展。

法国不仅机器人拥有量较高,而且在机器人应用水平和应用范围上也处于世界先进水平。在法国,机器人的发展比较顺利,主要原因是通过政府大力支持的研究计划,建立起了一个完整的科学技术体系。即由政府组织一些机器人基础技术方面的研究项目,而由工业界支持开展应用和开发方面的工作,两者相辅相成,使机器人在法国工业界很快得到发展和普及,从而使法国在国际工业机器人界占有一席之地。

英国从20世纪70年代末开始推行并实施了一系列支持机器人发展的政策,使英国工业机器人起步比日本还要早,并曾经取得了辉煌的成绩。然而,后来英国政府对工业机器人实行了限制发展的措施,导致英国的机器人工业一蹶不振,在欧洲排名靠后。近些年,意大利、瑞士、西班牙、芬兰、丹麦等国家由于国内机器人市场需求量大,机器人技术的发展速度较快。

目前,我国工业机器人拥有量超过日本、美国、韩国、德国四国总和,每年安装量约占全世界一半。

经过几十年的发展,机器人已经在很多领域中获得了应用,其种类也不胜枚举,几乎各个高精尖技术领域都有它的身影。在这期间,机器人的成长经历了三个阶段。

（1）示教再现机器人。第一代工业机器人是示教再现机器人。这类机器人能够按照人类预先示教的轨迹、行为、顺序和速度重复作业。示教可由操作员手把手进行,如图1-3(a)所示,比如操作人员握住机器人上的喷枪,沿喷漆路线示范一遍,机器人在运动中记住这一连串动作,工作时自动重复这些动作,从而完成给定位置的涂装工作。这种方式为直接示教,即所谓的"手把示教"。但是,比较普

**视频**
SCARA机器人与生活息息相关

**提示**
我国工业机器人起步于20世纪70年代初期,大致经历了三个阶段:20世纪70年代的萌芽期、20世纪80年代的开发期和20世纪90年代以后的实用化期。

**微课**
工业机器人的发展历史

遍的方式是通过示教器示教,如图1-3(b)所示。操作人员利用示教器上的开关或按键来控制机器人一步一步地动作,机器人自动记录,然后重复。目前,在工业现场应用的机器人大多数属于第一代工业机器人。

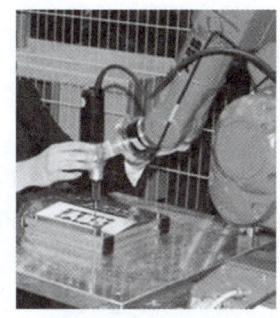 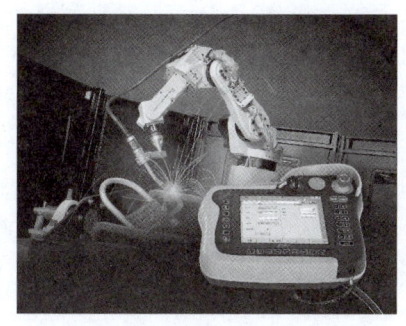

(a) 手把手示教　　　　　　　　　(b) 示教器示教

图1-3　示教再现机器人

（2）感知机器人。第二代工业机器人是感知机器人,这类机器人具有环境感知装置,能在一定程度上适应环境的变化,目前已进入应用阶段,如图1-4所示。以焊接机器人为例,机器人焊接的过程一般是通过示教方式给出机器人的运动曲线,机器人携带焊枪按该曲线进行焊接。这就要求工件的一致性要好,即工件被焊接位置必须十分准确。否则,机器人携带焊枪所走曲线和工件的实际焊缝位置会有偏差。为解决这个问题,应用于焊接作业的感知机器人采用焊缝跟踪技术,通过传感器感知焊缝的位置,再通过反馈控制,就能够自动跟踪焊缝,从而对示教的位置进行修正。即使实际焊缝位置相对于原始设定的位置有变化,机器人也可以很好地完成焊接工作。这类技术正越来越多地应用于工业机器人。

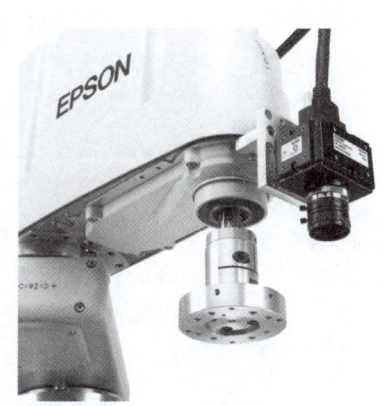

图1-4　配备视觉系统的感知机器人

（3）智能机器人。第三代工业机器人称为智能机器人,这类机器人具有发现问题并自主解决问题的能力,尚处于实验研究阶段。作为发展目标,这类机器人具有多种传感器,即自适应技术,不仅可以感知自身的状态,比如所处位置、自身的故障状况等,而且能够感知外部环境的状态,比如自动发现路况,自动测出协作机器的相对位置及相互作用力等。更为重要的是,智能机器人能够根据获得的信息,进行逻辑推理、决策判断,在变化的内部状态与外部环境中,自主决定自身的行为。这类机器人具有高度的适应性和自治能力。尽管经过多年来的不懈研究,人们研制出很多各具特色的试验装置,提出大量新思想、新方法,但现有工业机器人的自适应技术还十分有限。

延伸阅读
我国机器人发展历史

### 1.1.2　工业机器人的定义

在科技界,科学家会给每一个科技术语一个明确的定义,但机器人问世已有几十年的时间,却仍然没有一个统一的定义。原因之一是机器人还在发展,新的机型、新的功能仍在不断涌现。根本原因是机器人涉及人的概念，成为一个难以回答的哲学问题。正是由于机器人定义的模糊，给了人们充分的想象和创造空间。各国对机器人有自己的定义，这些定义之间的差别较大。

国际上关于机器人的定义主要有以下几种。

美国国家标准和技术研究所（National Institute of Standards and Technology，NIST）将机器人定义为"一种能够进行编程并在自动控制下执行某些操作和移动作业任务的机械装置"。

美国机器人协会（Robotic Industries Association，RIA）将机器人定义为"一种用于移动各种材料、零件、工具或专用装置，通过程序动作来执行各种任务，并具有编程能力的多功能机械手（manipulator）"。

日本机器人协会（Japan Robot Association，JARA）指出："工业机器人是一种带有存储器件和末端执行器的通用机械，它能够通过自动化的动作代替人类劳动。"

国际标准组织（International Standardization Organization，ISO）将工业机器人定义为"一种能自动控制，可重复编程，多功能、多自由度的操作机，能搬运材料、工件或操持工具来完成各种作业"。

我国将工业机器人定义为"一种自动化的机器，所不同的是这种机器具备一些与人或者生物相似的智能能力，如感知能力、规划能力、动作能力和协同能力，是一种具有高度灵活性的自动化机器"。

由此不难发现，工业机器人是由仿生机械结构、电动机、减速机和控制系统组成的，用于从事工业生产，能够自动执行工作指令的机械装置。它可以接受人类的指挥，也可以按照预先编排的程序运行。现代工业机器人还可以根据人工智能技术制定的原则和纲领行动。

## 1.2 工业机器人的分类

工业机器人的种类很多，其功能、特征、驱动方式和应用场合等不尽相同。关于工业机器人的分类，国际上没有制定统一的标准，从不同的角度，会有不同的分类方法。本节介绍几种分类方法，即分别按工业机器人的结构特征、控制方式和驱动方式来进行分类。

### 1.2.1 按结构特征分类

机器人的结构形式多种多样，典型机器人的运动特征用其坐标特性来描述。根据结构特征的不同，工业机器人通常可以分为直角坐标机器人、柱面坐标机器人、球面坐标机器人、多关节机器人、并联机器人、双臂机器人、AGV 移动机器人等。

**1. 直角坐标机器人**

直角坐标机器人以直线运动轴为主，各个运动轴通常对应直角坐标系中的 $x$ 轴、$y$ 轴、$z$ 轴。在大多数情况下，直角坐标机器人各个直线运动轴间的夹角为直角,如图 1-5 所示。

直角坐标机器人主要由直线运动单元、驱动电动机、控制系统和末端执行器组成。针对不同的应用,可以方便地快速组合成不同维数、不同行程和不同带载能力的壁挂式、悬臂式、龙门式或倒挂式等各种形式的直角坐标机器人。从简单的二维机器人到复杂的五维机器人,有上百种结构形式的成功应用案例。从食品生产到汽车装配等各行各业的自动化生产线中,都有各式各样的多台直角坐标机器人和其他设备严格同步协调工作。

视频

直角坐标机器人的应用——码垛生产线

直角坐标机器人结构简单,定位精度高,空间轨迹易于求解;但其动作范围相对较小,设备的空间利用率较低,实现相同的动作空间要求时,机体本身的体积较大。

### 2. 柱面坐标机器人

柱面坐标机器人是能够形成圆柱坐标系的机器人,如图 1-6 所示。柱面坐标机器人由旋转基座形成的一个转动关节和垂直、水平移动的两个移动关节构成。

图 1-5 直角坐标机器人

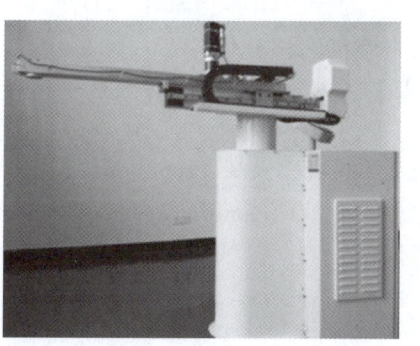

图 1-6 柱面坐标机器人

柱面坐标机器人具有空间结构小、工作范围大、末端执行器速度高、控制简单及运动灵活等优点。其缺点是工作时必须有沿 R 轴线前后方向的移动空间,空间利用率低。

目前,柱面坐标机器人主要用于重物的装卸、搬运等工作。著名的 Versatran 机器人就是典型的柱面坐标机器人。

### 3. 球面坐标机器人

球面坐标机器人具有一个移动关节和两个转动关节,动作空间形成球面的一部分,如图 1-7所示。其机械手能够前后伸缩移动,在垂直平面上摆动,以及绕底座在水平面上转动。著名的 Unimate 机器人就是这种类型的机器人。其特点是结构紧凑,所占空间体积小于直角坐标和柱面坐标机器人,但仍大于多关节机器人。

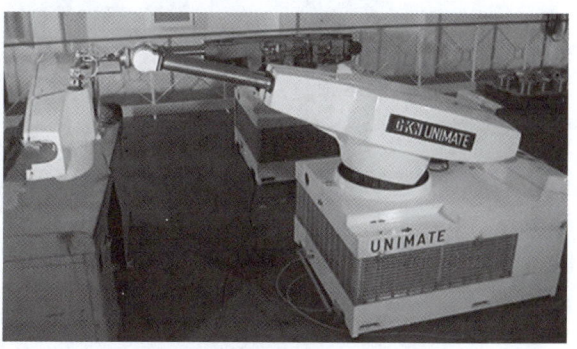

图 1-7 球面坐标机器人

### 4. 多关节机器人

多关节机器人由多个旋转和摆动关节组合而成。这类机器人结构紧凑,工作空间大,动作最接近人的动作,对涂装、装配、焊接等多种作业都有良好的适应性,

应用范围越来越广。不少著名的机器人都采用了这种形式,其摆动方向主要有铅垂方向和水平方向两种,因此这类机器人又可分为垂直多关节机器人和水平多关节机器人。美国Unimation公司推出的PUMA机器人就是一种垂直多关节机器人,而SCARA机器人则是一种典型的水平多关节机器人。目前世界工业界装机最多的工业机器人是垂直串联6关节机器人和SCARA机器人。

　　(1)垂直多关节机器人(图1-8)模拟了人类的手臂功能,由垂直于地面的腰部旋转轴、相当于大臂旋转的肩部旋转轴、带动小臂旋转的肘部旋转轴以及小臂前端的手腕等构成。手腕通常有2~3个自由度。其动作空间近似一个球体,所以也称为多关节球面机器人。其优点是可以自由地实现三维空间的各种姿态,可以生成各种复杂形状的轨迹。相对机器人的安装面积,其动作范围很宽。其缺点是结构刚度较低,动作的绝对位置精度较低。

　　(2)水平多关节机器人也称为SCARA机器人,如图1-9所示,在结构上具有两个串联配置的能够在水平面内旋转的手臂,其自由度可以根据用途选择2~4个,动作空间为圆柱体。

　　水平多关节机器人的特点在于作业空间与占地面积较大,使用方便;优点是垂直方向上的刚性好,能方便地实现二维平面上的动作,尤其适合平面装配作业。

### 5. 并联机器人

　　并联机器人(parallel mechanism,PM)是一种动平台和定平台通过至少两个独立的运动链相连接,机构具有两个或两个以上自由度,且以并联方式驱动的闭环机构。并联机器人形式多样,常见的并联机器人多为Delta并联机构形式。图1-10所示为ABB的IRB 360系列并联机器人。并联机器人具有高刚度、高负载(惯性比)等优点,但工作空间相对较小,结构较为复杂。这正好同串联机器人形成互补,从而扩大了机器人的选择及应用范围。

　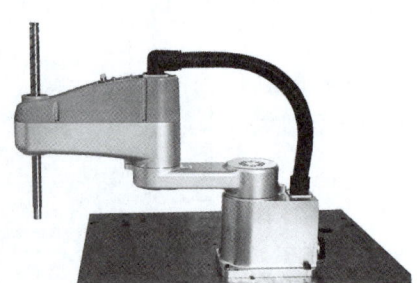　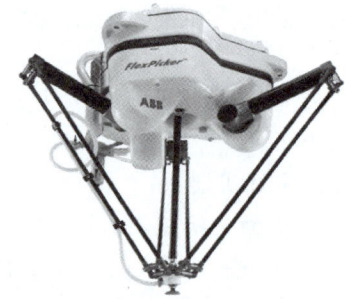

　图1-8　垂直多关节机器人　　　图1-9　水平多关节机器人　　图1-10　ABB IRB 360系列并联机器人

　　并联机器人广泛应用于装配、搬运、上下料、分拣、打磨及雕刻等需要高刚度、高精度或者大载荷同时无须很大工作空间的场合。

### 6. 双臂机器人

　　可以将双臂机器人的工作情况与两个单臂机器人一起工作的情况进行对比,如图1-11所示。两个单臂机器人一起工作时,当把某一个机器人的影响看作一个未知源的干扰时,其中的一个机器人就独立于另一个机器人。但双臂机器人作为一个完整的机器人系统,其双臂之间存在依赖关系。它们分享使用传感数据,双臂之间通过一个共同的连接形成物理耦合,最重要的是双臂控制器之间的通信,使得一个臂对于另一个臂的反应能够做出对应的动作、轨迹规划和决策,也就是双臂之间具有协调关系,这在某种程度上类似人体双臂的协调动作。在一个躯体中的两个单臂相当于两个高水平的控制器,把所有动作的协调作为一个基准,那么双臂的动作过程就包含着复杂的机械系统、躯体反馈、视觉反馈、肤体接触、滑移检测等在内的数据,并且用预先获取的数据来确认数据的存储与处理能力。这正是双臂机器人区别于两个单臂机器人组合的关键。

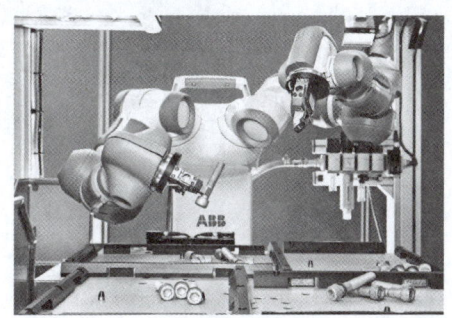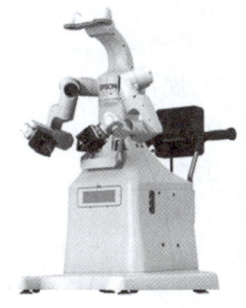

图 1-11　双臂机器人

视频
YUMI 双臂协作
机器人简介

双臂机器人的作用特点主要表现在以下几个方面:一是在末端执行器与臂之间无相对运动的情况下,如搬运钢棒这样的刚性物体时,双臂机器人比两个单臂机器人的动作控制要简单得多;二是在末端执行器与臂之间有相对运动的情况下,通过两臂间较好的配合能对柔性物体如薄板等进行控制操作,而两个单臂机器人要做到这一点是比较困难的;三是双臂机器人能够避免两个单臂机器人在一起工作时产生的碰撞情况;四是双臂机器人的双臂能够各自独立工作,用来实现对多目标的操作与控制,如将螺帽放到螺钉上的配合操作。

多机器人的协同作业是制造业发展的必然要求,双臂机器人就是适应这一要求而开发出的一种新型机器人,相对于单臂机器人可以大大增强机器人对复杂装配任务的适应性,同时可以提高工作空间的利用效率。发展双臂机器人是未来的必然方向。

### 7. AGV 移动机器人

AGV(automated guided vehicle,自动导引车)移动机器人指装备有电磁或光学等自动导引装置,能够沿规定的导引路径行驶,以可充电蓄电池为其动力来源,具有安全保护以及各种移载功能的运输车和工业应用中无须驾驶员的搬运车,如图 1-12 所示。一般可通过计算机来控制 AGV 移动机器人的行进路线以及行为,或利用电磁轨道(electromagnetic path-following system)来设定其行进路线,将电磁轨道贴在地板上,AGV 移动机器人可根据电磁轨道带来的信息来移动与做动作。

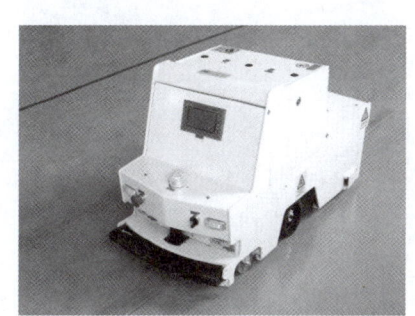

图 1-12　AGV 移动机器人

　　AGV 移动机器人以轮式移动为特征，较之步行、爬行或其他非轮式的移动机器人，具有行动快捷、工作效率高、结构简单、可控性强、安全性好等优势。与物料输送中常用的其他设备相比，由计算机控制的 AGV 移动机器人的活动区域无须铺设轨道、支座架等固定装置，不受场地、道路和空间的限制。

　　随着 AGV 移动机器人的应用普及，将移动底盘与可灵活控制协作机器人进行集成，并搭配视觉、末端夹爪等设备的移动式协作机器人应用场景逐渐增多。图 1-13 所示即为移动式协作机器人，其采用多合一控制系统，具有灵活性强、人机交互能力强、安全性高、学习能力强的特点，可以快速适应不同的工作环境和任务需求，提高生产效率和质量，同时保护工作人员免受伤害。这些优点使得移动式协作机器人在制造业、服务业中具有广泛的应用前景。

图 1-13　移动式协作机器人

### 1.2.2　按控制方式分类

　　根据控制方式的不同，工业机器人可以分为非伺服控制机器人和伺服控制机器人两种。

#### 1. 非伺服控制机器人

　　非伺服控制机器人的工作能力比较有限，它们往往是那些被称为"终点""抓放"或"开关"式的机器人，尤其是"有限顺序"机器人。这种机器人按照预先编好的程序顺序进行工作，使用终端限位开关、制动器、插销板和定序器来控制机器人机械手的运动。其工作原理框图如图 1-14 所示。图中，插销板用来预先规定机器人的工作顺序，而且往往是可调的。定序器是一种定序开关或步进装置，它能够按照预定的正确顺序接通驱动装置的能源。驱动装置接通能源后，就带动机器人的机械手等装置运动。当它们移动到由限位开关所规定的位置时，限位开关切换工作状态，送给定序器一个"工作任务（或规定运动）已完成"的信号，并使终端制动器动作，切断驱动能源，使机械手停止运动。

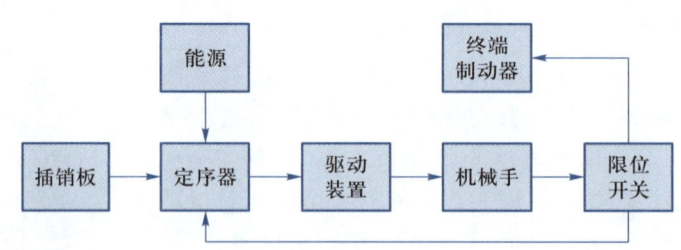

图 1-14　非伺服控制机器人的工作原理框图

#### 2. 伺服控制机器人

　　伺服控制机器人比非伺服控制机器人有更强的工作能力，因而价格较贵，但在某些情况下不如简单的非伺服控制机器人可靠。图 1-15 所示为伺服控制机器人的工作原理框图。伺服系统的被控制量（输出）可为机器人末端执行器的位置、速度、加速度、力等。用比较器对通过反馈传感器取得的反馈信号与来自给定装置（如给定电位器）的给定指令进行比较，得到误差信号，经过放大后用以激发机器人的驱动装置，进而带动末端执行器（如机械手）以一定规律运动，到达规定的位置或达到规定的速度等。显然，这是一个反馈控制系统。

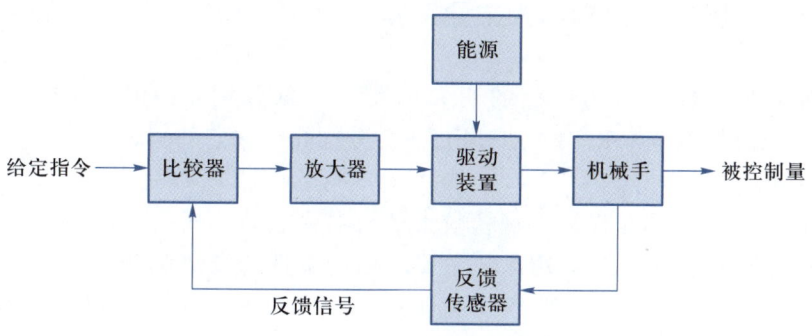

图 1-15　伺服控制机器人的工作原理框图

　　伺服控制机器人又可细分为点位控制机器人和连续轨迹控制机器人。点位控制机器人的运动为点到点的直线运动，连续轨迹控制机器人的运动轨迹可以是空间中的任意连续曲线。

### 1.2.3　按驱动方式分类

　　根据驱动方式的不同，工业机器人可以分为气压驱动机器人、液压驱动机器人、电力驱动机器人和新型驱动机器人四种。

　　**1. 气压驱动机器人**

　　气压驱动机器人是通过压缩空气来驱动执行机构的。这种驱动方式的优点是空气来源方便，动作迅速，结构简单；缺点是工作的稳定性与定位精度不高，抓力较小，所以常用于负载较小的场合。

　　**2. 液压驱动机器人**

　　液压驱动机器人是使用液体油液来驱动执行机构的。与气压驱动机器人相比，液压驱动机器人具有大得多的负载能力，其结构紧凑，传动平稳，但液体容易泄露，不宜在高温或低温场合作业。

　　**3. 电力驱动机器人**

　　电力驱动机器人是利用电动机产生的力矩来驱动执行机构的。目前，越来越多的机器人采用电力驱动方式，电力驱动易于控制，运动精度高，成本低。

　　**4. 新型驱动机器人**

　　伴随着机器人技术的发展，出现了利用新的工作原理制造的新型驱动器，如静电驱动器、压电驱动器、形状记忆合金驱动器、人工肌肉及光驱动器等；从而产生了各种新型驱动机器人。

**提示**

　　机器人的不同驱动方式适用于不同的应用，驱动方式将在单元 3 中详细介绍。

## 1.3 工业机器人主要厂家

PPT

工业机器人主要
厂家

### 1.3.1 国外工业机器人主要厂家

视频

ABB 机器人简介

世界上占据较大市场份额的四大机器人厂家分别是 ABB、KUKA(库卡)、FANUC(发那科)及 YASKAWA(安川),下面分别介绍它们的情况。

#### 1. ABB

瑞士的 ABB 公司是世界上规模较大的机器人制造公司之一。1974 年研发了第一台全电控式工业机器人 IRB 6,主要应用于工件的取放和物料搬运。1975 年生产出第一台焊接机器人。到 1980 年兼并 Trallfa 喷漆机器人公司后,其机器人产品趋于完备。ABB 公司制造的工业机器人广泛应用在焊接、装配、铸造、密封涂胶、材料处理、包装、喷漆、水切割等领域。图 1-16 所示为 ABB 机器人单机系统,包括机器人本体、控制箱及示教器。

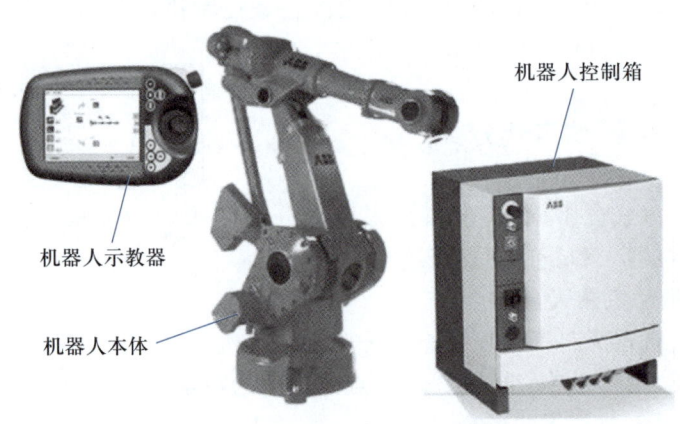

机器人控制箱

机器人示教器

机器人本体

图 1-16　ABB 机器人单机系统

ABB 机器人的核心技术是运动控制系统,这也是机器人的最大难点所在。掌握了运动控制技术的 ABB 机器人可以轻易满足循径精度、运动速度、周期时间、可程序设计等性能要求,大幅度提高生产的质量、效率以及可靠性。

ABB 公司一直强调机器人本身的柔性化,强调 ABB 机器人在各方面的整体性,ABB 机器人在单方面来说不一定是最好的,但就整体性来说是很突出的。ABB 机器人适用于汽车制造、电子产品装配、物流等领域,其高端的控制系统和优质的机械制造能力使其在速度、精度和稳定性方面具有显著优势。此外,ABB 公司的售后服务网络遍布全球,使其在全球范围内具有较高的市场份额。

#### 2. KUKA(库卡)

德国的 KUKA Roboter Gmbh 公司是世界顶级工业机器人厂家之一,1973 年研制开发了第一台库卡机器人 FAMULUS。库卡为纯工业机器人公司,业务包括工业机器人和系统集成,所生产的机器人广泛应用在仪器、汽车、航天、食品、制药、医学、铸造、塑料等行业,主要用于材料处理、机床装配、包装、堆垛、焊接、表面修整等领域。图1-17所示为库卡机器人单机系统。作为世界领先的工业机器人提供商之一和机器人领域的科技先锋,库卡机器人在业界被赞誉为"创新发电机"。

图1-17 库卡机器人单机系统

库卡码垛机器人的显著特点是速度快,因为机器人的手臂采用高分子碳素纤维材料制造而成,既满足机器人手臂在高速运行过程中对刚度的特殊需求,又可以大幅度提高机器人本身的动惯性能以及加速能力。码垛专用的软件功能包有"KUKA.PalletLayout""KUKA.PalletPro""KUKA.PalletTech",可以根据客户要求提供非常轻松的码垛应用和编程环境。

库卡在我国销售的优势在于它的二次开发做得很好,人机界面很简单,方便使用。相比之下,日本品牌机器人的控制系统键盘很多,操作略显复杂。

库卡机器人在重负载方面具有显著优势,能够承受高达1 300 kg的质量。其机器人的机械臂设计灵活,可以适应各种不同的应用场景。此外,库卡公司提供全面的软件和服务,包括机器人操作系统、仿真软件、定制解决方案等。

### 3. FANUC(发那科)

日本是工业机器人制造的主要国家之一,其代表厂家有发那科、安川、川崎、OTC、松下、不二越等国际知名公司。

发那科公司是世界上规模较大的机器人制造商之一。发那科的前身致力于数控设备和伺服电机系统的研制和生产,1972年从日本富士通公司的计算机控制部门独立出来,成立了发那科公司。发那科公司的主要业务分为两部分:工业机器人和工厂自动化。

发那科公司将其在数控系统中的优势用于机器人之上,使得其工业机器人精度很高。此外,与其他企业的机器人相比,发那科工业机器人的独特之处在于:工艺控制更加便捷,同类型机器人底座尺寸更小,拥有独有的手臂设计。

发那科机器人的优势在于轻负载、高精度。不仅在自动化生产领域有着广泛的应用,同时在数控机床领域得益于其成熟的数控系统,也有显著的优势。此外,发那科机器人的机械制造精度高,使得机器人在速度和精度方面具有显著优势。图1-18所示为发那科机器人单机系统。

### 4. YASKAWA(安川)

安川公司于1977年研制出第一台全自动工业机器人。其核心的工业机器人有点焊和弧焊机器人、油漆和处理机器人、LCD玻璃板传输机器人和半导体晶片传输机器人等。近年来安川公司生产的新型液晶玻璃板搬运机器人受到市场欢迎。此外,安川公司还是将工业机器人应用于半导体领域最早的厂家之一。图1-19所示为安川机器人单机系统。

**提示**
美的集团于2017年完成对库卡机器人公司的收购。

**延伸阅读**
美的集团股份有限公司关于要约收购KUKA Aktienge-sellschaft实施完成的公告

**视频**
FANUC机器人简介

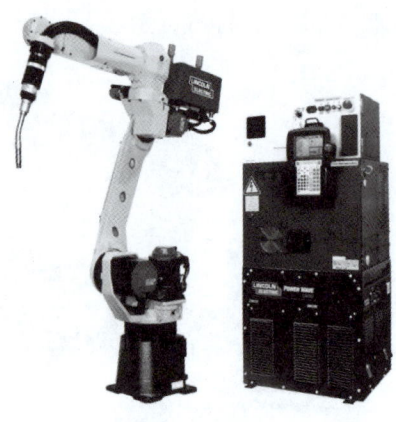

图 1-18 发那科机器人单机系统

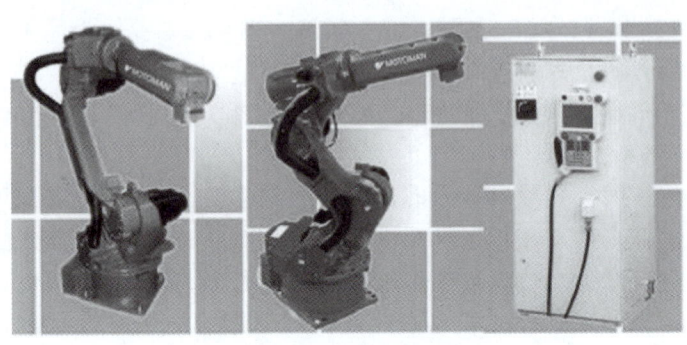

图 1-19 安川机器人单机系统

安川公司是从电机开始做起的,其机器人在运动控制技术方面具有显著优势,可以把电机的惯量做到最大化,机器人控制系统精度高且响应快。所以安川机器人最大的特点是负载大,稳定性高,在满负载、满速度运行的过程中不会报警,甚至能够过载运行,适用于较多应用场景。

综上所述,四家主要工业机器人厂家的对比见表 1-1。

表 1-1 四家主要工业机器人厂家的对比

| 对比项 | 厂家 | | | |
|---|---|---|---|---|
| | **ABB** | **KUKA** | **FANUC** | **YASKAWA** |
| 外观 | 旧系列机器人为深橙色,新系列机器人为灰白色 | 主要为橙色,3 kg 负载白色协作机器人和少量系列为银灰色间杂黑色 | 主要为亮黄色,少量系列为银灰色、绿色 | 主要为蓝色,少量系列为灰白色 |
| 本体 | 中规中矩,定制化少,实用至上 | 时尚、活泼、厚重,流线感强 | 精致,工业感强 | 简单,工业感强 |
| 控制器 | x86 架构,VxWorks 系统负责机器人任务规划、外部通信、参数配置等任务 | x86 架构,VxWorks+Windows 系统 | 与自己公司的数控系统拥有统一的控制平台 | 基于自有伺服控制与运动控制器开发,简单实用 |
| 示教器 | FlexPendant 示教器,采用 Arm + WinCE 方案,通过 TCP/IP 与主控制器通信 | SmartPAD 示教器运行在主控制器上,操作简便 | 按键多,略显复杂 | |
| 技术特点 | 控制技术先进,工艺包完备,专业严谨,实用至上,整体性好 | 功能软件化,工艺包齐全,新技术应用得多,精度高,大负载性能好 | 上下游集成度高,拥有数控系统的技术优势,精度高,整体性好 | 负载大,稳定性高,简单实用 |

| 对比项 | 厂家 | | | |
|--------|------|------|------|------|
| | **ABB** | **KUKA** | **FANUC** | **YASKAWA** |
| 主要应用领域 | 汽车、3C、食品和饮料、医疗等 | 汽车、金属加工 | 汽车、电子电气、金属加工 | 汽车、电子电气、食品、机械加工 |
| 集成特点 | 支持多种工业总线,易集成,货期长,价格贵。学习资料丰富,其离线编程软件 Robot Studio 功能丰富 | 支持通用工业总线,易于二次开发,易集成,精度高 | 自身集成度高,支持常用工业总线,精度高。技术资料相对封闭,其离线编程软件 RoboGuide 功能强大 | 性价比高,在国内应用得早 |

## 1.3.2　国内工业机器人主要厂家

在国内,工业机器人产业起步较晚,但增长的势头非常强劲,涌现出一批机器人厂家。下面介绍国内主要工业机器人厂家。

### 1. 埃夫特(EFORT)

埃夫特智能装备股份有限公司(以下简称埃夫特公司)成立于 2007 年 8 月,是一家专门从事工业机器人、大型物流储运设备及非标自动化生产设备设计和制造的高新技术企业。图 1-20 所示为埃夫特 6 轴机器人。公司在意大利设有智能喷涂机器人研发中心和智能机器人应用工程中心。

埃夫特公司目前是国家机器人产业集聚区内的核心企业,是中国机器人产业创新联盟和中国机器人产业联盟发起人和副主席单位,所研制的国内首台重载 165 kg 机器人载入中国企业创新纪录,荣获 2012 年中国国际工业博览会银奖。埃夫特机器人最初经过奇瑞汽车等企业的苛刻考验和充分验证,现已被广泛应用于汽车及零部件行业、家电行业、卫浴行业、机床行业、机械制造行业、日化行业、食品和药品行业、钢铁行业等。

埃夫特公司的优势在于其强大的研发能力和完善的产品线。公司拥有多个研发中心和生产基地,其产品线覆盖了工业机器人的各个领域。此外,埃夫特公司在智能制造领域也有着深厚的积累,可以为客户提供全方位的智能制造解决方案。

### 2. 新松(SIASUN)

沈阳新松机器人自动化股份有限公司(以下简称新松公司)隶属中国科学院,是一家以机器人独有技术为核心,致力于数字化高端智能装备制造的高科技企业。新松公司的机器人产品线涵盖工业机器人、洁净(真空)机器人、移动机器人、特种机器人及智能服务机器人五大系列,其工业机器人产品填补了多项国内空白,创造了中国机器人产业发展史上多项第一的突破,图 1-21 所示为新松 6 轴机器人;洁

视频
埃夫特机器人宣传片

视频
新松机器人简介

净(真空)机器人多次打破国外技术垄断与封锁,大量替代进口;移动机器人产品综合竞争优势在国际上处于领先水平,被美国通用公司等众多国际知名企业列为重点采购目标;特种机器人在国防重点领域得到批量应用。在高端智能装备方面,新松公司已形成智能物流、自动化成套装备、洁净装备、激光技术装备、轨道交通、节能环保装备、能源装备、特种装备产业群组化发展。

新松公司现已形成以自主核心技术、关键零部件、领先产品及行业系统解决方案为一体的完整产业链,并将产业战略提升到涵盖产品全生命周期的数字化、智能化制造全过程。

新松公司的优势在于其强大的研发实力和技术积累。公司拥有多个国家级科研机构和博士后工作站,其技术团队在机器人领域拥有丰富的研发经验。此外,新松公司在机器人应用领域有广泛经验,可以为客户提供定制的解决方案。

### 3. 广州数控(GSK)

广州数控设备有限公司(以下简称广州数控公司)位于中国南方数控产业基地,是国内技术领先的专业成套机床数控系统供应商。广州数控公司的主营业务有:数控系统、伺服驱动、伺服电机、工业机器人、精密数控注塑机研发生产,数控机床连锁营销,机床数控化工程及数控高技能人才培训。

广州数控机器人产品负载覆盖3~400 kg,自由度包括3~6个关节。图1-22所示为广州数控6轴机器人,目前已得到市场认可,其应用领域包括搬运、机床上下料、焊接、码垛、涂胶、打磨抛光等,涉及数控机床、五金机械、电子、家电、建材等行业。

广州数控公司在数控机床领域拥有丰富的经验和深厚的技术积累,其工业机器人在国内也具有较高的市场占有率。

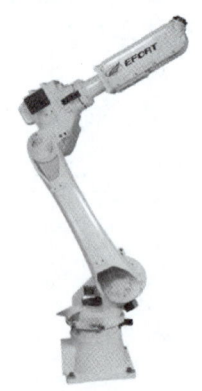

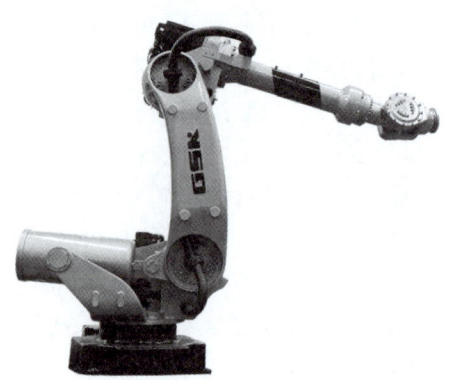

图1-20　埃夫特6轴机器人　　图1-21　新松6轴机器人　　　　图1-22　广州数控6轴机器人

## 学习评分表

| 序号 | 学习目标 | 知识技能点 | 评估结果 | 评分 |
|---|---|---|---|---|
| 1 | 熟悉工业机器人的发展历史,掌握工业机器人发展的三个阶段(25分) | • 工业机器人的发展历史<br>• 工业机器人发展的三个阶段 | □ 掌握<br>□ 初步掌握<br>□ 未掌握 | |
| 2 | 掌握工业机器人的定义(25分) | • 工业机器人的定义<br>• 工业机器人具有的四个特征 | □ 掌握<br>□ 初步掌握<br>□ 未掌握 | |
| 3 | 熟悉工业机器人的常用类型,掌握各种类型机器人的特点(25分) | • 工业机器人的常用类型<br>• 各种类型机器人的特点 | □ 掌握<br>□ 初步掌握<br>□ 未掌握 | |
| 4 | 了解国内外工业机器人的主要厂家,熟悉其产品特点(25分) | • 国内外工业机器人的主要厂家<br>• 主要厂家的产品特点 | □ 掌握<br>□ 初步掌握<br>□ 未掌握 | |
| | 合计 | | | |

## 学习体会

_____

_____

_____

_____

_____

## 单元练习题

1. 试编写一个工业机器人大事年表(从1954年起,可查阅相关资料)。
2. 总结工业机器人发展的三个阶段。
3. 简述工业机器人的定义和主要特征。
4. 工业机器人的分类方式有哪几种?各有什么特点?
5. 试分析寻找工业机器人的其他分类方法。
6. 什么是SCARA机器人?其有何结构特点?
7. 列举工业机器人主要厂家,试对比各家产品特点(可查阅相关资料)。

**习题答案**
单元1练习题参考答案

**延伸阅读**
机器人进冬奥

# 工业机器人的基本原理

工业机器人机构学是研究机器人构件的组成及各构件之间相对运动的学科。工业机器人的许多概念与表达式涉及几何向量，特别是矩阵及其运算。工业机器人是一个非常复杂的系统，为准确、清楚地描述工业机器人位姿关系、运动学和动力学方程，需要通过矩阵法数学理论基础来计算或描述。采用矩阵法来描述机器人机械手的运动学和动力学问题，这种数学描述是以四阶方程变换三维空间点的齐次坐标为基础的，能够将运动、变换和映射与矩阵运算联系起来。

## 学习目标

### 知识目标

- 了解工业机器人的关节构成，熟悉工业机器人的机构运动简图。
- 掌握不同类型机器人的技术参数的含义。
- 掌握工业机器人坐标系的分类，理解坐标系在位姿变换中的应用。
- 熟悉机器人运动学的问题，理解机器人运动学模型的含义。
- 熟悉机器人动力学的问题，理解机器人动力学模型的含义。

### 能力目标

- 能够绘制工业机器人的机构运动简图。
- 能够有效识别不同机器人的技术参数。
- 能够进行简单的坐标设置。
- 能够描述机器人运动学问题。
- 能够描述机器人动力学问题。

### 素养目标

- 学习机器人相关计算与变换时遵循规范，培养精准把控能力，为实际操作打下基础。
- 理解机器人坐标系关系及模型描述，提升空间想象与建模能力。
- 面对机器人技术问题时拆解分析，培养提炼关键信息、科学解决问题的能力。

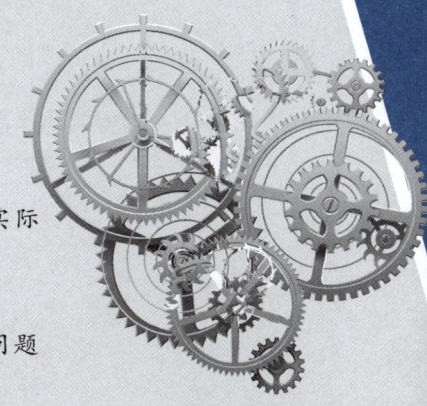

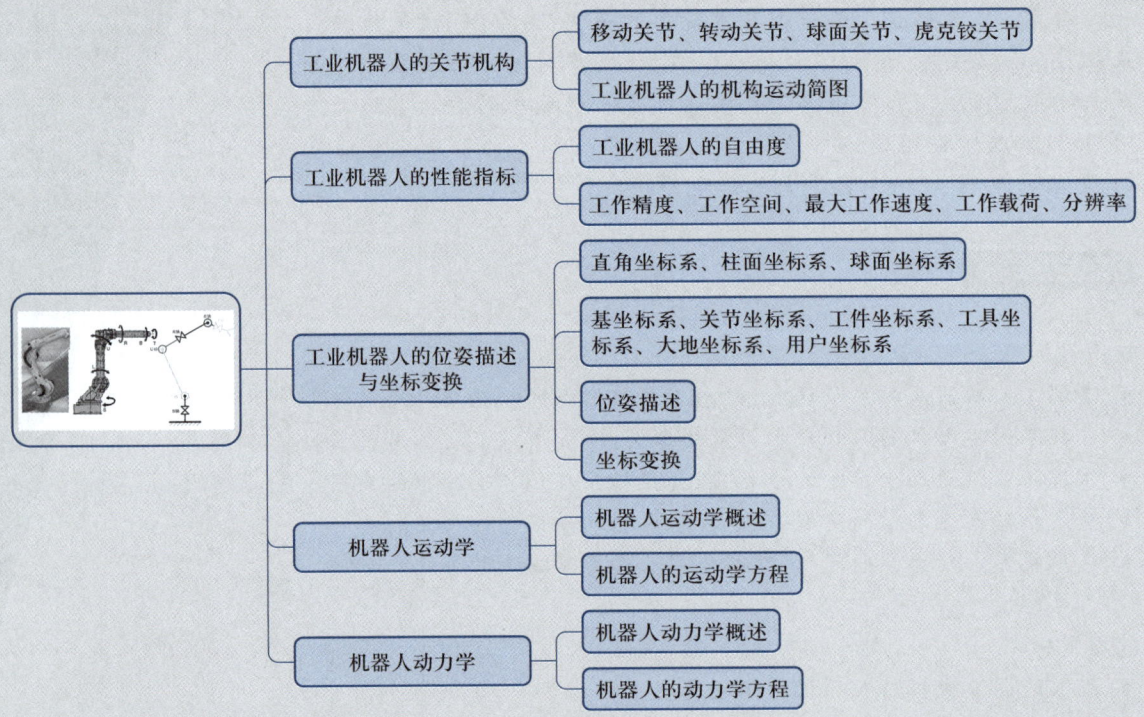

工业机器人的关节机构
　移动关节、转动关节、球面关节、虎克铰关节
　工业机器人的机构运动简图

工业机器人的性能指标
　工业机器人的自由度
　工作精度、工作空间、最大工作速度、工作载荷、分辨率

工业机器人的位姿描述
与坐标变换
　直角坐标系、柱面坐标系、球面坐标系
　基坐标系、关节坐标系、工件坐标系、工具坐标系、大地坐标系、用户坐标系
　位姿描述
　坐标变换

机器人运动学
　机器人运动学概述
　机器人的运动学方程

机器人动力学
　机器人动力学概述
　机器人的动力学方程

# 2.1 工业机器人的关节机构

## 2.1.1 工业机器人的关节

在机器人机构中,两相邻连杆之间有一个公共的轴线,两杆之间允许沿该轴线相对移动或绕该轴线相对转动,构成一个运动副,也称为关节。机器人关节的种类决定了机器人的运动自由度,移动关节、转动关节、球面关节和虎克铰关节是机器人机构中经常使用的 4 种关节类型。

移动关节:用字母 P 表示,它允许两相邻连杆沿关节轴线相对移动,具有 1 个自由度,如图 2-1(a)所示。

转动关节:用字母 R 表示,它允许两相邻连杆绕关节轴线相对转动,具有 1 个自由度,如图 2-1(b)所示。

球面关节:用字母 S 表示,它允许两连杆之间有 3 个独立的相对转动,具有 3 个自由度,如图 2-1(c)所示。

虎克铰关节:用字母 T 表示,它允许两连杆之间有 2 个相对转动,具有 2 个自由度,如图 2-1(d)所示。

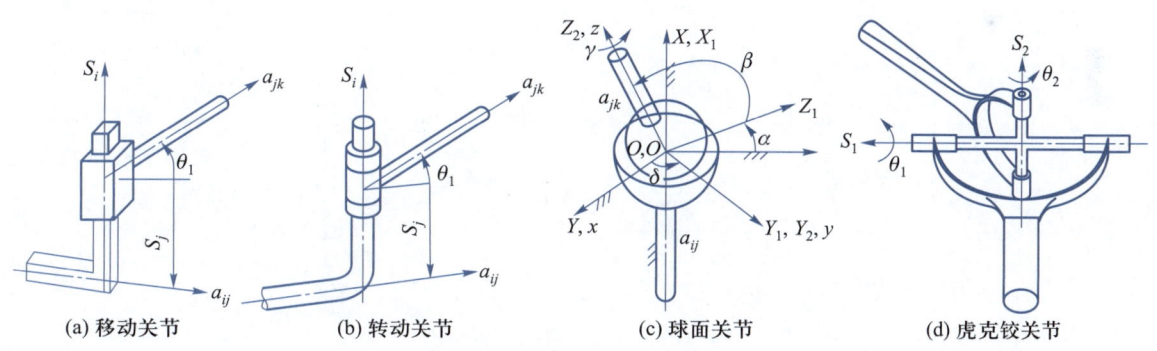

(a) 移动关节　　(b) 转动关节　　(c) 球面关节　　(d) 虎克铰关节

图 2-1　工业机器人关节类型

## 2.1.2 工业机器人的机构运动简图

多个关节组合构成机器人的机构,工业机器人的机构运动简图是指用机构与运动符号表示机器人手臂、手腕和手指等机构及机构间运动形式的简易图形符号,见表 2-1。

表 2-1　工业机器人的机构运动简图

| 序号 | 运动和机构机能 | 机构运动符号 | 图例说明 | 备注 |
|---|---|---|---|---|
| 1 | 移动 1 | | | |
| 2 | 移动 2 | | | |
| 3 | 摆动 1 | (a)　(b) | | 绕摆动轴旋转角度小于 360°；(b)是(a)的侧向图形符号 |
| 4 | 摆动 2 | (a)　(b) | | 能绕摆动轴 360°旋转；(b)是(a)的侧向图形符号 |
| 5 | 回转 1 | | | 一般用于表示腕部回转 |
| 6 | 回转 2 | | | 一般用于表示机身回转 |
| 7 | 钳爪式手部 | | | |
| 8 | 磁吸式手部 | | | |
| 9 | 气吸式手部 | | | |
| 10 | 行走机构 | | | |
| 11 | 底座固定 | | | |

## 2.2 工业机器人的性能指标

### 2.2.1 工业机器人的自由度

机器人具有的独立单位动作组合数称为自由度(末端执行器的动作不包括在内)。自由度通常作为机器人的技术指标,反映机器人动作的灵活性,可用轴的直线移动、摆动或旋转动作的数量来表示。表2-2为常见机器人自由度的数量,下面详细讲述各类机器人的自由度。

表 2-2　常见机器人自由度的数量

| 序号 | 机器人种类 | | 自由度数量 | 移动关节数量 | 转动关节数量 |
|------|-----------|-----|-----------|-------------|-------------|
| 1 | 直角坐标 | | 3 | 3 | 0 |
| 2 | 柱面坐标 | | 5 | 2 | 3 |
| 3 | 球面(极)坐标 | | 5 | 1 | 4 |
| 4 | 关节 | SCARA | 4 | 1 | 3 |
| | | 6轴 | 6 | 0 | 6 |
| 5 | 并联机器人 | | 需要计算 | | |

#### 1. 直角坐标机器人的自由度

直角坐标机器人的臂部具有3个自由度,如图2-2所示。其移动关节各轴线相互垂直,使臂部可沿 $x$、$y$、$x$ 轴方向移动,构成直角坐标机器人的3个自由度。这种形式的机器人的主要特点是结构刚度大,关节运动相互独立,操作灵活性差。

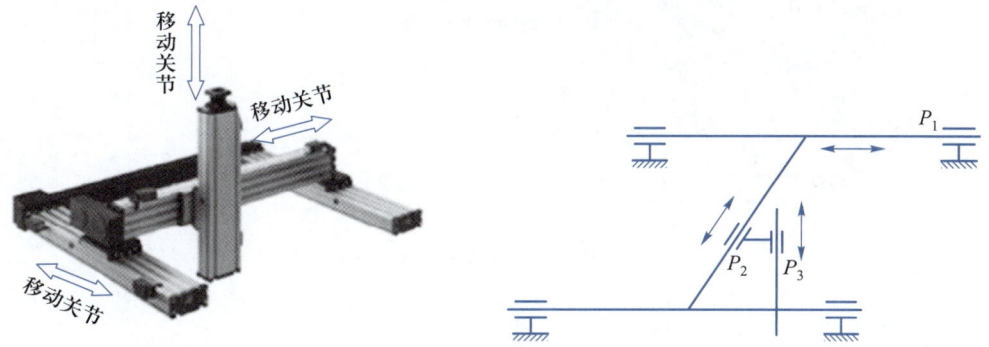

图 2-2　直角坐标机器人的自由度

#### 2. 柱面坐标机器人的自由度

5轴柱面坐标机器人有5个自由度,如图2-3所示。其臂部可沿自身轴线伸缩移动,可绕机身垂直轴线回转,并可沿机身轴线上下移动,构成3个自由度;另外,其臂部、腕部和末端执行器三者间采用2个转动关节连接,构成2个自由度。

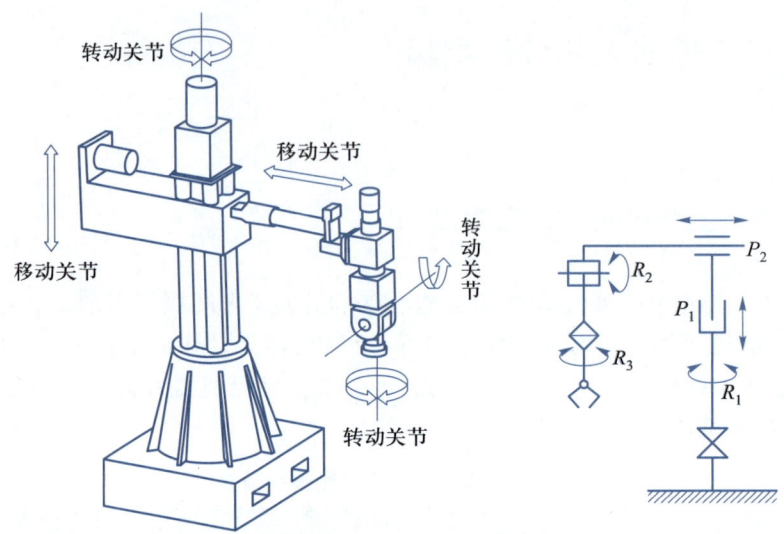

图 2-3　柱面坐标机器人的自由度

### 3. 球面(极)坐标机器人的自由度

球面(极)坐标机器人具有 5 个自由度,如图 2-4 所示。其臂部可沿自身轴线伸缩移动,可绕机身垂直轴线回转,并可在垂直平面内上下摆动,构成 3 个自由度;另外,其臂部、腕部和末端执行器三者间采用 2 个转动关节连接,构成 2 个自由度。这类机器人的灵活性好,工作空间大。

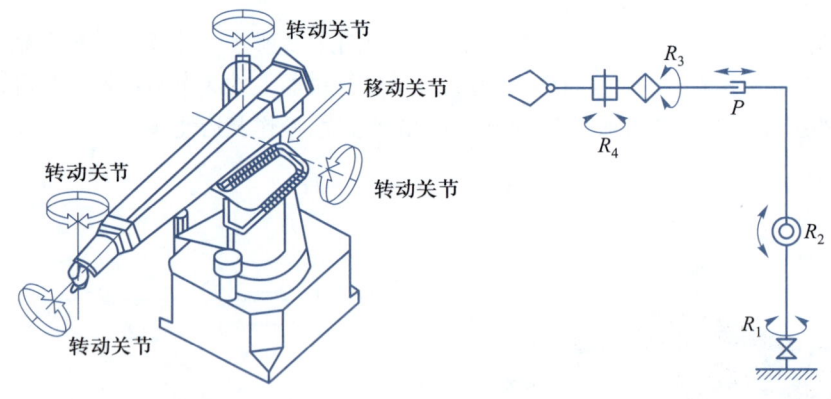

图 2-4　球面(极)坐标机器人的自由度

### 4. 关节机器人的自由度

关节机器人的自由度与关节机器人的轴数和关节形式有关。现以常见的 SCARA 平面关节机器人和 6 轴关节机器人为例介绍。

(1) SCARA 平面关节机器人

SCARA 平面关节机器人有 4 个自由度,如图 2-5 所示。SCARA 平面关节机器人的大臂与机身的关节、大小臂间的关节都为转动关节,具有 2 个自由度;小臂与腕部的关节为移动关节,具有 1 个自由度;腕部与末端执行器的关节为转动关节,具有 1 个自由度,实现末端执行器绕垂直轴线的旋转。这种机器人适用于平面定位,在垂直方向进行装配作业。

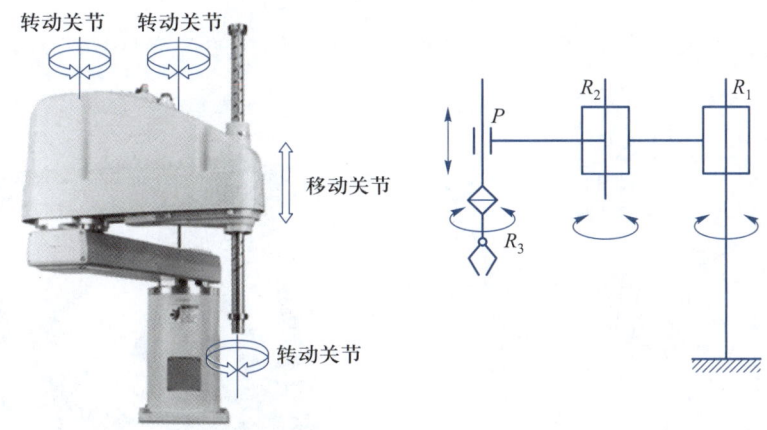

图 2-5　SCARA 平面关节机器人的自由度

（2）6 轴关节机器人

6 轴关节机器人有 6 个自由度,如图 2-6 所示。6 轴关节机器人的机身与底座处的腰关节、大臂与机身处的肩关节、大小臂间的肘关节,以及小臂、腕部和手部三者间的 3 个腕关节,都是转动关节,因此该机器人具有 6 个自由度。这种机器人动作灵活,结构紧凑。

视频

六轴工业机器人
工作原理

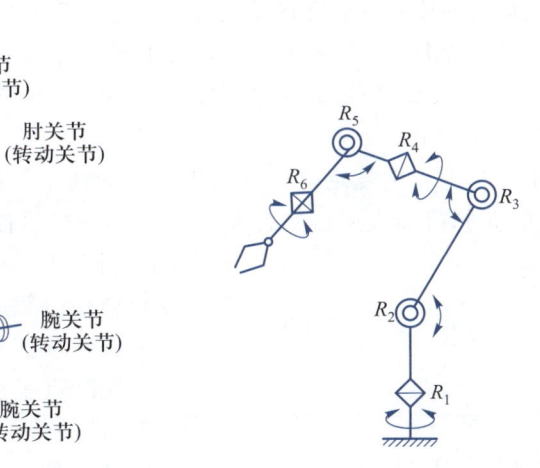

图 2-6　6 轴关节机器人的自由度

**5. 并联机器人的自由度**

并联机器人是由并联方式驱动的闭环机构组成的机器人。除 Delta 构型之外,Gough-Stewart 并联机构和由此机构构成的机器人也是典型的并联机器人,如图 2-7 所示。与串联式开链结构不同,并联机器人闭环机构不能通过机构关节自由度的个数明显数出,需要经过计算得出。计算自由度的方式多样,但大多数有适用条件限制或者若干"注意事项"（如需要甄别公共约束、虚约束、环数、链数、局部自由度）。其中,用 Kutzbach-Grubler 公式计算自由度的公式为

$$F = 6(l - n + 1) + \sum_{i=1}^{n} f_i \qquad (2-1)$$

式中,$F$ 为机器人的自由度;$l$ 为机构连杆数;$n$ 为结构的关节总数;$f_i$ 为第 $i$ 个关节的自由度。

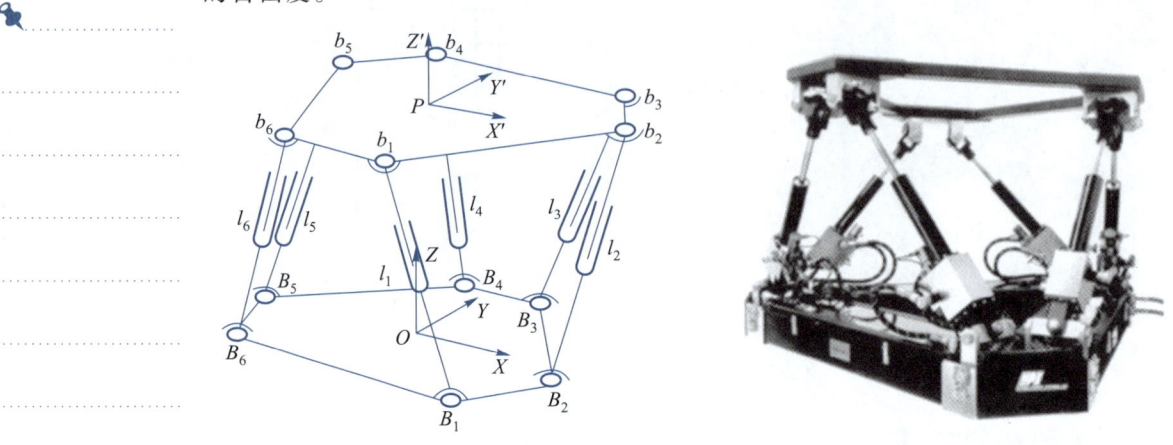

图 2-7　Gough-Stewart 并联机器人

### 2.2.2　其他技术参数

机器人的技术参数反映了机器人的适用范围和工作性能,是设计、选择、应用机器人时必须考虑的。机器人的主要技术参数有自由度、工作精度、工作空间、最大工作速度、工作载荷、分辨率等,其中自由度如 2.2.1 节所述。下面介绍其他技术参数。

#### 1. 工作精度

定位精度和重复定位精度是机器人的两个工作精度指标。定位精度(也称绝对精度)是指机器人末端执行器的实际位置与目标位置之间的偏差,由机械误差、控制算法与系统分辨率等部分组成。重复定位精度(简称重复精度)是指在同一环境、同一条件、同一目标动作、同一命令之下,机器人连续重复运动若干次时,其位置的分散情况,是关于精度的统计数据。两者的关系如图 2-8 所示。

工业机器人具有绝对精度低、重复定位精度高的特点。一般而言,工业机器人的绝对精度要比重复定位精度低一到两个数量级,造成这种情况的主要原因是机器人控制系统根据机器人的运动学模型来确定机器人

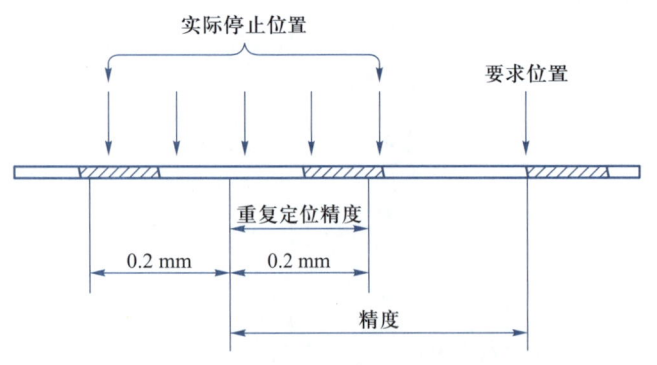

图 2-8　定位精度与重复定位精度的关系

末端执行器的位置,然而这个理论上的模型和实际机器人的物理模型存在一定的误差,产生误差的主要因素有机器人本身的制造误差、工件加工误差以及机器人与工件的定位误差等。因重复定位精度不受工作载荷变化的影响,故通常用重复定

位精度这一指标作为衡量示教再现机器人水平的重要指标。目前,工业机器人的重复定位精度可达±(0.01~0.5) mm。作业任务和末端持重不同时,机器人重复定位精度也不同,见表2-3。

**提示**
工业机器人具有绝对精度低、重复定位精度高的特点,通常用重复定位精度作为衡量示教再现机器人的重要指标。

表2-3　工业机器人典型行业应用的重复定位精度

| 作业任务 | 额定负载/kg | 重复定位精度/mm |
|---|---|---|
| 搬运 | 5~200 | ±(0.2~0.5) |
| 码垛 | 50~800 | ±0.5 |
| 点焊 | 50~350 | ±(0.2~0.3) |
| 弧焊 | 3~20 | ±(0.08~0.1) |
| 喷涂 | 5~20 | ±(0.2~0.5) |
| 装配 | 2~5 | ±(0.02~0.03) |
| | 6~10 | ±(0.06~0.08) |
| | 10~20 | ±(0.06~0.1) |

### 2. 工作空间

工作空间是机器人运动时手臂末端或手腕中心所能到达的所有点的集合,也称为工作区域,常用图形表示,如图2-9所示。由于末端执行器的形状和尺寸多种多样,为真实反映机器人的特征参数,工作空间是指不安装末端执行器时的工作区域。工作空间的大小不仅与机器人各连杆的尺寸有关,而且与机器人的总体结构形式有关。工作空间的形状和大小是十分重要的,机器人在执行某作业时可能会因存在手部不能到达的盲区(dead zone)而不能完成任务。

### 3. 最大工作速度

生产机器人的厂家不同,其最大工作速度的含义也不同,有的厂家指工业机器人主要自由度上最大的稳定速度,有的厂家指手臂末端最大的合成速度,对此通常都会在技术参数中加以说明。最大工作速度越高,其工作效率就越高,但是,就要花费更多的时间加速或减速,或者对工业机器人的最大加速度的要求就更高。以发那科小型高速机器人R-1000iA/80F为例,其J1轴的最大旋转速度为170°/s,J2轴的最大旋转速度为140°/s。

### 4. 工作载荷

工作载荷是指机器人在工作空间内的任何位姿上所能承受的最大质量。工作载荷不仅取决于负载的质量,而且与机器人运行的速度和加速度的大小和方向有关。为保证安全,将工作载荷这一技术指标确定为高速运行时的工作载荷。通常,工作载荷不仅指负载质量,也包括机器人末端执行器的质量。以发那科小型高速机器人R-1000iA/80F为例,其手部可搬运质量为80 kg。

### 5. 分辨率

分辨率指机器人每根轴能够实现的最小移动距离或最小转动角度。

除上述几项技术指标外,还应注意机器人控制方式、驱动方式、安装方式、存储容量、插补功能、语言转换、自诊断及自保护、安全保障功能等。

**延伸阅读**
FANUC R-1000iA/80F 机器人技术参数手册

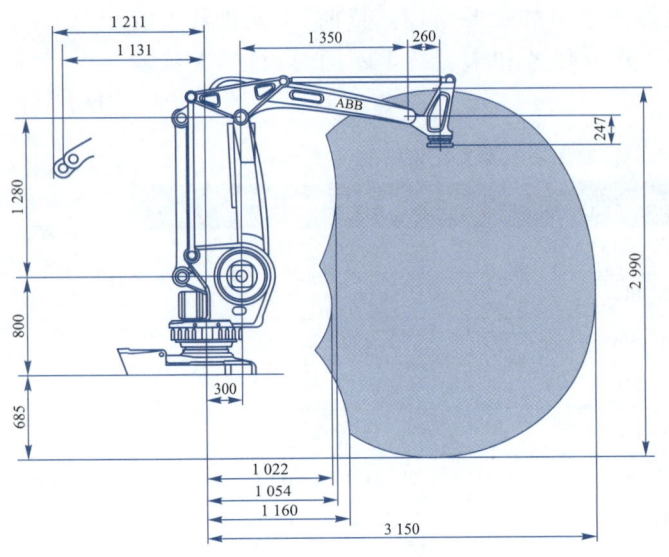

(a) 垂直串联多关节机器人

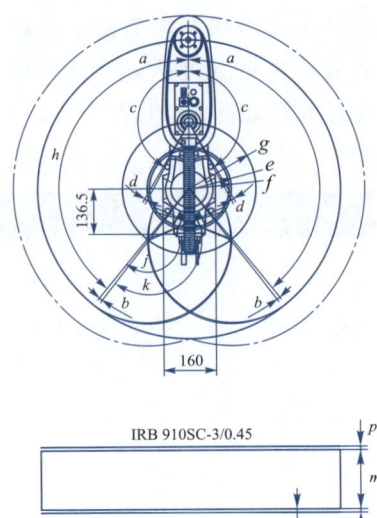

IRB 910SC-3/0.45

(b) 水平串联多关节机器人

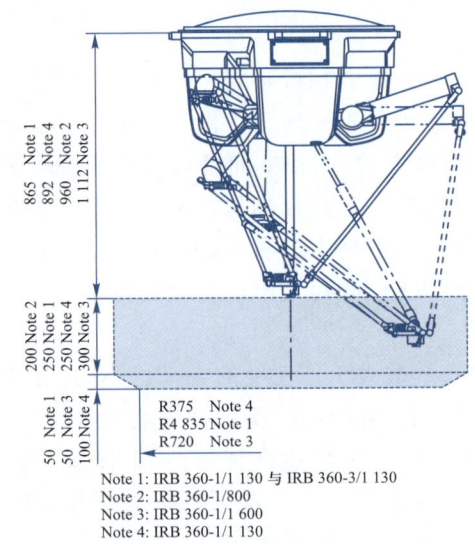

Note 1: IRB 360-1/1 130 与 IRB 360-3/1 130
Note 2: IRB 360-1/800
Note 3: IRB 360-1/1 600
Note 4: IRB 360-1/1 130

(c) 并联多关节机器人

图 2-9　不同本体结构机器人的工作空间

### 6. 典型机器人技术参数示例

　　对于不同型号规格的机器人,其技术参数均可通过生产厂家给出的技术手册查询到。以在汽车冲压行业常用的 ABB IRB 6700-200/2.6 工业机器人为例,其技术参数可见表 2-4。ABB 机器人常用型号表示方法:

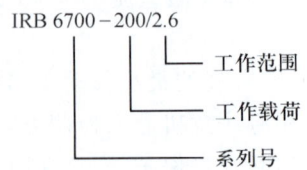

IRB 6700-200/2.6

工作范围
工作载荷
系列号

**延伸阅读**
　ABB IRB 6700 机
器人技术参数手册

表 2-4　ABB IRB 6700-200/2.6 工业机器人技术参数

| 机械结构 | 垂直多关节型 |
|---|---|
| 自由度 | 6 |
| 重复定位精度 | 0.05 mm |
| 工作载荷 | 200 kg |
| 安装方式 | 落地式 |
| 电源电压 | 200~600 V,50/60 Hz |
| 功耗 | ISO-Cube 2.85 kW |

| 工作空间 | |
|---|---|

| 最大工作空间 | 轴 1 旋转 | ±170° |
|---|---|---|
| | 轴 2 手臂 | +85°~-65° |
| | 轴 3 手臂 | +70°~-180° |
| | 轴 4 手腕 | ±300° |
| | 轴 5 弯曲 | ±130° |
| | 轴 6 翻转 | ±360° |

| 最大工作速度 | 轴 1 旋转 | |
|---|---|---|
| | 轴 2 手臂 | 110°/s |
| | 轴 3 手臂 | |
| | 轴 4 手腕 | 190°/s |
| | 轴 5 弯曲 | 150°/s |
| | 轴 6 翻转 | 210°/s |

# 2.3 工业机器人的位姿描述与坐标变换

　　工业机器人的位姿指位置和姿态。运动学研究的问题是机器人手部在空间的位姿及运动与各个关节的位姿及运动之间的关系,而动力学研究的问题是这些运动和作用力之间的关系。机器人的机构可以看成一个由一系列关节连接起来的连杆在空间组成的多刚体系统,因此,也涉及空间几何学问题。

　　在对机器人的位姿进行分析时,首先要建立机器人的位姿与运动的数学描述。采用坐标系来描述机器人的位姿参数,可以把机器人机构的空间几何学问题归结成易于理解的代数形式的问题,用代数的方法进行计算、证明,从而达到最终解决几何问题的目的。因此,本节首先讲述坐标系及机器人坐标系的内容,然后讲述位

PPT
工业机器人的位姿描述与坐标变换

姿描述与坐标变换的内容。

## 2.3.1 坐标系

### 1. 直角坐标系

在平面上建立直角坐标系以后,可用点到两条互相垂直的坐标轴的距离来确定点的位置,即平面内的点 $P$ 与二维有序数组 $(a,b)$ 一一对应。在空间建立三维直角坐标系以后,可用点到三个互相垂直的坐标平面的距离来确定点的位置,即空间的点 $P$ 与三维有序数组 $(a,b,c)$ 一一对应。如图 2-10 所示,取三条相互垂直的具有一定方向和度量单位的直线,称为三维直角坐标系 $\mathbf{R}^3$ 或空间直角坐标系 $Oxyz$ (也称右手坐标系,如图 2-11 所示)。利用三维直角坐标系可以把空间的点 $P$ 与三维有序数组 $(a,b,c)$ 建立起一一对应的关系。

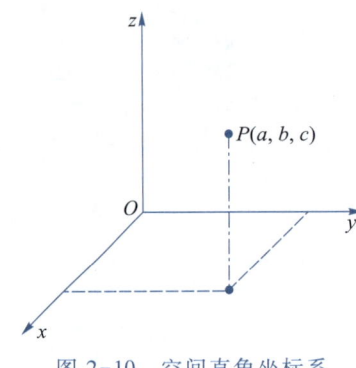

图 2-10 空间直角坐标系

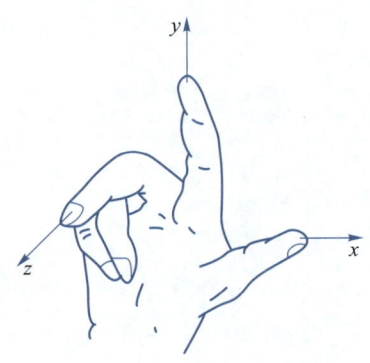

图 2-11 右手坐标系

### 2. 柱面坐标系

如图 2-12 所示,设 $M(x,y,z)$ 为空间内一点,并设点 $M$ 在 $xOy$ 面上的投影 $P$ 的极坐标为 $(r,\theta)$,则这样的三个数 $r$、$\theta$、$z$ 称为点 $M$ 的柱面坐标。

### 3. 球面坐标系

如图 2-13 所示,假设 $M$ 为空间内一点,则点 $M$ 也可以用三个有次序的数 $(r,\theta,\varphi)$ 来确定,其中 $r$ 为原点 $O$ 与点 $M$ 间的距离;$\theta$ 为有向线段 $OM$ 与 $z$ 轴正向的夹

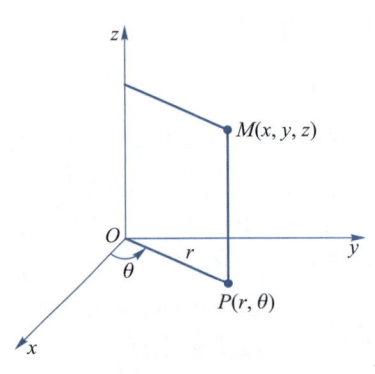

图 2-12 柱面坐标系

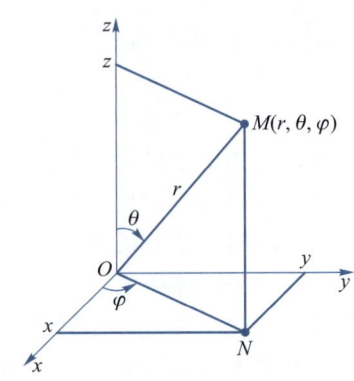

图 2-13 球面坐标系

角;$\varphi$ 为从正 $z$ 轴来看,自 $x$ 轴按逆时针方向旋转到 $ON$ 所转过的角,这里点 $N$ 为点 $M$ 在 $xOy$ 平面上的投影。这样的三个数 $r$、$\theta$、$\varphi$ 称为点 $M$ 的球面坐标。

### 2.3.2　工业机器人的坐标系

　　工业机器人的运动实质是根据不同作业内容和轨迹的要求,在各种坐标系下的运动。为了精确地描述各个连杆或物体之间的位置和姿态关系,首先定义一个固定的坐标系,并以它为参考坐标系,所有静止或运动的物体就可以在同一个参考坐标系中比较。该坐标系通常被称为世界坐标系(大地坐标系)。基于此共同的坐标系描述机器人自身及其周围物体,是机器人在三维空间中工作的基础。通常,对每个物体或连杆都定义一个本体坐标系,又称局部坐标系,每个物体与附着在该物体上的本体坐标系是相对静止的,即其相对位置和姿态是固定的。

　　工业机器人的坐标系主要包括基坐标系、关节坐标系、工件坐标系、工具坐标系、大地坐标系及用户坐标系,如图 2-14 所示。

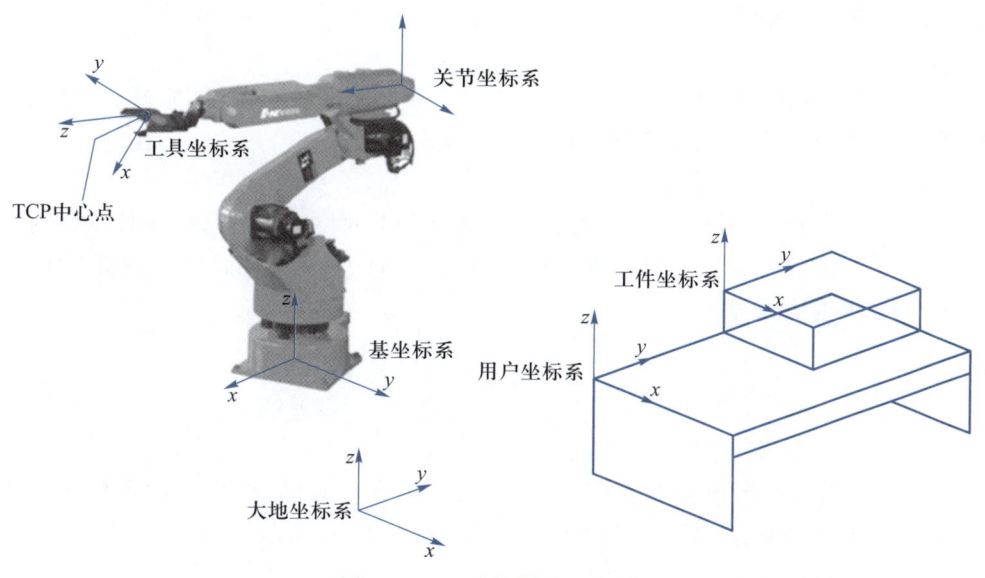

图 2-14　工业机器人坐标系

#### 1. 基坐标系

　　基坐标系是机器人其他坐标系的参照基础,是机器人示教与编程时经常使用的坐标系之一。它的位置没有硬性的规定,一般定义在机器人安装面与第一转动轴的交点处。

#### 2. 关节坐标系

　　关节坐标系的原点设置在机器人关节中心点处,反映了该关节处每个轴相对该关节坐标系原点位置的绝对角度。

#### 3. 工件坐标系

　　工件坐标系是用户自定义的坐标系。用户坐标系也可以定义为工件坐标系,还可根据需要定义多个工件坐标系。当配备多个工作台时,选择工件坐标系操作更为简单。

#### 4. 工具坐标系

提示

工具坐标系必须事先设置。在没有定义的时候，将由默认工具坐标系来替代该坐标系。

工具坐标系是原点设置在机器人末端的工具中心点(tool center point，TCP)处的坐标系，原点及方向都是随着末端位置与角度不断变化的。该坐标系实际上是将基坐标系通过旋转及位移变化而得到的。因为工具坐标系的移动以工具的有效方向为基准，与机器人的位置、姿态无关，所以进行相对于工件不改变工具姿态的平行移动最适宜。

#### 5. 大地坐标系

大地坐标系即世界坐标系，在工作单元或工作站中的固定位置有其相应的零点。使用该坐标系有助于处理若干个机器人或有外轴移动的机器人。在默认情况下，大地坐标系与基坐标系一致。

#### 6. 用户坐标系

提示

用户坐标系在表示持有其他坐标系的设备(如工件)时非常有用。

用户坐标系可用于表示固定装置、工作台等设备。这就在相关坐标系链中提供了一个额外级别，有助于处理持有工件或其他坐标系的处理设备。

### 2.3.3 位姿描述

在机器人工作时需要用位置矢量、平面等概念来描述物体(如零件、工具或机械手)间的关系。首先来建立这些概念及其表示方法。

#### 1. 位置描述

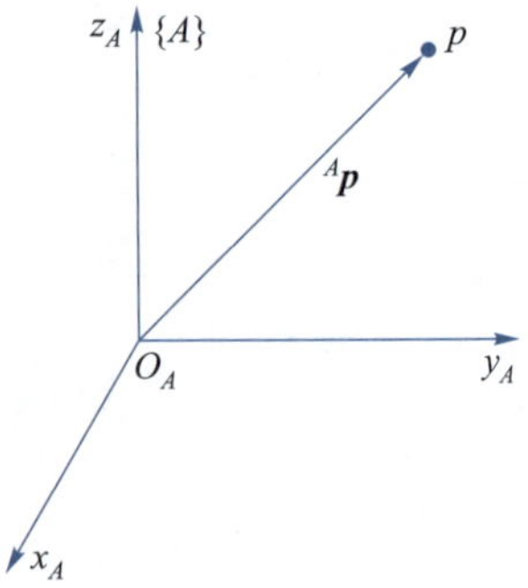


图 2-15　位置矢量

建立坐标系之后，就能够用某个 3×1 的位置矢量来确定该空间内任一点的位置。对于直角坐标系{$A$}，空间任一点 $p$ 的位置可用 3×1 的列矢量$^A\boldsymbol{p}$ 来表示：

$$^A\boldsymbol{p}=\begin{bmatrix}p_x\\p_y\\p_z\end{bmatrix} \tag{2-2}$$

式中，$p_x$、$p_y$、$p_z$是点 $p$ 在坐标系{$A$}中的 3 个坐标分量。$^A\boldsymbol{p}$ 的上标 $A$ 代表参考坐标系{$A$}。$^A\boldsymbol{p}$ 称为位置矢量，如图 2-15 所示。

#### 2. 方位描述

机器人手臂工作时，不但要考虑所抓取的物体的质心位置，还要考虑空间中该物体的姿态，即方位。物体的方位可由某个固接于此物体的坐标系描述。为了规定空间某刚体 M 的方位，设置一直角坐标系{$B$}与此刚体固接。用坐标系{$B$}的 3 个单位主矢量 $\boldsymbol{x}_B$、$\boldsymbol{y}_B$、$\boldsymbol{z}_B$相对于参考系{$A$}的方向余弦组成的 3×3 矩阵来表示刚体 M 相对于坐标系{$A$}的方位：

$${}_B^A\boldsymbol{R}=\begin{bmatrix}{}^A\boldsymbol{x}_B & {}^A\boldsymbol{y}_B & {}^A\boldsymbol{z}_B\end{bmatrix}=\begin{bmatrix}r_{11} & r_{12} & r_{13}\\r_{21} & r_{22} & r_{23}\\r_{31} & r_{32} & r_{33}\end{bmatrix} \tag{2-3}$$

式中，${}_B^A\boldsymbol{R}$ 称为旋转矩阵，上标 $A$ 代表参考坐标系{$A$}，下标 $B$ 代表被描述的坐标系{$B$}。${}_B^A\boldsymbol{R}$ 共有 9 个元素，但只有 3 个是独立的。由于${}_B^A\boldsymbol{R}$ 的 3 个矢量$^A\boldsymbol{x}_B$、$^A\boldsymbol{y}_B$、$^A\boldsymbol{z}_B$ 都是

单位矢量,且两两垂直,因而它的 9 个元素满足 6 个约束条件(正交条件),即

$$^A\boldsymbol{x}_B \cdot {}^A\boldsymbol{x}_B = {}^A\boldsymbol{y}_B \cdot {}^A\boldsymbol{y}_B = {}^A\boldsymbol{z}_B \cdot {}^A\boldsymbol{z}_B = 1 \tag{2-4}$$

$$^A\boldsymbol{x}_B \cdot {}^A\boldsymbol{y}_B = {}^A\boldsymbol{y}_B \cdot {}^A\boldsymbol{z}_B = {}^A\boldsymbol{z}_B \cdot {}^A\boldsymbol{x}_B = 0 \tag{2-5}$$

可见,旋转矩阵 ${}^A_B\boldsymbol{R}$ 是正交的,并且满足条件

$$^A_B\boldsymbol{R}^{-1} = {}^A_B\boldsymbol{R}^{\mathrm{T}} ; \left| {}^A_B\boldsymbol{R} \right| = 1$$

式中,上标 T 表示转置;$\left| \quad \right|$ 为行列式符号。

对应于 $x$、$y$、$z$ 轴作转角为 $\theta$ 的旋转变换,其旋转矩阵分别为

延伸阅读▕▔

正交矩阵

$$\boldsymbol{R}(x,\theta) = \begin{bmatrix} 1 & 0 & 0 \\ 0 & c\theta & -s\theta \\ 0 & s\theta & c\theta \end{bmatrix} \tag{2-6}$$

$$\boldsymbol{R}(y,\theta) = \begin{bmatrix} c\theta & 0 & s\theta \\ 0 & 1 & 0 \\ -s\theta & 0 & c\theta \end{bmatrix} \tag{2-7}$$

$$\boldsymbol{R}(z,\theta) = \begin{bmatrix} c\theta & -s\theta & 0 \\ s\theta & c\theta & 0 \\ 0 & 0 & 1 \end{bmatrix} \tag{2-8}$$

为简化书写,可用符号 s 表示 sin,用 c 表示 cos。后续一律采用此约定。

图 2-16 表示一物体(此处为抓手)的方位。此物体与坐标系 $\{B\}$ 固接,并相对于参考坐标系 $\{A\}$ 运动。

**3. 位姿描述**

上面讨论了采用位置矢量描述点的位置,而用旋转矩阵描述物体的方位。要完全描述刚体 M 在空间的位姿(位置和姿态),通常将刚体 M 与某一坐标系 $\{B\}$ 固接。$\{B\}$ 的坐标原点一般选在刚体 M 的特征点上,如质心等。相对参考坐标系 $\{A\}$,坐标系 $\{B\}$ 的原点位置和坐标轴的方位分别由位置矢量 ${}^A\boldsymbol{p}_{Bo}$ 和旋转矩阵 ${}^A_B\boldsymbol{R}$ 描述。这样,刚体 M 的位姿可由坐标系 $\{B\}$ 来描述,即有

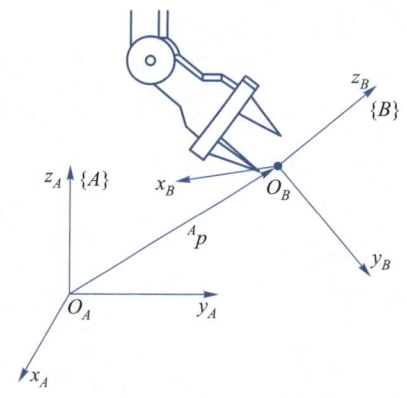

图 2-16　方位表示

$$\{B\} = \left\{ {}^A_B\boldsymbol{R} \quad {}^A\boldsymbol{p}_{Bo} \right\} \tag{2-9}$$

当表示位置时,旋转矩阵 ${}^A_B\boldsymbol{R} = \boldsymbol{I}$(单位矩阵);当表示方位时,位置矢量 ${}^A\boldsymbol{p}_{Bo} = 0$。

## 2.3.4　坐标变换

空间中任意点 $p$ 在不同坐标系中的描述是不同的。为了阐明从一个坐标系的描述到另一个坐标系的描述关系,需要讨论这种变换的数学问题。

**1. 平移坐标变换**

设坐标系 $\{B\}$ 与 $\{A\}$ 具有相同的方位,但坐标系 $\{B\}$ 的原点与 $\{A\}$ 的原点不重合。用位置矢量 ${}^A\boldsymbol{p}_{Bo}$ 描述 $\{B\}$ 相对于 $\{A\}$ 的位置,如图 2-17 所示。${}^A\boldsymbol{p}_{Bo}$ 称为 $\{B\}$ 相对于 $\{A\}$ 的平移矢量。如果点 $p$ 在坐标系 $\{B\}$ 中的位置为 ${}^B\boldsymbol{p}$,那么它相对于坐标系 $\{A\}$ 的位置矢量 ${}^A\boldsymbol{p}$ 可由矢量相加得出,即

$$^A\boldsymbol{p} = {}^B\boldsymbol{p} + {}^A\boldsymbol{p}_{Bo} \qquad (2\text{-}10)$$

**自测题**
平移坐标变换
习题

式(2-10)称为坐标平移方程。

#### 2. 旋转坐标变换

设坐标系$\{B\}$与$\{A\}$有共同的坐标原点,但两者的方位不同,如图2-18所示。用旋转矩阵$^A_B\boldsymbol{R}$描述$\{B\}$相对于$\{A\}$的方位。同一点$p$在两个坐标系$\{A\}$和$\{B\}$中的描述$^A\boldsymbol{p}$和$^B\boldsymbol{p}$具有如下变换关系:

$$^A\boldsymbol{p} = {}^A_B\boldsymbol{R} \cdot {}^B\boldsymbol{p} \qquad (2\text{-}11)$$

式(2-11)称为坐标旋转方程。

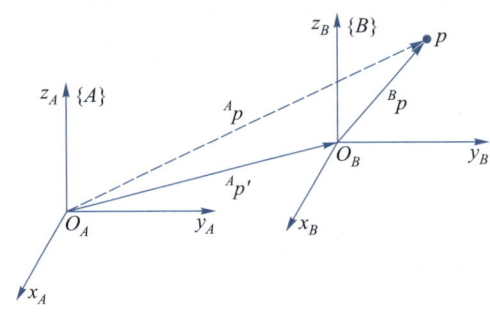

图 2-17　平移坐标变换　　　　图 2-18　旋转坐标变换

**自测题**
旋转坐标变换
习题

可以类似地用$^B_A\boldsymbol{R}$描述$\{A\}$相对于$\{B\}$的方位。$^B_A\boldsymbol{R}$和$^A_B\boldsymbol{R}$都是正交矩阵,两者互逆。根据正交矩阵的性质可得

$$^B_A\boldsymbol{R} = {}^A_B\boldsymbol{R}^{-1} = {}^A_B\boldsymbol{R}^\mathrm{T} \qquad (2\text{-}12)$$

#### 3. 复合坐标变换

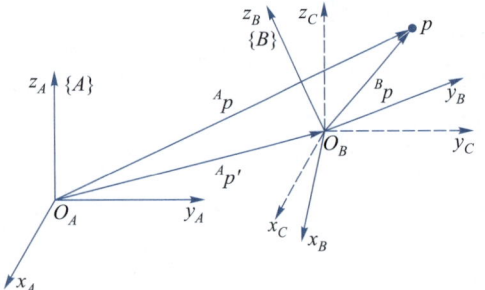

图 2-19　复合变换

对于一般的情形,坐标系$\{B\}$与$\{A\}$的原点不重合,方位也不相同,如图2-19所示。用位置矢量$^A\boldsymbol{p}_{Bo}$描述$\{B\}$的坐标原点相对于$\{A\}$的位置,用旋转矩阵$^A_B\boldsymbol{R}$描述$\{B\}$相对于$\{A\}$的方位。对于任一点$p$在两个坐标系$\{A\}$和$\{B\}$中的描述$^A\boldsymbol{p}$和$^B\boldsymbol{p}$具有如下变换关系:

$$^A\boldsymbol{p} = {}^A_B\boldsymbol{R} \cdot {}^B\boldsymbol{p} + {}^A\boldsymbol{p}_{Bo} \qquad (2\text{-}13)$$

式(2-13)即代表坐标旋转和坐标平移的复合变换。

实际上,规定一个过渡坐标系$\{C\}$,使$\{C\}$的坐标原点与$\{B\}$的原点重合,而$\{C\}$的方位与$\{A\}$的相同。可得向过渡坐标系的变换:

$$^C\boldsymbol{p} = {}^C_B\boldsymbol{R} \cdot {}^B\boldsymbol{p} = {}^A_B\boldsymbol{R} \cdot {}^B\boldsymbol{p} \qquad (2\text{-}14)$$

$$^A\boldsymbol{p} = {}^C\boldsymbol{p} + {}^A\boldsymbol{p}_{Co} = {}^A_B\boldsymbol{R} \cdot {}^B\boldsymbol{p} + {}^A\boldsymbol{p}_{Bo} \qquad (2\text{-}15)$$

**【例】** 已知坐标系$\{B\}$的初始姿态与$\{A\}$重合,首先$\{B\}$相对于$\{A\}$的$z$轴旋转$90°$,再沿$\{A\}$的$x$轴移动$1$个单位,并沿$\{A\}$的$y$轴移动$2$个单位。求位置矢量$^A\boldsymbol{p}_{Bo}$及旋转矩阵$^A_B\boldsymbol{R}$。设点$p$在$\{B\}$中的描述为$^B\boldsymbol{p} = [1 \quad 2 \quad 3]^\mathrm{T}$,求它在$\{A\}$中的描述$^A\boldsymbol{p}$。

**解:** $^A_B\boldsymbol{R}$及$^A\boldsymbol{p}_{Bo}$分别为

$$_B^A\boldsymbol{R} = \boldsymbol{R}(z,90°) = \begin{bmatrix} c\,90° & -s\,90° & 0 \\ s\,90° & c\,90° & 0 \\ 0 & 0 & 1 \end{bmatrix} = \begin{bmatrix} 0 & -1 & 0 \\ 1 & 0 & 0 \\ 0 & 0 & 1 \end{bmatrix}; {}^A\boldsymbol{p}_{Bo} = \begin{bmatrix} 1 \\ 2 \\ 0 \end{bmatrix}$$

自测题
复合坐标变换习题

计算得
$$^A\boldsymbol{p} = {}_B^A\boldsymbol{R} \cdot {}^B\boldsymbol{p} + {}^A\boldsymbol{p}_{Bo} = \begin{bmatrix} -2 \\ 1 \\ 3 \end{bmatrix} + \begin{bmatrix} 1 \\ 2 \\ 0 \end{bmatrix} = \begin{bmatrix} -1 \\ 3 \\ 3 \end{bmatrix}$$

#### 4. 变换方程及逆变换

在机器人坐标变换中,采用的是齐次变换及逆变换,有两方面原因:第一,计算方形矩阵的逆要比计算长方形矩阵的逆容易得多;第二,为使两矩阵相乘,它们的维数必须匹配,即第一矩阵的列数必须与第二矩阵的行数相同。如果两矩阵是方阵则无上述要求。因为要以不同顺序将许多矩阵乘在一起得到机器人运动方程,所以采用方阵计算。

描述机器人的操作,需要建立机器人各连杆之间及机器人与周围环境之间的运动关系,利用坐标系来描述机器人与环境的相对位姿关系。在图 2-20 中,{B} 是基坐标系,{T} 是工具坐标系,{S} 是用户坐标系,{G} 是工件坐标系。它们之间的位姿关系可用相应的齐次变换来描述:${}_S^B\boldsymbol{T}$ 表示用户坐标系 {S} 相对于基坐标系 {B} 的位姿;${}_G^S\boldsymbol{T}$ 表示工件坐标系 {G} 相对于用户坐标系 {S} 的位姿;${}_T^B\boldsymbol{T}$ 表示工具坐标系 {T} 相对于基坐标系 {B} 的位姿。

提示
关于齐次变换的内容,在此不再讲述,可参考相关线性代数教材。

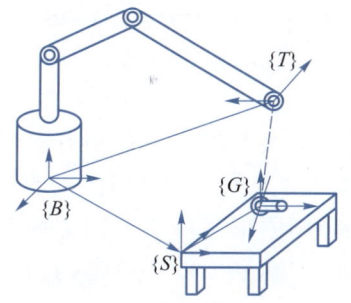 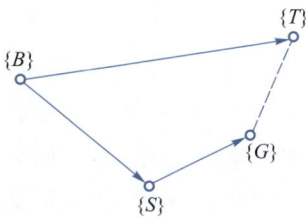

(a) 机械手与环境间的运动关系          (b) 对应的有向变换图

图 2-20 变换方程及其有向变换图

对物体进行操作时,工具坐标系 {T} 相对于工件坐标系 {G} 的位姿 ${}_G^T\boldsymbol{T}$ 直接影响操作效果。它是机器人控制和规划的目标,它与其他变换之间的关系可用空间尺寸链(有向变换图)来表示,如图 2-20(b) 所示。工具坐标系 {T} 相对于基坐标系 {B} 的描述可用下列变换矩阵的乘积表示为

$$_T^B\boldsymbol{T} = {}_S^B\boldsymbol{T} \cdot {}_G^S\boldsymbol{T} \cdot {}_T^G\boldsymbol{T} \tag{2-16}$$

建立起这样的矩阵变换方程后,当上述矩阵变换中只有一个变换未知时,就可以将这一未知的变换表示为其他已知变换的乘积的形式。对于图 2-20(a) 中的场景,如要求出工件坐标系 {G} 相对于工具坐标系 {T} 的位姿 ${}_G^T\boldsymbol{T}$,则可在上式两边同时左乘 ${}_T^B\boldsymbol{T}$ 的逆变换 ${}_T^B\boldsymbol{T}^{-1}$,以及同时右乘 ${}_G^T\boldsymbol{T}$,得到

$$_G^T\boldsymbol{T} = {}_T^B\boldsymbol{T}^{-1} \cdot {}_S^B\boldsymbol{T} \cdot {}_G^S\boldsymbol{T} \tag{2-17}$$

## 2.4  机器人运动学

### 2.4.1  机器人运动学概述

机器人运动学涉及机器人相对于固定坐标系运动几何学关系的分析和研究,而与产生运动所需的力或力矩无关。因此,机器人运动学主要涉及机器人空间位移作为时间函数的解析说明,特别是机器人末端执行器的位置和姿态与关节变量之间的关系。

机器人,特别是具有代表性的关节机器人,实质上是由一系列关节连接而成的空间连杆开式链机构。机器人的运动学可用一个开环关节链来建模,此链由数个刚体(杆件)以驱动器驱动的转动或移动关节串联而成。开环关节链的一端固定在基座上,另一端是自由的,安装着工具,用以操作物体或完成装配作业。关节的相对运动导致杆件的运动,使末端执行器定位于所需的方位上。在很多机器人应用问题中,人们感兴趣的是末端执行器相对于固定参考系的空间描述。

机器人运动学的基本问题可归纳如下:

(1) 对于一个给定的机器人,已知杆件几何参数和关节角矢量,求机器人末端执行器相对参考坐标系的位置和姿态。这类问题称为正向运动学问题(运行学正解或 where 问题),如图 2-21(a)所示。机器人示教时,机器人控制器逐点进行运动学正解运算。

(2) 已知机器人杆件的几何参数,给定了机器人末端执行器相对参考坐标系的期望位置和姿态,求机器人各关节角矢量,即机器人各关节要如何运动才能达到这个预期的位姿? 如能达到,那么机器人由几种不同形态可满足同样的条件? 这类问题称为逆向运动学问题(运动学逆解或 how 问题),如图 2-21(b)所示。机器人再现时,机器人控制器即逐点进行运动学逆解运算,并将角矢量分解到各关节。

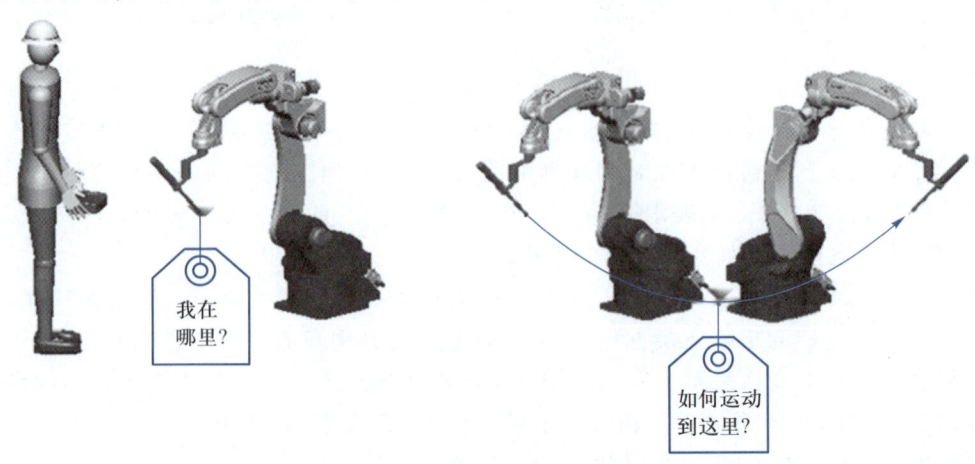

(a) 正向运动学问题(示教)      (b) 逆向运动学问题(再现)

图 2-21  机器人运动学问题

由于机器人手臂的独立变量是关节变量,但作业通常是用固定坐标系来描述的,所以常常碰到的是第二个问题。1955 年,Denavit 和 Hartenberg 曾提出了一种矩阵代数方法,用于描述机器人手臂杆件相对固定参考坐标系的空间几何关系。这种方法使用 4×4 齐次变换矩阵来描述两个相邻的机械刚性构件间的空间几何关系,把正向运动学问题简化为寻求等价 4×4 齐次变换矩阵,此矩阵把手臂坐标系的空间位移与参考坐标系联系起来,并且该矩阵还可用于推导手臂运动的动力学方程。而逆向运动学问题可采用如矩阵代数、迭代或几何方法来解决。

## 2.4.2 机器人的运动学方程

### 1. 机器人运动学方程的表示

机器人的机械手是由一系列关节连接起来的连杆构成的,可以为每一个连杆建立一个坐标系,并用齐次变换来描述坐标系间的相对位置和姿态。通常把描述一个连杆与下一个连杆间相对关系的齐次变换称为 $A$ 矩阵。一个 $A$ 矩阵就是一个描述连杆坐标系间相对平移和旋转的齐次变换。如果 $A_1$ 表示第一个连杆相对于基坐标系的位置和姿态,$A_2$ 表示第二个连杆相对于第一个连杆的位置和姿态,那么第二个连杆在基坐标系中的位置和姿态可由下列矩阵的乘积给出:

$$T_2 = A_1 A_2 \tag{2-18}$$

同理,若 $A_3$ 表示第三个连杆相对于第二个连杆的位置和姿态,则有

$$T_3 = A_1 A_2 A_3 \tag{2-19}$$

这些 $A$ 矩阵的乘积称为 $T$ 矩阵。由此,对于 6 连杆机械手,有 $T$ 矩阵为

$$T_6 = A_1 A_2 A_3 A_4 A_5 A_6 \tag{2-20}$$

### 2. PUMA 560 机器人运动学方程

通过坐标变换的方法可以求得机器人的运动学方程。在此不具体描述求解过程,仅以 PUMA 560 机器人为例来讲解以关节角度为变量的运动学方程。

PUMA 560 机器人是一种 6 自由度的臂式机器人,也就是说有 6 个关节控制它的运动姿态。前 3 个关节用于确定机械手末端工具的位置,后 3 个关节用于确定末端工具的方向。同时,和大多数工业机器人一样,后 3 个关节的轴线交于一点,交点与 3 个关节上的坐标系原点重合。关节 1 的轴线在垂直方向,关节 2 和关节 3 的轴线在水平方向且平行,距离为 $a_2$。关节 1 和关节 2 的轴线垂直相交,关节 3 和关节 4 的轴线垂直相交。各连杆坐标系如图 2-22 所示,相应的连杆参数列于表 2-5 中。

提示

一个 6 连杆机械手可具有 6 个自由度,每个连杆含有 1 个自由度,并能在其运动范围内任意定位与定向。其中,3 个自由度用于规定位置,而另外 3 个自由度用来规定姿态。$T_6$ 表示机械手的位置和姿态。

表 2-5  PUMA 560 机器人的连杆参数

| 连杆 $i$ | $\alpha_{i-1}$ | $a_{i-1}/m$ | $\theta_i$ | $d_i/m$ |
| --- | --- | --- | --- | --- |
| 1 | 0° | 0 | 90° | 0 |
| 2 | −90° | 0 | 0° | 0.149 1 |
| 3 | 0° | 0.431 8 | −90° | 0 |
| 4 | −90° | −0.020 3 | 0° | 0.433 1 |
| 5 | 90° | 0 | 0° | 0 |
| 6 | −90° | 0 | 0° | 0 |

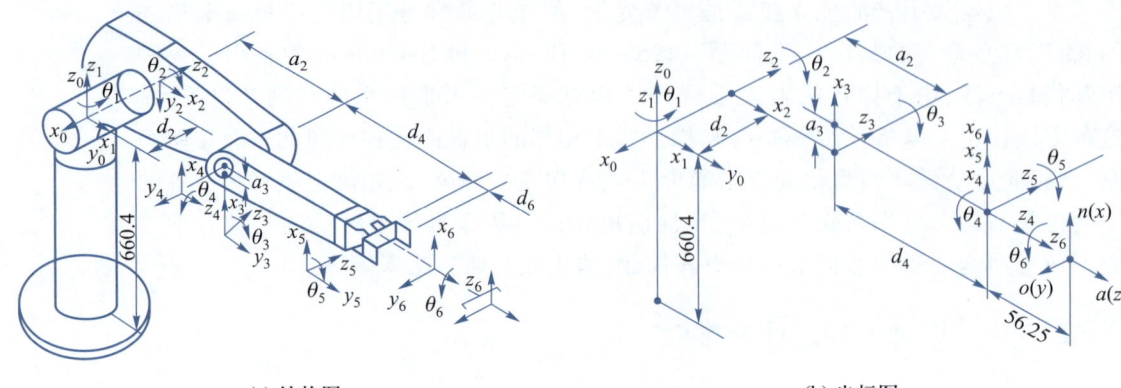

(a) 结构图　　　　　　　　　　　　(b) 坐标图

图 2-22　PUMA 560 机器人的连杆坐标系

通过 6 连杆坐标变换矩阵的乘积,可得出 PUMA 560 机器人的正向运动学方程为

$$_6^0\boldsymbol{T}=\begin{bmatrix} n_x & o_x & a_x & p_x \\ n_y & o_y & a_y & p_y \\ n_z & o_z & a_z & p_z \\ 0 & 0 & 0 & 1 \end{bmatrix} \qquad (2\text{-}21)$$

式中

$$n_x=c_1[c_{23}(c_4c_5c_6-s_4s_6)-s_{23}s_5c_6]+s_1(s_4c_5s_6+c_4s_6)$$

$$n_y=s_1[c_{23}(c_4c_5c_6-s_4s_6)-s_{23}s_5c_6]-c_1(s_4c_5s_6+c_4s_6)$$

$$n_z=-s_{23}(c_4c_5c_6-s_4s_6)-c_{23}s_5c_6$$

$$o_x=c_1[-c_{23}(c_4c_5c_6+s_4s_6)+s_{23}s_5s_6]+s_1(c_4c_6-s_4c_5s_6)$$

$$o_y=s_1[-c_{23}(c_4c_5c_6+s_4s_6)+s_{23}s_5s_6]-c_1(c_4c_6-s_4c_5s_6)$$

$$o_z=s_{23}(c_4c_5c_6+s_4c_6)+c_{23}s_5s_6$$

$$a_x=-c_1[c_{23}c_4c_5+s_{23}c_5]-c_1s_4s_5$$

$$a_y=-s_1[c_{23}c_4c_5+s_{23}c_5]+c_1s_4s_5$$

$$a_z=s_{23}c_4c_5-c_{23}c_5$$

$$p_x=c_1[a_2c_2+a_3c_{23}-d_4s_{23}]-d_2s_1$$

$$p_y=s_1[a_2c_2+a_3c_{23}-d_4s_{23}]+d_2c_1$$

$$p_z=-a_3s_{23}-a_2s_2-d_4c_{23}$$

其中,$c_1$ 表示 $\cos\theta_1$,$c_{23}$ 表示 $\cos(\theta_2+\theta_3)$;$s_1$ 表示 $\sin\theta_1$,$s_{23}$ 表示 $\sin(\theta_2+\theta_3)$,依次类推。

$_6^0\boldsymbol{T}$ 表示了 PUMA 560 机器人的手臂变换矩阵,描述了末端连杆坐标系{6}相对基坐标系{0}的位姿。

提示

若末端连杆的位姿已知,即 $n$、$a$、$o$、$p$ 为已知,则通过变换可把关节变量 $\theta_1,\theta_2,\cdots,\theta_6$ 的值求解出来,此为运动学的逆解。

对于运动学的逆解,可将 PUMA 560 机器人的运动学方程改写为

$$_6^0\boldsymbol{T}=\begin{bmatrix} n_x & o_x & a_x & p_x \\ n_y & o_y & a_y & p_y \\ n_z & o_z & a_z & p_z \\ 0 & 0 & 0 & 1 \end{bmatrix}=_1^0\boldsymbol{T}(\theta_1)_2^1\boldsymbol{T}(\theta_2)_3^2\boldsymbol{T}(\theta_3)_4^3\boldsymbol{T}(\theta_4)_5^4\boldsymbol{T}(\theta_5)_6^5\boldsymbol{T}(\theta_6) \qquad (2\text{-}22)$$

此处不再讲述关节变量求解的过程及结果。

## 2.5 机器人动力学

PPT

机器人动力学

### 2.5.1 机器人动力学概述

机器人动力学主要研究的是物体的运动与受力之间的关系。机器人的动力学方程是机器人机械系统的运动方程,它表示机器人各关节的关节位置、关节速度、关节加速度与各关节执行器驱动力或力矩之间的关系。

机器人动力学有两个相反的问题:一是已知机器人各关节执行器的驱动力或力矩,求解机器人各关节的位置、速度、加速度,这是动力学正问题;二是已知各关节的位置、速度、加速度,求解各关节所需的力或力矩,这是动力学逆问题。

机器人动力学正问题主要用于机器人的运动仿真。例如在设计机器人时,需根据连杆质量、运动学和动力学参数、传动机构特征及负载大小进行动态仿真,从而决定机器人的结构参数和传动方案,验算设计方案的合理性和可行性,以及结构优化的程度;在机器人离线编程时,为了估计机器人高速运动引起的动载荷和路径偏差,要进行路径控制仿真和动态模型仿真。

研究机器人动力学逆问题的目的是对机器人的运动进行有效的实时控制,以实现预期的轨迹运动,并达到良好的动态性能和最优指标。由于机器人是个复杂的动力学系统,由多个连杆和关节组成,具有多个输入和输出,存在着错综复杂的耦合关系和严重的非线性,所以动力学的实时计算很复杂,在实际控制时需要做一些简化假设。

提示

目前机器人动力学的研究方法很多,如牛顿-欧拉方法、拉格朗日方法、阿贝尔方法和凯恩方法等,详细内容可查阅相关书籍。

### 2.5.2 机器人的动力学方程

机器人的动力学方程,同样是将机器人的机械手看作由一系列关节连接起来的连杆构成。动力学方程的推导可分 5 步进行:① 计算任一连杆上任一点的速度;② 计算各连杆的动能和机械手的总动能;③ 计算各连杆的位能和机械手的总位能;④ 建立机械手系统的拉格朗日函数;⑤ 对拉格朗日函数求导,得到动力学方程。图 2-23 所示为 4 连杆机械手的结构示意图,经过上述步骤,可求得其动力学方程为

$$T_i = \sum_{j=1}^{n} D_{ij}\ddot{q}_j + \sum_{j=1}^{6}\sum_{k=1}^{6} H_{ijk}\dot{q}_j\dot{q}_k + G_i \qquad (2-23)$$

式中,$n$ 为机器人的关节数。式(2-23)可进一步简化为

$$T = D(q)\ddot{q} + H(\dot{q},q) + G(q) \qquad (2-24)$$

式中,$D(q)\ddot{q}$ 是机器人动力学模型中的惯性力项,其中 $D(q)$ 表示机器人操作机的质量矩阵,它是 $n \times n$ 阶的对称矩阵;$H(\dot{q},q)$ 是 $n \times 1$ 阶矩阵,表示机器人动力学模型中非线性的耦合力项,包括向心力(自耦力)和哥氏力(互耦力);$G(q)$ 也是 $n \times 1$ 阶矩阵,表示机器

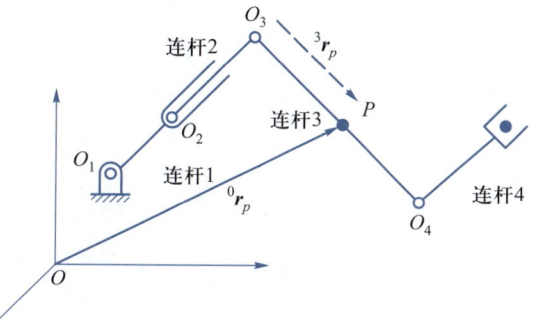

图 2-23  4 连杆机械手的结构示意图

人动力学模型中的重力项。这些项在机械手控制中特别重要,因为它们直接影响机械手系统的稳定性和定位精度。只有在机械手高速运动时,向心力和哥氏力才是重要的。式(2-23)也称为机器人的动力学模型。

## 学习评分表

| 序号 | 学习目标 | 知识技能点 | 评估结果 | 评分 |
|---|---|---|---|---|
| 1 | 了解工业机器人的关节构成,熟悉工业机器人的机构运动简图(20分) | • 工业机器人的关节<br>• 工业机器人机构运动简图 | ☐ 掌握<br>☐ 初步掌握<br>☐ 未掌握 | |
| 2 | 掌握不同类型机器人的技术参数的含义(20分) | • 不同类型机器人的技术参数的含义 | ☐ 掌握<br>☐ 初步掌握<br>☐ 未掌握 | |
| 3 | 掌握工业机器人坐标系的分类,理解坐标系在位姿变换中的应用(20分) | • 工业机器人坐标系的分类<br>• 坐标系在位姿变换中的应用 | ☐ 掌握<br>☐ 初步掌握<br>☐ 未掌握 | |
| 4 | 熟悉机器人运动学的问题,理解机器人运动学模型的意义(20分) | • 机器人运动学<br>• 机器人运动学模型 | ☐ 掌握<br>☐ 初步掌握<br>☐ 未掌握 | |
| 5 | 熟悉机器人动力学的问题,理解机器人动力学模型的意义(20分) | • 机器人动力学<br>• 机器人动力学模型 | ☐ 掌握<br>☐ 初步掌握<br>☐ 未掌握 | |
| 合计 | | | | |

## 学习体会

习题答案
单元 2 练习题参考答案

### 单元练习题

1. 列举工业机器人关节类型,并列出其自由度。

2. 试绘制 6 轴关节机器人机构简图,并标示其自由度。

3. 查找资料,以 KUKA KR 30-3 机器人为例,列举其技术参数。

4. 描述工业机器人的坐标系分类。当工具姿势需要改变时,宜采用哪种坐标系进行作业?

5. 求点 $p(1,2,3)$ 绕固定坐标系 $y$ 轴旋转 $60°$ 后相对固定坐标系的坐标。

6. 已知坐标系 $\{B\}$ 的初始姿态与坐标系 $\{O\}$ 重合,首先令 $\{B\}$ 相对于 $\{O\}$ 的 $z$ 轴旋转 $30°$,再使其沿 $\{O\}$ 的 $x$ 轴移动 5 个单位,求位置矢量 ${}^{O}p_{Bo}$ 及旋转矩阵 ${}^{O}_{B}R$。设点 $p$ 在 $\{B\}$ 中的描述为 ${}^{B}p = \begin{bmatrix} 5 & 4 & 3 \end{bmatrix}^{T}$,求它在 $\{O\}$ 中的描述 ${}^{O}p$。

7. 描述工业机器人运动学的两类问题。

8. 描述工业机器人动力学的两类问题。

# 工业机器人的驱动系统和机械系统

工业机器人的驱动系统是驱使执行机构运动的装置,将电能或流体能等转换成机械能,按照控制系统发出的指令信号,借助动力元件使工业机器人完成指定的工作任务,属于机器人运动的动力机构,是机器人的"心脏"。工业机器人的机械系统是机器人的支撑基础和执行机构,计算、分析和编程的最终目的是要通过本体的运动和动作完成特定的任务。不同种类的工业机器人在机械系统设计上的差异较大,使用要求是工业机器人机械系统设计的出发点。

## 学习目标

### 知识目标

- 熟悉工业机器人的驱动系统类型及特点。
- 熟悉机器人减速器的种类及其结构原理。
- 掌握 6 轴机器人的结构。
- 掌握 SCARA 机器人的结构。
- 掌握 Delta 机器人的结构。

### 能力目标

- 能够识别工业机器人的驱动系统类型,能描述其特点。
- 能够识别机器人减速器的种类,能描述其结构及原理。
- 能够识别垂直串联机器人的结构。
- 能够识别 SCARA 机器人的结构。
- 能够识别 Delta 机器人的结构。

### 素养目标

- 学习驱动系统及核心部件时,根据机器人特点与场景选择适配部件,培养工程思维。
- 理解各类机器人结构,关联结构与功能,提升对机械系统的认知能力。
- 了解新型驱动装置,认识技术趋势,培养关注前沿、探索创新的素养。

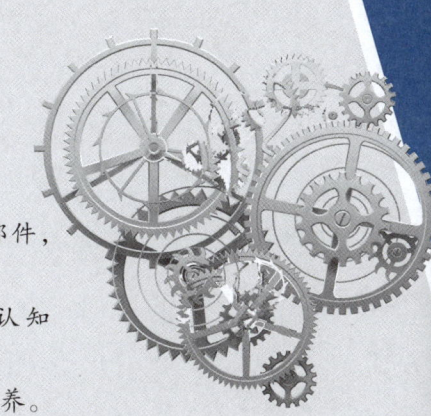

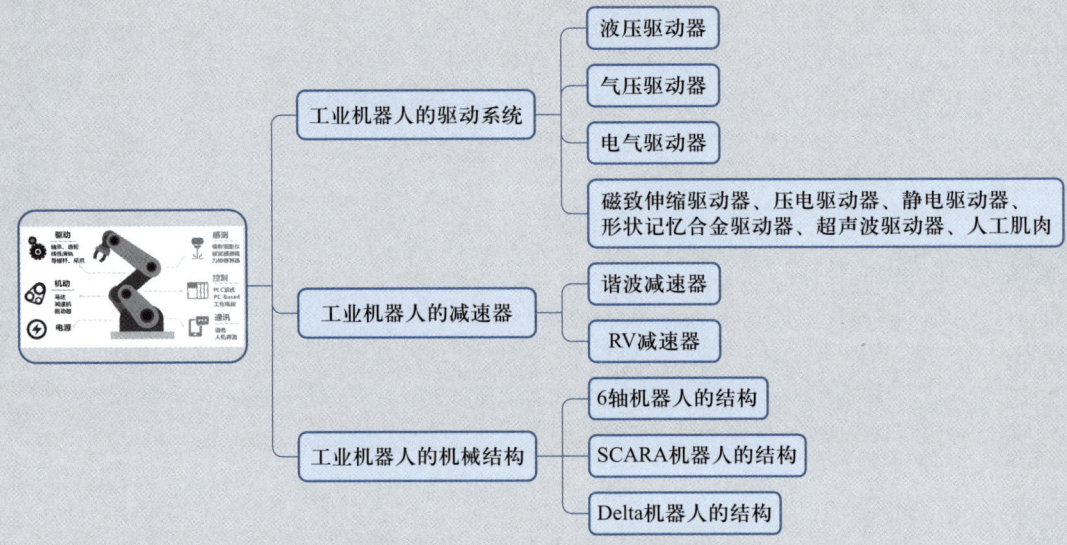

工业机器人的驱动系统
- 液压驱动器
- 气压驱动器
- 电气驱动器
- 磁致伸缩驱动器、压电驱动器、静电驱动器、形状记忆合金驱动器、超声波驱动器、人工肌肉

工业机器人的减速器
- 谐波减速器
- RV减速器

工业机器人的机械结构
- 6轴机器人的结构
- SCARA机器人的结构
- Delta机器人的结构

# 3.1 工业机器人的驱动系统

驱动系统在机器人中的作用相当于人体的肌肉,如果把连杆及关节看作机器人的骨骼,那么驱动器就起着肌肉的作用,通过移动或转动连杆来改变机器人的构型。驱动器必须具有足够的功率对连杆进行加速或减速并带动负载,同时,驱动器自身必须轻便、经济、精确、灵敏、可靠及便于维护。

工程案例引入
机器人工厂

根据能量转换方式的不同,可将驱动器划分为液压驱动器、气压驱动器、电气驱动器及新型驱动装置。各种不同的驱动器用来满足不同机器人的工作要求。表3-1为三种常用驱动系统的比较。

表3-1 三种常用驱动系统的比较

| 项目 | 液压驱动系统 | 气压驱动系统 | 电气驱动系统 |
|---|---|---|---|
| 输出功率 | 很大,压力范围为 $50\sim140$ N/cm$^2$ | 大,压力范围为 $48\sim60$ N/cm$^2$,最大可达 100 N/cm$^2$ | 范围较大,介于前两者之间 |
| 控制性能 | 利用液体的不可压缩性,控制精度较高,输出功率大,可无级调速,反应灵敏,可实现连续轨迹控制 | 气体压缩性大,精度低,阻尼效果差,低速不易控制,难以实现高速、高精度的连续轨迹控制 | 控制精度高,功率较大,能精确定位,反应灵敏,可实现高速、高精度的连续轨迹控制,伺服特性好,控制系统复杂 |
| 响应速度 | 很高 | 较高 | 很高 |
| 结构性能及体积 | 结构适当,执行机构可标准化、模拟化,易实现直接驱动。功率/质量比大,体积小,结构紧凑,密封问题较大 | 结构适当,执行机构可标准化、模拟化,易实现直接驱动。功率/质量比大,体积小,结构紧凑,密封问题较小 | 伺服电动机易于标准化,结构性能好,噪声低,电动机一般需配置减速装置,除DD电动机(直驱电动机)外,难以直接驱动,结构紧凑,无密封问题 |
| 安全性 | 防爆性能较好,用液压油作传动介质,在一定条件下有火灾危险 | 防爆性能好,高于 1 000 kPa(10个大气压)时应注意设备的抗压性 | 设备自身无爆炸和火灾危险,直流有刷电动机换向时有火花,对环境的防爆性能较差 |
| 对环境的影响 | 液压系统易漏油,对环境有污染 | 排气时有噪声 | 无 |
| 在工业机器人中的应用范围 | 适用于重载、低速驱动,电液伺服系统适用于喷涂机器人、点焊机器人和托运机器人 | 适用于中小负载驱动、精度要求较低的有限点位程序控制机器人,如冲压机器人本体的气动平衡及装配机器人气动夹具 | 适用于中小负载、要求具有较高的位置控制精度和轨迹控制精度、速度较高的机器人,如AC伺服喷涂机器人、点焊机器人、弧焊机器人、装配机器人等 |

| 项目 | 液压驱动系统 | 气压驱动系统 | 电气驱动系统 |
|---|---|---|---|
| 效率与成本 | 效率中等（0.3～0.6）；液压元件成本较高 | 效率低（0.15～0.2）；气源方便，结构简单，成本低 | 效率较高（0.5左右）；成本高 |
| 维修及使用 | 方便，但油液对环境温度有一定要求 | 方便 | 较复杂 |

**提示**

液压系统具有高刚性、力保持性可靠、小型轻质、转矩惯量比大等优点，而其缺点是易漏油，以及阀等液压元件的非线性、压缩性等。

### 3.1.1 液压驱动器

液压传动的特点是转矩惯量比大，即单位质量的输出功率高。液压传动还具有不需要其他动力就能连续维持力的特点。液压在机器人中的应用以移动机器人，尤其是重载机器人为主。它用小型驱动器即可产生大的转矩（力）。在移动机器人中，使用液压传动的主要缺点是需要准备液压源，如果使用液压缸作为直线驱动器，那么实现直线驱动就十分简单。

液压伺服系统主要由液压源、液压驱动器、伺服阀、伺服放大器、位置传感器、控制器等组成，如图3-1所示。通过这些元件组成反馈控制系统，驱动负载。液压源产生一定的压力，通过伺服阀控制液压的压力和流量，从而驱动液压驱动器。位置指令与位置传感器的差被放大后得到的电气信号输入伺服阀中驱动液压驱动器，直到偏差变为0为止。若位置传感器与位置指令相同，则停止运动。伺服阀是液压伺服系统中不可缺少的元件，它的作用主要是把电信号变换为液压驱动力，常用于需要响应速度快、负载大的场合。有时也选用较为廉价的电磁比例阀，但是它的控制作用稍差。

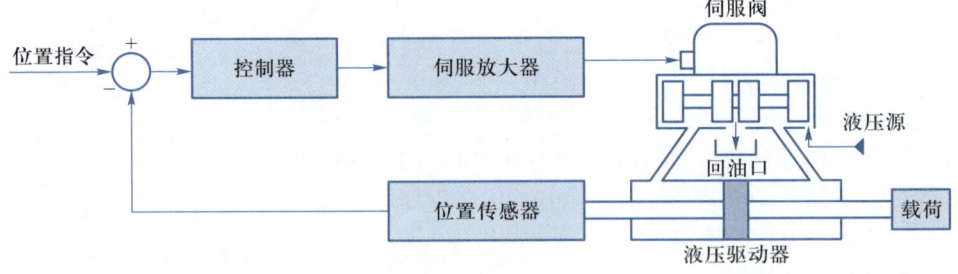

图3-1　液压伺服系统

液压驱动的不足之处在于：① 油液的黏度随温度变化而变化，会影响系统的工作性能，且油温过高时容易引起燃烧爆炸等危险；② 液体的泄漏难以克服，要求液压元件有较高的精度和质量，故造价较高；③ 需要相应的供油系统，尤其是电液伺服系统要求严格的滤油装置，否则会引起故障。

在机器人领域，液压驱动器曾经广泛被应用于固定型工业机器人中，但是出于维护等角度的考虑，已经逐渐被电气驱动器所代替，目前在移动式带电布线作业机器人、水下作业机器人、娱乐机器人中仍有应用。

### 3.1.2　气压驱动器

气压驱动器在工业机器人中用得最多,使用的压力通常为 0.4~0.6 MPa。气压能极方便地用于驱动技术,其主要优点:能量储存简单易行,可以获得短时间的高速动作;可以进行细微的力控制;夹紧时无能量消耗,不发热;柔软,安全性高;体积小,质量轻,输出/质量比高;处理简便,成本低。但其同时还存在着不易实现高精度、快速响应的位置和速度控制,控制性能易受摩擦和载荷的影响等缺点。

气动系统的结构如图 3-2 所示。这里着重介绍气动回路。气动回路是驱动各种不同操作的机械装置,其最重要的三个控制内容是力的大小、力的方向和运动速度。与生产装置相连接的各种类型的气缸,靠压力控制阀、方向控制阀和流量控制阀分别实现对三个内容的控制,即:压力控制阀控制气动输出力的大小;方向控制阀控制气缸的运动方向;流量控制阀控制气缸的运动速度。

**提示**

　气动回路最重要的三个控制内容:力的大小,力的方向和运动速度。

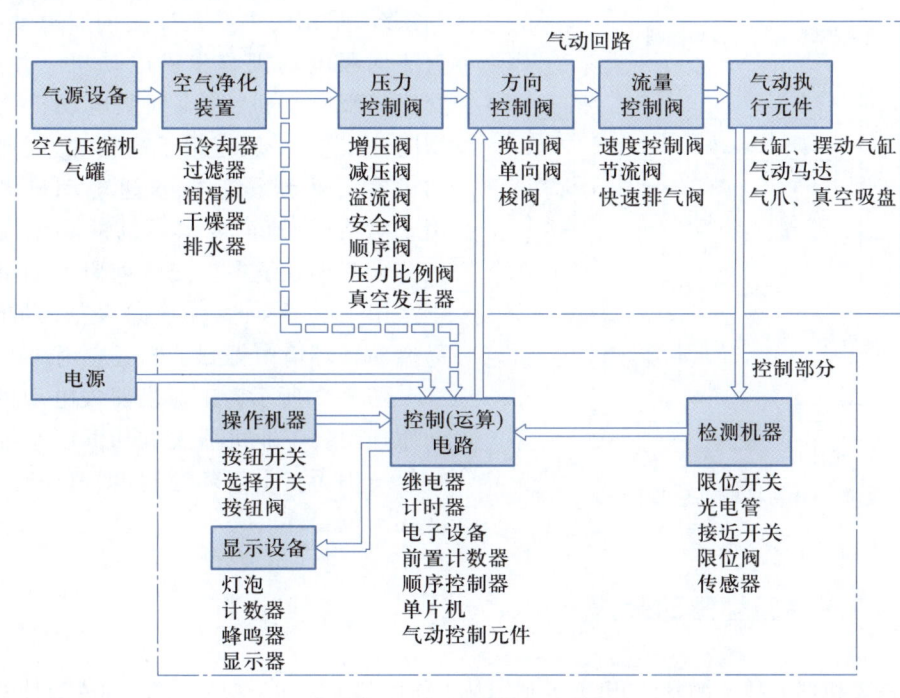

图 3-2　气动系统的结构

气压驱动的不足之处在于:① 压缩空气压力为 0.4~0.6 MPa,若要获得较大的动力,其结构就要相对增大;② 空气压缩性好,工作平稳性差,速度控制困难,要实现准确的位置控制很困难;③ 压缩空气的除水问题是一个很重要的问题,处理不当会使钢类零件生锈,导致机器失灵;④ 排气会造成噪声污染。

### 3.1.3　电气驱动器

电气驱动器是指利用电动机直接或通过机械传动装置来驱动执行机构的装置,其

所用能源简单,机构速度变化范围大,效率高,速度和位置精度都很高,且具有使用方便、噪声低、控制灵活的特点,在机器人中得到了广泛的应用。电气驱动又可分为步进电动机驱动、直流电动机驱动、交流电动机驱动、伺服电动机驱动等种类。无刷伺服电动机具有大的转矩质量比和转矩体积比,没有直流电动机的电刷和整流子,因而可靠性高,运行时不需要维护,可用在防爆场合,因此在机器人中得到了广泛应用。

机器人对关节驱动电动机的要求如下:① 快速性,电动机从获得指令信号到完成指令所要求的工作状态的时间应尽可能短;② 起动的转矩惯量比较大,在驱动负载的情况下,要求机器人伺服电动机的起动转矩大,惯量小;③ 控制特性的连续性和直线性,随着控制信号的变化,电动机的转速性能连续变化,有时还需要转速与控制信号成正比或近似成正比;④ 调速范围宽,体积小,质量小,轴向尺寸短;⑤ 能经受起苛刻的运行条件,可进行十分频繁的正反向和加减速运动,并能在短时间内承受过载。

延伸阅读
伺服电动机

目前,高起动转矩、大转矩、低惯量的交/直流伺服电动机在工业机器人中得到了广泛的应用。一般负载在 1 000 N 以下的工业机器人大多数采用电动机伺服驱动系统,采用的主要是交流伺服电动机、直流伺服电动机和步进电动机。其中,交流伺服电动机、直流伺服电动机均采用闭环控制,一般应用于高精度、高速度的机器人驱动系统中,步进电动机多应用于对精度、速度要求不高的小型简易机器人开环系统中。交流伺服电动机由于采用了电子换向,无换向火花,因此在易燃易爆环境中得到了广泛应用。

图 3-3 所示为工业机器人电动机驱动原理图。工业机器人电动伺服系统的一般结构为三个闭环控制,即电流环、速度环和位置环。

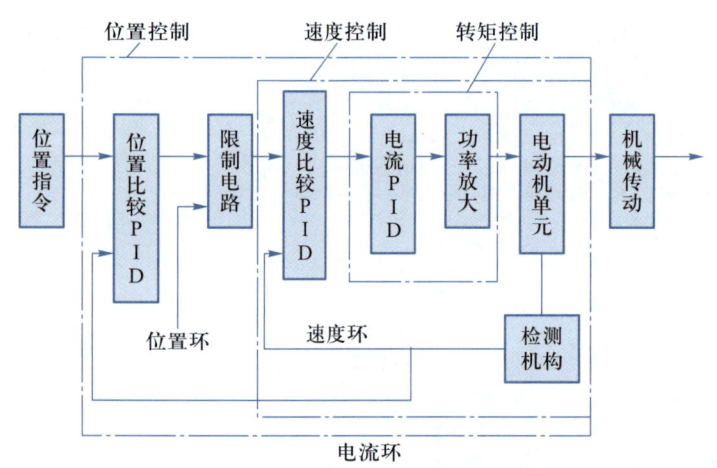

图 3-3　工业机器人电动机驱动原理图

### 3.1.4　新型驱动装置

随着机器人技术的发展,出现了利用新工作原理制造的新型驱动器,如磁致伸缩驱动器、压电驱动器、静电驱动器、形状记忆合金驱动器、超声波驱动器、人工肌肉等。

#### 1. 磁致伸缩驱动器

某些磁性体一旦外部加上磁场,则磁性体的外形尺寸会发生变化,利用这种现象制作的驱动器称为磁致伸缩驱动器。1972 年,Clark 等首先发现 laves 相稀土-铁化合物 $RFe_2$(R 代表稀土元素 Tb、Dy、Er、Sm、Tm 等)的磁致伸缩在室温下是 Fe、Ni 等传统磁致伸缩材料的 100 倍,这种材料称为超磁致伸缩材料。从那时起,对磁致伸缩效应的研究才再次引起了学术界和工业界的注意。超磁致伸缩材料具有伸缩效应大、机电耦合系数高、响应速度快、输出力大等特点,因此,它的出现为新型驱动器的研制与开发提供了一种行之有效的方法,并引起了国际上的极大关

延伸阅读
超磁致伸缩材料

注。图3-4所示为超磁致伸缩驱动器的结构简图。

### 2. 压电驱动器

压电效应的原理:如果对压电材料施加压力,它便会产生电位差(称为正压电效应);反之,如果施加电压,则产生机械应力(称为逆压电效应)。

压电驱动器是利用逆压电效应,将电能转换为机械能或机械运动,实现微量位移的执行装置。图3-5所示为一种典型的应用于微型管道机器人的足式压电执行器,由一个压电双晶片及其上两侧分别贴置的两片类鳍型弹性足构成。压电双晶片在电压信号作用下产生周期性的定向弯曲,将使弹性足与管道两侧接触处的动态摩擦力不同,从而推动执行器向前运动。

**提示**

压电材料具有很多优点,包括易于微型化、控制方便、低压驱动、对环境影响小以及无电磁干扰等。

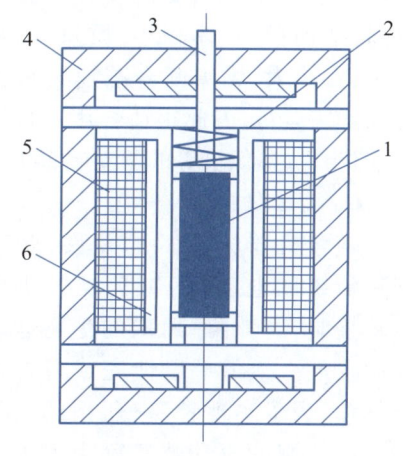

图3-4　超磁致伸缩驱动器的结构简图
1—超磁致伸缩材料;2—预压弹簧;3—输出杆;
4—压盖;5—激励线圈;6—铜管

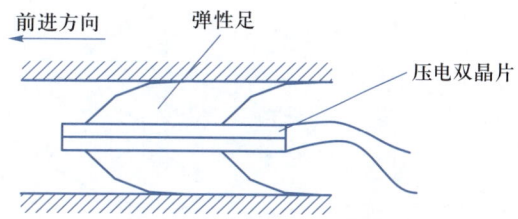

图3-5　微型管道机器人的足式压电执行器

### 3. 静电驱动器

静电驱动器是一种利用电荷间库仑力作为驱动力来做功的部件。由于它的输出力比电动机的输出力小得多,因而目前主要用于微力驱动等场合。由于静电驱动器的结构简单,因此适宜于小型化,而越是小型化,性能就越高。

静电驱动器的基本原理是两个带有相异电荷的圆盘互相吸引。尽管这些执行器中输出力与电压不成正比,功率也较小,但是其结构简单,制造容易,所以在微机械中得到了广泛应用。

### 4. 形状记忆合金驱动器

形状记忆合金是一种特殊的合金。一旦使它"记忆"了任何形状,如果产生变形,当加热到某一温度时,它就能恢复到变形前的形状。利用这种技术的驱动器即为形状记忆合金驱动器。它除了具有较高的功率/质量比外,还具有结构简单、无污染、无噪声、具有传感功能、便于控制等特点,特别适用于小负载、高速度、高精度的机器人装配作业及显微镜内样品移动装置、反应堆驱动装置、医用内窥镜、人工心脏、探测器、保护器等产品。同时,形状记忆合金驱动器在使用中主要存在两个问题,即效率较低和疲劳寿命较短。

**延伸阅读**

形状记忆合金

图 3-6 所示为具有相当于肩、肘、臂、腕、指 5 个自由度的微型机器人的结构示意图。指和腕靠 NiTi 合金线圈的伸缩实现开闭动作,肘和肩靠直线状 NiTi 合金丝的伸缩实现屈伸动作。每个元件由微型计算机控制,通过由脉冲宽度控制的电流调节位置和动作速度。由于 NiTi 合金丝很细(0.2 mm),因而动作很快。

**延伸阅读**

超声波电动机驱动技术

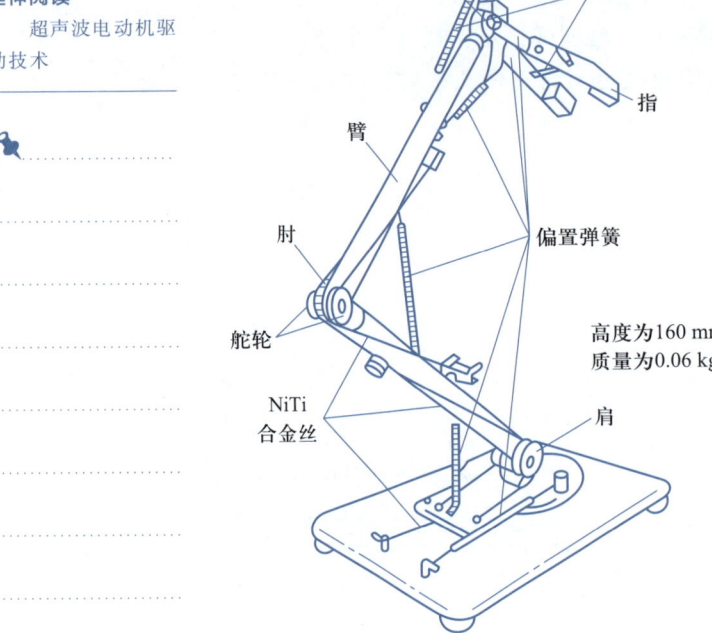

图 3-6　微型机器人的结构示意图

图中标注:腕、NiTi合金线圈、指、臂、偏置弹簧、肘、高度为160 mm 质量为0.06 kg、舵轮、NiTi合金丝、肩

## 5. 超声波驱动器

超声波驱动器是利用超声波振动作为驱动力的一种驱动器,由振动部分和移动部分组成,靠振动部分和移动部分之间的摩擦力来驱动。

由于超声波驱动器没有铁芯和线圈,结构简单、体积小、质量轻、响应快、力矩大,无须配合减速装置就可以低速运行,因此很适合用于机器人、照相机、摄像机等的驱动装置中。

## 6. 人工肌肉

随着机器人技术的发展,驱动器从传统的电动机-减速器的机械运动控制,向骨骼-肌肉的生物运动控制发展。人的手臂能完成各种柔顺作业,为了实现骨骼-肌肉的部分功能而研制的驱动装置称为人工肌肉驱动器。为了更好地模拟生物体的运动功能或在机器人上应用,已研制出了多种不同类型的人工肌肉,如利用机械化学物质的高分子凝胶、形状记忆合金制作的人工肌肉。气动人工肌肉是目前大量开发应用的人工肌肉,作为一种新型的气动驱动器,具有很多独特的特点。它不需要减速装置和传动机构,可以直接驱动;不仅结构简单,动作灵活,而且功率/质量比大,还具有良好的柔顺性。这些特点使得气动人工肌肉在机器人领域有着广泛的应用前景。

图 3-7 所示为英国 Shadow 公司的 Mckibben 型气动人工肌肉的安装示意图。其传动方式采用人工腱传动。所有手指由柔索驱动,人工肌肉则固定在前臂上,柔索穿过手掌与人工肌肉相连。驱动手腕动作的人工肌肉固定在大臂上。

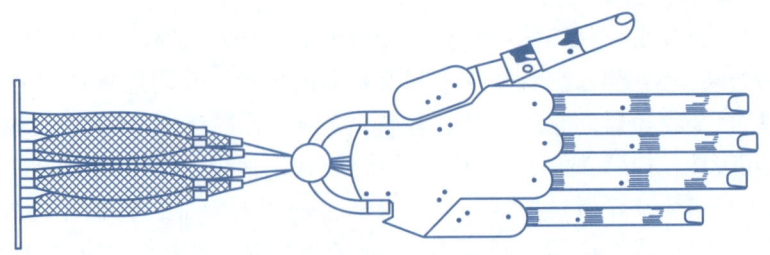

图 3-7　Mckibben 型气动人工肌肉的安装示意图

## 3.2 工业机器人的减速器

在工业机器人中,减速器是连接机器人动力源和执行机构的中间装置,是保证工业机器人实现到达目标位置的精度的核心部件。通过合理地选用减速器,可精确地将机器人动力源转速降到工业机器人各部位所需速度。

目前应用于工业机器人的减速器产品主要有谐波减速器和 RV 减速器,表 3-2 为两种减速器的对比。下面详细介绍这两种减速器。

PPT
工业机器人的减速器

提示
与通用减速器相比,工业机器人对减速器的要求非常高,应用于机器人关节处的减速器应当具有传动链短、体积小、功率大、质量轻、易于控制等特点。

微课
工业机器人谐波减速器

表 3-2　谐波减速器和 RV 减速器的对比

| 种类 | 技术特点 | 应用位置 | 缺点 |
| --- | --- | --- | --- |
| 谐波减速器 | 承载能力强,传动精度高,传动比大,传动平稳,安装调整方便 | 小臂、腕部或手部等轻负载部位 | 对材质要求高,制造工艺复杂,产业化生产不足 |
| RV 减速器 | 传动比大,结构刚性好,输出转矩高,疲劳强度高 | 机座、大臂、肩部等重负载部位 | 结构复杂,维护修理困难 |

### 3.2.1　谐波减速器

谐波减速器是利用行星齿轮传动原理发展起来的一种新型减速器,广泛用于航空、航天、工业机器人、机床微量进给、通信设备、纺织机械、化纤机械、造纸机械、差动机构、印刷机械、食品机械、医疗器械等领域。

**1. 谐波减速器的结构**

如图 3-8 所示,谐波减速器由具有内齿的刚轮、具有外齿的柔轮和波发生器组成,是依靠柔性零件产生弹性机械波来传递动力和运动的一种行星齿轮传动机构。通常波发生器为主动件,而刚轮和柔轮之中一个为从动件,另一个为固定件。

（1）波发生器。波发生器与输入轴相连,对柔轮齿圈的变形起产生和控制的作用。它由一个椭圆形凸轮和一个薄壁的柔性轴承组成。柔性轴承不同于普通轴承,它的外环很薄,容易产生径向变形,在未装入凸轮之前环是圆形的,装上之后是椭圆形的。

（2）柔轮。柔轮有薄壁杯形、薄壁圆筒形或平嵌式等多种。薄壁圆筒形柔轮的开口端外面有齿圈,它随波发生器的转动而变形,筒底部分与输出轴相连。

（3）刚轮。刚轮是一个刚性的内齿轮。双波谐波传动的刚轮通常比柔轮多两齿。谐波齿轮减速器多以刚轮固定,外部与箱体连接。

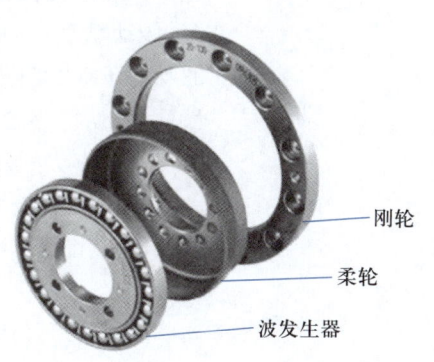

刚轮
柔轮
波发生器

图 3-8　谐波减速器结构图

### 2. 谐波减速器的传动原理

谐波减速器的传动原理如图 3-9 所示。当刚轮为固定件,波发生器为主动件,柔轮为从动件时,柔轮在椭圆形的波发生器作用下产生变形。在波发生器长轴两端处,柔轮轮齿与刚轮轮齿完全啮合;在波发生器短轴两端处,柔轮轮齿与刚轮轮齿完全脱开;在长轴两侧,柔轮轮齿与刚轮轮齿处于不完全啮合状态。在波发生器长轴旋转的正方向一侧,称为啮入区;在长轴旋转的反方向一侧,称为啮出区。由于波发生器的连续转动,使得啮入、完全啮合、啮出、完全脱开这四种情况依次发生,持续循环。由于柔轮比刚轮的齿数少 2 个,所以当波发生器转动一周时,柔轮向相反方向转过两个齿的角度,从而实现了大的减速比。

视频
RV 减速器传动仿真

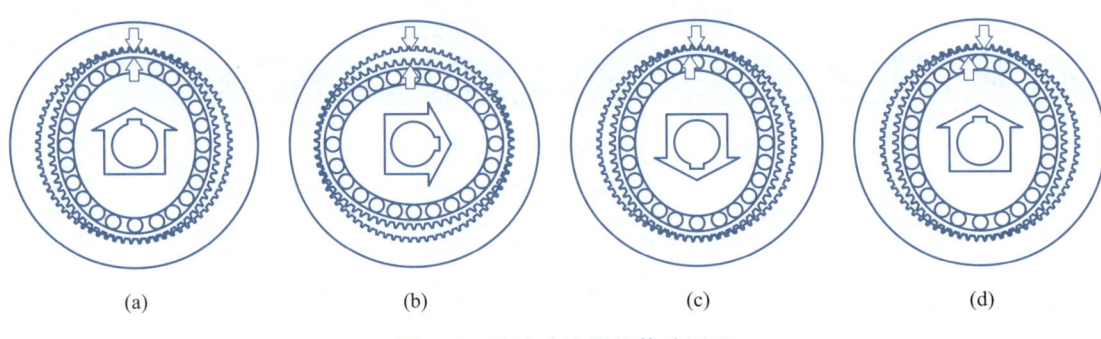

| (a) | (b) | (c) | (d) |

图 3-9　谐波减速器的传动原理

### 3. 谐波减速器的特点

① 结构简单、体积小、质量轻。与传动比相当的普通减速器相比,谐波减速器的体积和质量均减少 1/3 左右或更多。② 传动比范围大。单级谐波减速器传动比可在 50～300 之间,优选在 75～250 之间;双级谐波减速器传动比可在 3 000～60 000 之间;复波谐波减速器传动比可在 200～140 000 之间。③ 同时啮合的齿数多,传动精度高,承载能力大。④ 运动平稳、无冲击、噪声小。谐波减速器齿轮间的啮入、啮出是随着柔轮的变形,逐渐进入和逐渐退出刚轮齿间的,啮合过程中以齿面接触,滑移速度小,且无突然变化。⑤ 传动效率高,可实现高增速运动。⑥ 可实现差速传动。由于谐波齿轮传动的三个基本构件中,可以任意两个主动、第三个从动,因此如果让波发生器、刚轮主动,柔轮从动,就可以构成一个差动传动机构,从而方便实现快、慢速工作状况的转换。

微课
工业机器人的 RV 减速器

## 3.2.2　RV 减速器

RV 减速器的传动装置采用的是一种新型的二级封闭行星轮系,是在摆线针轮传动基础上发展起来的一种新型传动装置,不仅克服了一般摆线针轮传动的缺点,而且具有体积小、质量轻、传动比范围大、寿命长、精度保持稳定、效率高及传动平稳等一系列优点,日益受到国内外的广泛关注,在机器人领域占有主导地位。RV 减速器与机器人中常用的谐波减速器相比,具有较高的疲劳强度、刚度和寿命,而且回差精度稳定,不像谐波减速器那样随着使用时间增长,运动精度显著降低,因此世界上许多高精度机器人传动装置都采用 RV 减速器。

**1. RV 减速器的结构**

如图 3-10 所示，RV 减速器由渐开线圆柱齿传输线行星减速机构（第 1 级）和摆线轮行星减速机构（第 2 级）两部分组成，包括输入轴、行星轮、曲柄轴、摆线轮、针齿、输出轴、针齿壳等结构。

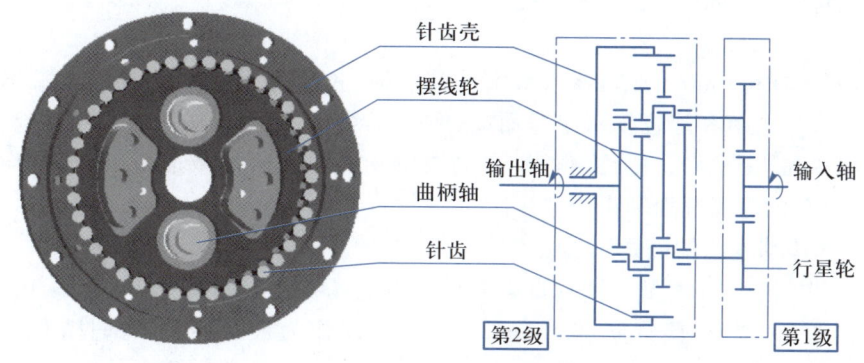

图 3-10　RV 减速器结构图

（1）输入轴。输入轴又称为渐开线中心轮，用来传递输入功率，且与行星轮互相啮合。

（2）行星轮。与曲柄轴固连，均匀分布在一个圆周上，起功率分流的作用，将输入轴输入的功率分流传递给摆线轮行星机构。

（3）曲柄轴。曲柄轴是摆线轮的旋转轴。它的一端与行星轮相连接，另一端与支撑圆盘相连接，既可以带动摆线轮产生公转，也可以使摆线轮产生自转。

（4）摆线轮。为了在传动结构中实现径向力的平衡，一般要在曲柄轴上安装两个完全相同的摆线轮，且两摆线轮的偏心位置相互呈 180°。

（5）针齿。多个针齿安装在针轮上，与针齿壳固连在一起，统称针轮壳。

（6）输出轴。输出轴是减速器与外界从动工作机构相连接的传动轴，输出运动或动力。

**2. RV 减速器的工作原理**

如图 3-10 所示，渐开线行星轮与曲柄轴连成一体，作为摆线轮传动部分的输入。如果输入轴顺时针方向旋转，那么渐开线行星轮在公转的同时还有逆时针方向的自转，并通过曲柄轴带动摆线轮做偏心运动，此时摆线轮在其轴线公转的同时，还将在针齿的作用下反向自转，即顺时针转动，同时通过曲柄轴将摆线轮的转动等速传给输出机构。

**3. RV 减速器的特点**

① 传动比范围大，传动效率高。② 扭转刚度大，远大于一般摆线轮减速器的输出机构。③ 在额定转矩下，弹性回差误差小。④ 传递同样的转矩与功率时，RV 减速器比其他减速器体积小。

## 3.3 工业机器人的机械结构

### 3.3.1 6轴机器人的结构

**PPT**

工业机器人的机械结构

**视频**

ER3A - C60 - 00
机器人总装动画

垂直串联结构是工业机器人最常见的结构。6轴机器人是典型的垂直串联关节机器人,由关节和连杆依次串联而成,而每一关节都由一台伺服电动机驱动。因此,如将机器人分解,它便是由若干台伺服电动机经减速器减速后,驱动运动部件的机械运动机构的叠加和组合。

**1. 本体基本结构形式**

常用的小规格、轻量6轴垂直串联机器人的基本结构如图3-11所示,由基座、机身、臂部(大臂、小臂)、腕部和手部构成。基座作为最底层支撑部件,负责整体的安装连接,具体可有不同的结构形式。

在图3-11所示基本结构中,手部回转轴的驱动电动机直接安装在工具安装法兰后侧。这种结构的传动直接,但会增加手部的体积和质量,影响手运动的灵活性。因此,实际使用时,通常可将其驱动电动机也安装在小臂内腔,然后通过同步带、伞齿轮等传动部件将动力传送至手部的减速器输入轴上,以减小手部的体积和质量。

**2. 本体其他结构形式**

在上述垂直串联机器人本体基本结构中,腕摆动、手回转的驱动电动机均安装在小臂前端,故称为前驱结构。前驱机器人除腕摆动、手回转轴可能使用同步带传动外,其他所有轴的伺服电动机、减速器等驱动部件都需要安装在各自的回转或摆动部位,无须其他中间传动部件,其传动系统结构简单、层次清晰、传动链短、零部件少,且间隙小、精度高、防护性好,机器人安装、调试、运输都非常方便。但是,安装驱动电动机和减速器需要有足够的空间,关节部位的外形和质量都较大,小臂重心离回转中心较远,不仅增加了负载,且不利于高速运动;另一方面,由于其内部空间紧凑、散热条件差,伺服电动机和减速器的输出转矩也将受到结构的限制,且其检测、维修、保养也较困难。因此,它一般用于承载能力10 kg以下、作业范围1 m以内的小规格的轻量机器人。

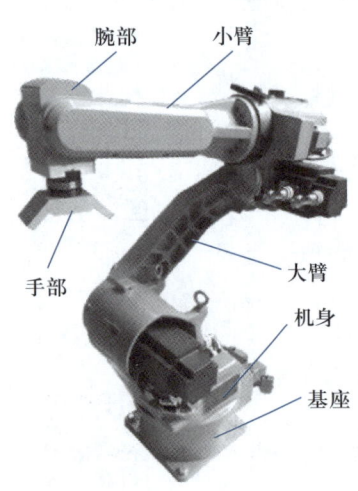

腕部　小臂

手部

大臂

机身

基座

图 3-11　垂直串联机器人的基本结构

为了保证机器人作业的灵活性和运动稳定性,应尽可能减小小臂的体积和质量。大中型垂直串联机器人常采用手腕驱动电动机后置式结构,简称后驱机器人。后驱机器人腕回转、腕弯曲和手回转的伺服电动机全部安装在小臂后部,驱动电动机通过安装在小臂内腔的传动轴,将动力传递至腕前端,不仅解决了前驱结构所存在的驱动电动机和减速器安装空间小、散热差,检测、维修、保养困难等问题,还可使小臂的结构紧凑,重心靠近回转中心,机器人的重力平衡性更好,运动更稳定,这是一种广泛用于加工、搬运、装配、包装等各种用途机器人的结构形式。但是,后驱机器人需要在小臂内部布置腕回转、腕弯曲和手扭转驱动的传动部件,内部结构较为复杂。库卡后驱机器人如图3-12所示。

用于零件搬运、码垛的大型重载机器人,由于负载质量和惯性大,驱动系统必须有足够大的输出转矩,故需要配套大规格的伺服驱动电动机和减速器。此外,为了保证机器人运动稳定,还必须降低整体重心,增加结构稳定性,并保证构件有足够的刚性。因此,通常需要采用平行四边形连杆驱动结构。采用平行四边形连杆机构驱动,不仅可加长上下臂和腕摆动的驱动力臂,放大驱动力矩,同时由于可使驱动机构的安装位置下移,降低机器人重心,提高运动稳定性。因此其承载能力强,高速运动稳定性好。但是,其传动链长,传动间隙较大,定位精度较低,因此适合于承载大于100 kg且定位精度要求不高的大型、重载点焊、搬运、码垛机器人。库卡连杆驱动机器人如图3-13所示。

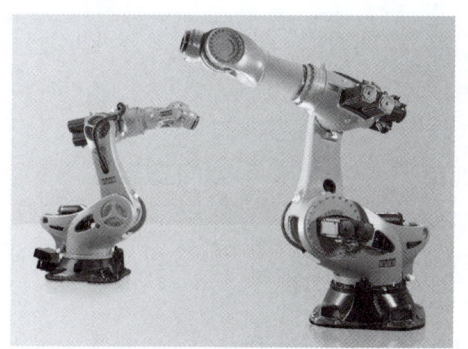
图3-12　库卡后驱机器人

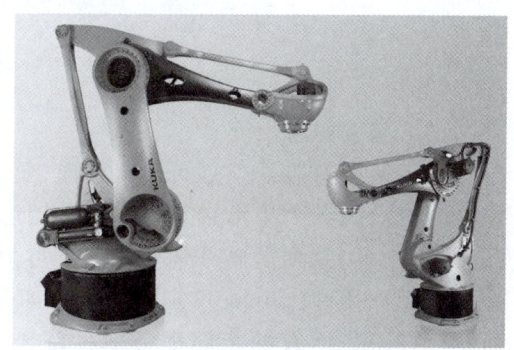
图3-13　库卡连杆驱动机器人

视频
库卡工业机器人的内部结构

### 3. 机身的结构及功能

机身是连接、支撑臂部及行走机构的部件,臂部的驱动装置或传动装置安装在机身,具有升降、回转、俯仰3个自由度。关节机器人主体结构的3个自由度均为回转运动,构成机器人的回转运动、俯仰运动和偏转运动。通常仅把回转运动归结为关节机器人的机身。

### 4. 臂部的结构及功能

臂部是连接腰部和腕部的部件,支撑腕部和手部,带动手部及腕部在空间运动,结构类型多,受力复杂。

臂部由动力型旋转关节、大臂和小臂组成。关节型机器人以臂部各相邻部件的相对角位移为运动坐标,动作灵活,所占空间小,工作范围大,能在狭窄空间内绕过障碍物。

### 5. 腕部的结构及功能

腕部是臂部和手部的连接件,起支撑手部和改变手部姿态的作用。3自由度关节机器人的腕部结构有3R型、RBR型、BBR型3种,如图3-14所示。在这3种腕部结构中,以RBR型结构应用最为广泛,它适应于各种工作场合,其他两种结构应用范围相对较窄,如3R型结构主要应用在喷涂行业等。

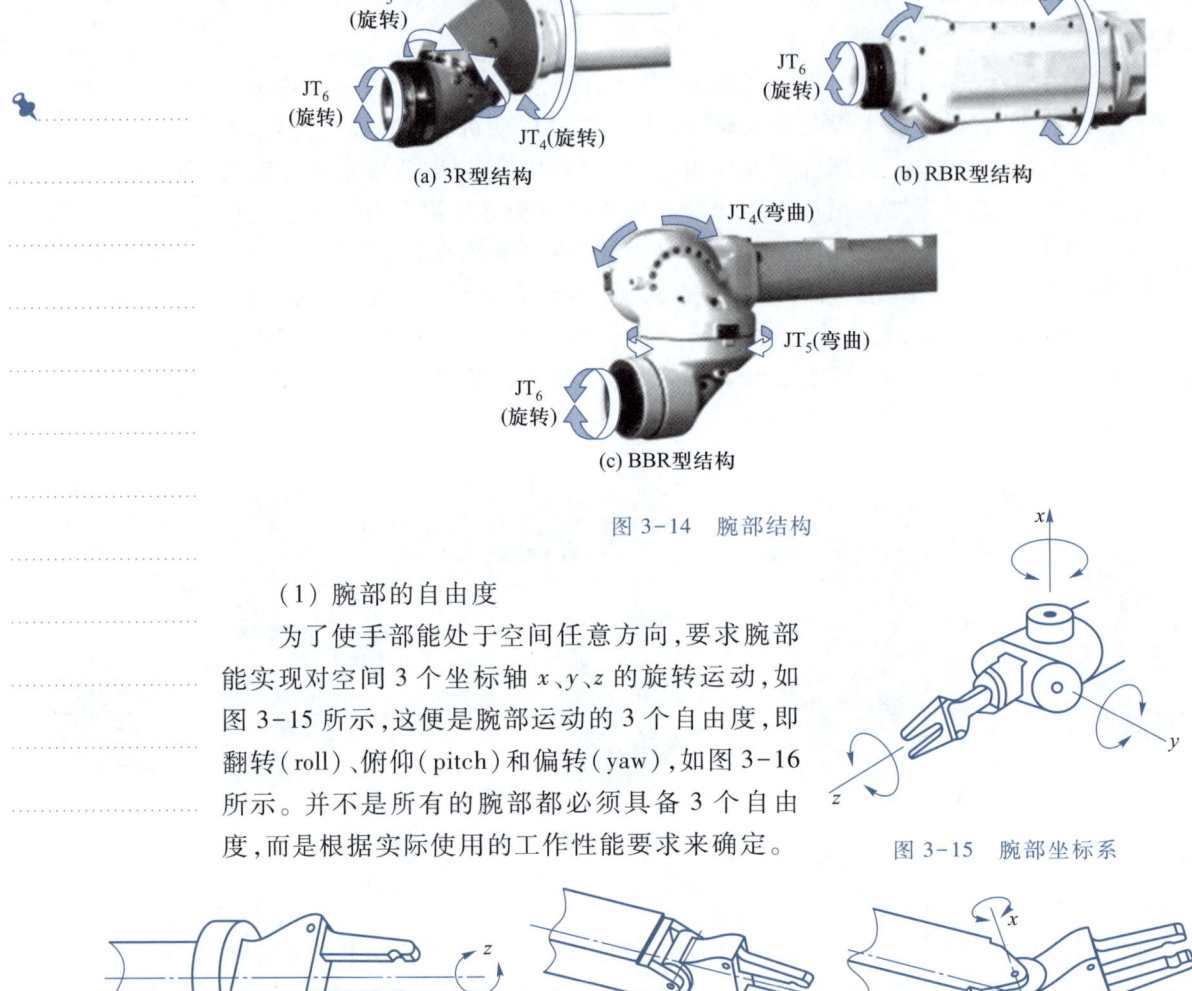

(a) 3R型结构

(b) RBR型结构

(c) BBR型结构

图 3-14　腕部结构

（1）腕部的自由度

为了使手部能处于空间任意方向，要求腕部能实现对空间 3 个坐标轴 $x$、$y$、$z$ 的旋转运动，如图 3-15 所示，这便是腕部运动的 3 个自由度，即翻转（roll）、俯仰（pitch）和偏转（yaw），如图 3-16 所示。并不是所有的腕部都必须具备 3 个自由度，而是根据实际使用的工作性能要求来确定。

图 3-15　腕部坐标系

(a) 翻转

(b) 俯仰

(c) 偏转

图 3-16　腕部自由度

（2）腕部的分类

① 按自由度分类。

a. 单自由度腕部。腕部在空间可具有 3 个自由度，也可以具备以下单一功能：

单一的翻转功能。腕部的关节轴线与臂部的纵轴线共线，回转角度不受结构限制，可以回转 360° 以上。该运动用翻转关节（R 型关节）实现，如图 3-17（a）所示。

单一的俯仰功能。腕部的关节轴线与臂部及手部的轴线相互垂直，回转角度受结构限制，通常小于 360°。该运动用折曲关节（B 型关节）实现，如图 3-17（b）所示。

单一的偏转功能。腕部的关节轴线与臂部及手部的轴线在另一个方向上相互垂直，回转角度受结构限制，通常小于 360°。该运动用折曲关节（B 型关节）实现，如图 3-17(c)所示。

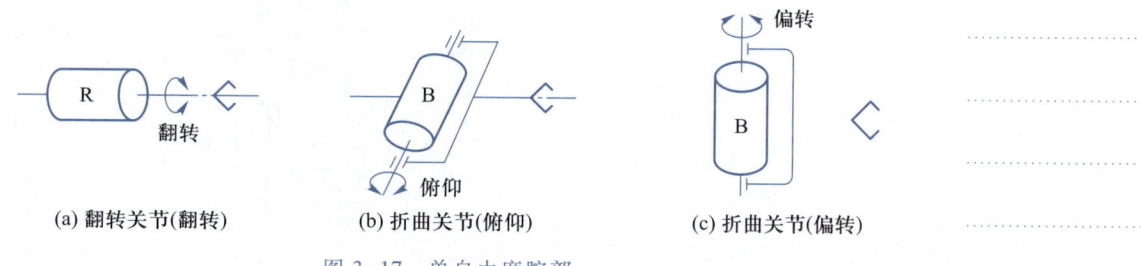

(a) 翻转关节(翻转)　　　(b) 折曲关节(俯仰)　　　(c) 折曲关节(偏转)

图 3-17　单自由度腕部

　　b. 2 自由度腕部。可以由一个 R 型关节和一个 B 型关节联合构成 BR 型关节,如图 3-18(a)所示;或由两个 B 型关节构成 BB 型关节,如图 3-18(b)所示。但不能由两个 R 型关节构成 2 自由度腕部,因为两个 R 型关节的功能重复,实际上只起到单自由度的作用,如图 3-18(c)所示。

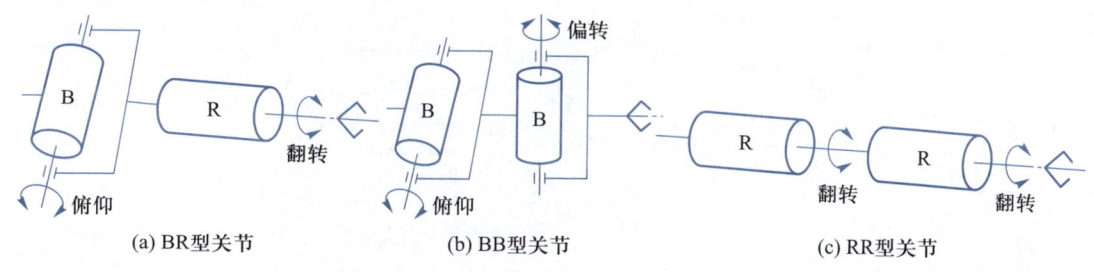

(a) BR 型关节　　　　　(b) BB 型关节　　　　　(c) RR 型关节

图 3-18　2 自由度腕部及 RR 型关节单自由度腕部

　　c. 3 自由度腕部。由 R 型关节和 B 型关节的组合构成的 3 自由度腕部可以有 3 种形式,实现翻转、俯仰和偏转功能,如图 3-19 所示。

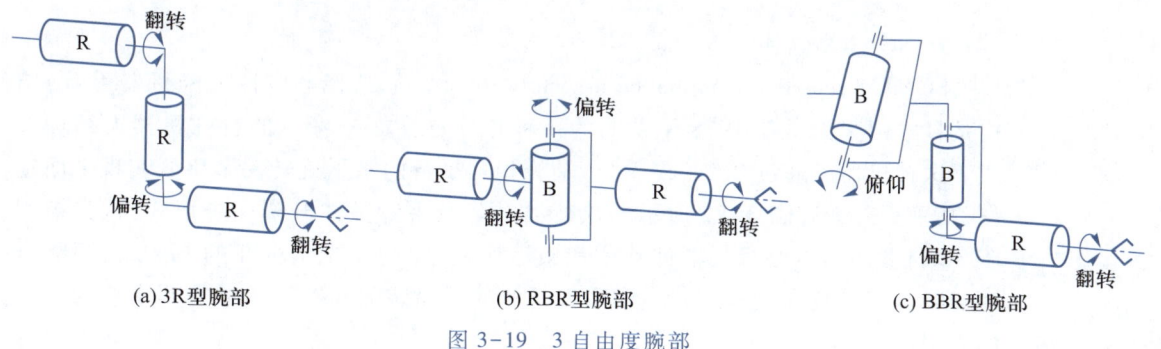

(a) 3R 型腕部　　　　　(b) RBR 型腕部　　　　　(c) BBR 型腕部

图 3-19　3 自由度腕部

　　② 按腕部的驱动方式分类。

　　a. 直接驱动腕部。液压驱动源直接装在腕部来驱动腕部,如图 3-20 所示。这种直接驱动腕部的关键在于能否设计和加工出尺寸小、质量轻而驱动扭矩大、驱动性能好的驱动电动机或液压电动机。

　　b. 远距离传动腕部。有时为了确保具有足够大的驱动力,驱动装置又不能做得足够小,同时也为了减轻腕部的质量,可以采用远距离的驱动方式,实现 3 个自由度的运动,如图 3-21 所示。

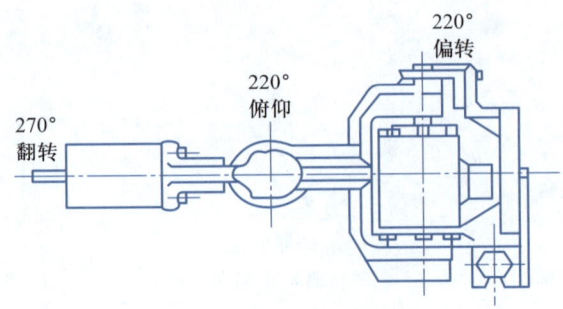

图 3-20　液压直接驱动腕部

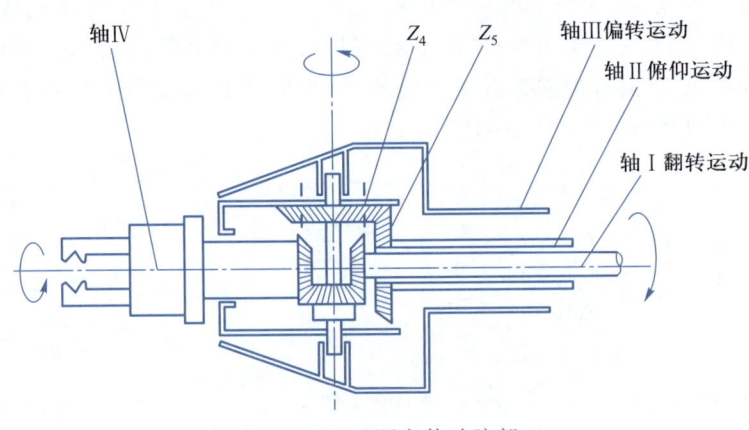

图 3-21　远距离传动腕部

## 3.3.2　SCARA 机器人的结构

### 1. SCARA 结构

SCARA(selective compliance assembly robot arm,选择顺应性装配机器手臂)结构是日本山梨大学在 1978 年发明的一种建立在柱面坐标上的特殊机器人结构形式。这种机器人通过 2 个(或 3 个)轴线相互平行的水平旋转关节串联实现平面定位,其垂直升降有图 3-22 所示的执行器升降及手臂整体升降两种形式,首先被用于 3C 行业印制电路板的器件装配和搬运作业,随后在光伏行业的 LED、太阳能电池安装,以及塑料、汽车、药品、食品等行业的平面装配和搬运领域得到了较为广泛的应用。

从机械结构上看,SCARA 机器人类似于水平放置的垂直串联机器人,其手臂轴为沿水平方向串联延伸、轴线相互平行的摆动关节;驱动摆动臂回转的伺服电动机可前置在关节部位(前驱),也可统一后置在基座部位(后驱)。

### 2. 前驱 SCARA 结构

前驱 SCARA 机器人的垂直升降多数采用执行器升降结构,通常用于上部作业空间不受限制的平面装配、搬运和电气焊接等作业,其机械传动系统结构简单、层次清晰、装配方便、维修容易。但是,机器人的悬伸摆臂需要承担驱动电动机的重

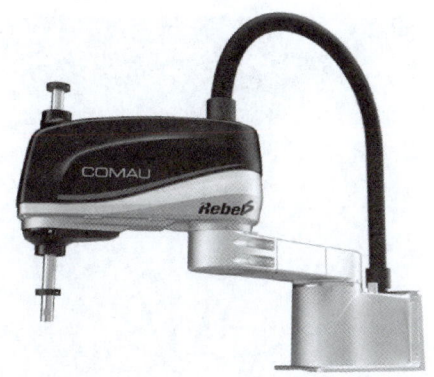

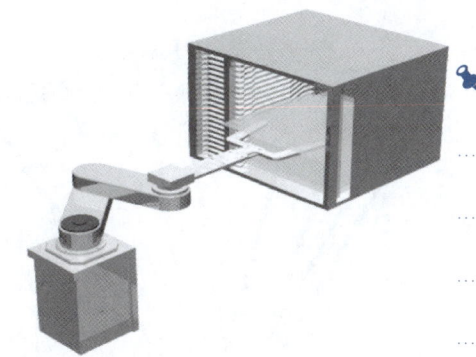

| (a) 执行器升降(前驱) | (b) 手臂整体升降(后驱) |

图 3-22　SCARA 机器人垂直升降形式

量,对手臂的刚性有一定的要求。因此,多数采用 2 个水平旋转关节串联的结构,外形体积、手臂质量等均较大,整体结构相对松散。

### 3. 后驱 SCARA 结构

后驱 SCARA 机器人的全部驱动电动机均安装在基座上,其垂直升降一般通过手臂整体升降实现,悬伸摆臂均呈平板状。这种机器人除了作业区域外,几乎不需要额外的安装空间,可在上部空间受限的情况下进行平面装配、搬运、电气焊接等作业。

### 3.3.3　Delta 机器人的结构

目前,实际产品中所使用的并联机器人结构以 Calvel 发明的 Delta 机器人为主。Delta 结构克服了其他并联机构的诸多缺点,具有承载能力强、运动耦合弱、力控制容易、驱动简单等优点,因而在电子、食品药品等行业的装配、包装、搬运等场合得到了较广泛的应用。

从机械结构上说,当前实用型的 Delta 机器人总体可分为图 3-23 所示的回转驱动型(rotary actuated)和直线驱动型(linear actuated)两大类。

对于图 3-23(a)所示的回转驱动型 Delta 机器人,其手腕安装平台的运动通过主动臂的摆动驱动,控制 3 个主动臂的摆动角度,就能使手腕安装平台在一定范围内运动与定位。回转驱动型 Delta 机器人的控制容易、动态特性好,但其作业空间较小,承载能力较低,故多用于高速、轻载的场合。

对于图 3-23(b)所示的直线驱动型 Delta 机器人,其手腕安装平台的运动通过主动臂的伸缩或悬挂点的水平、倾斜、垂直移动等直线运动驱动,控制 3~4 个主动臂的伸缩距离,同样可使手腕安装平台在一定范围内定位。与回转驱动型 Delta 机器人相比,直线驱动型 Delta 机器人具有作业空间大、承载能力强等特点,但其操作和控制性能、运动速度等不及回转驱动型 Delta 机器人,故多用于并联数控机床等场合。

由图 3-23 可见,Delta 机器人尽管控制复杂,但其机械系统的传动结构却非常

提示

后驱 SCARA 机器人的安装空间小、结构轻巧、定位精度高、运动速度快,但其机械传动系统相对复杂,一般采用同步带传动,并使用钢轮和轴承内圈一体式设计的超薄型减速器,机器人的承载能力通常也较小。

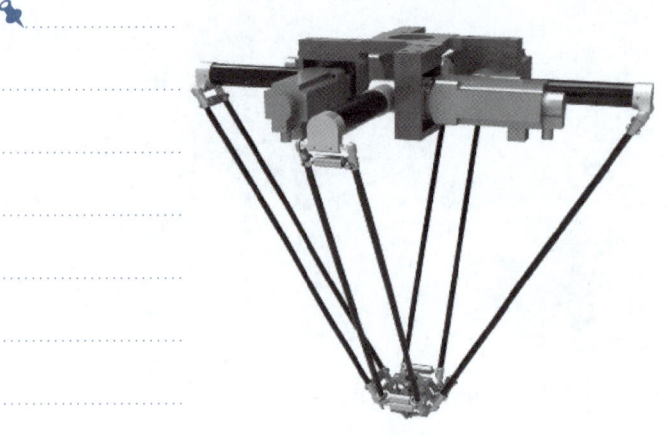

(a) 回转驱动型

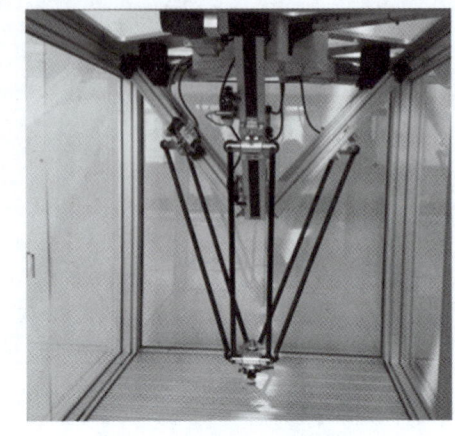

(b) 直线驱动型

图 3-23  Delta 机器人的结构

简单。例如,回转驱动型机器人的传动系统是 3 组完全相同的摆动臂,摆动臂的摆动由驱动电动机经减速器减速后驱动,无其他中间传动部件,故只需要根据不同的要求,选择类似前述垂直串联机器人机身、前驱 SCARA 机器人摆臂等减速摆动机构便可实现;对于直线驱动型机器人,则是 3 组完全相同的伸缩臂,它与 SCARA 机器人的垂直升降运动一样,通常可采用滚珠丝杠驱动,其传动系统结构与数控机床进给轴类似,在此不再赘述。

延伸阅读
滚珠丝杠传动

## 学习评分表

| 序号 | 学习目标 | 知识技能点 | 评估结果 | 评分 |
|---|---|---|---|---|
| 1 | 熟悉工业机器人的驱动系统类型及特点(20分) | • 工业机器人的驱动系统类型<br>• 常用驱动器的特点及应用<br>• 新型驱动装置的原理 | □ 掌握<br>□ 初步掌握<br>□ 未掌握 | |
| 2 | 熟悉机器人减速器的种类及其结构原理(20分) | • 谐波减速器和 RV 减速器的特点及应用<br>• 谐波减速器和 RV 减速器的原理 | □ 掌握<br>□ 初步掌握<br>□ 未掌握 | |
| 3 | 掌握 6 轴机器人的结构(20分) | • 6 轴机器人本体结构形式<br>• 6 轴机器人腕部结构形式 | □ 掌握<br>□ 初步掌握<br>□ 未掌握 | |
| 4 | 掌握 SCARA 机器人的结构(20分) | • SCARA 机器人的结构分类及特点 | □ 掌握<br>□ 初步掌握<br>□ 未掌握 | |
| 5 | 掌握 Delta 机器人的结构(20分) | • Delta 机器人的结构分类及特点 | □ 掌握<br>□ 初步掌握<br>□ 未掌握 | |
| | | 合计 | | |

 学习体会

习题答案

单元 3 练习题
参考答案

**单元练习题**

1. 工业机器人常用驱动系统有哪三种类型？它们的主要区别是什么？

2. 简述工业机器人液压驱动器的结构及特点。

3. 简述工业机器人气压驱动器的结构及特点。

4. 简述 6 轴机器人的结构。

5. 工业机器人腕部有哪几种形式？

6. Delta 机器人有哪两种结构？各有何特点？

7. 谐波减速器的特点有哪些？

8. RV 减速器的特点有哪些？

9. RV 减速器由哪几部分组成？简述其工作原理。

# 工业机器人传感技术

　　传感器是一种能将具有某种物理表现形式的信息转换成可以处理的信号的输入换能器,传感器可以使机器人具有某种程度的"感觉"功能。传感器是机器人完成感觉的必要手段,应用传感器进行定位和控制,能够克服机械定位的弊端。在机器人上使用传感器对自动化加工及整个自动化生产具有十分重要的意义。

## 学习目标

### 知识目标
- 熟悉获取各种传感器信号的传感器类型。
- 掌握传感器的性能指标及各自含义。
- 掌握增量式光电编码器、绝对式光电编码器的工作原理。
- 掌握角编码器测量轴转速的原理。
- 熟悉常用外部传感器的类型及其工作原理。

### 能力目标
- 能够根据所需传感器信号选用适当传感器类型。
- 能够识别传感器的各项性能指标。
- 能够描述光电编码器的工作原理。
- 能够根据角编码器参数计算所测转速。
- 能够描述常用外部传感器的类型及其工作原理。

### 素养目标
- 学习传感器原理后,结合作业需求选择合适传感器,培养选型思维。
- 掌握传感器性能指标,解读影响并计算,培养参数与应用的关联分析能力。
- 理解传感器协同作用,认识信号对安全作业的重要性,为故障排查提供导向。

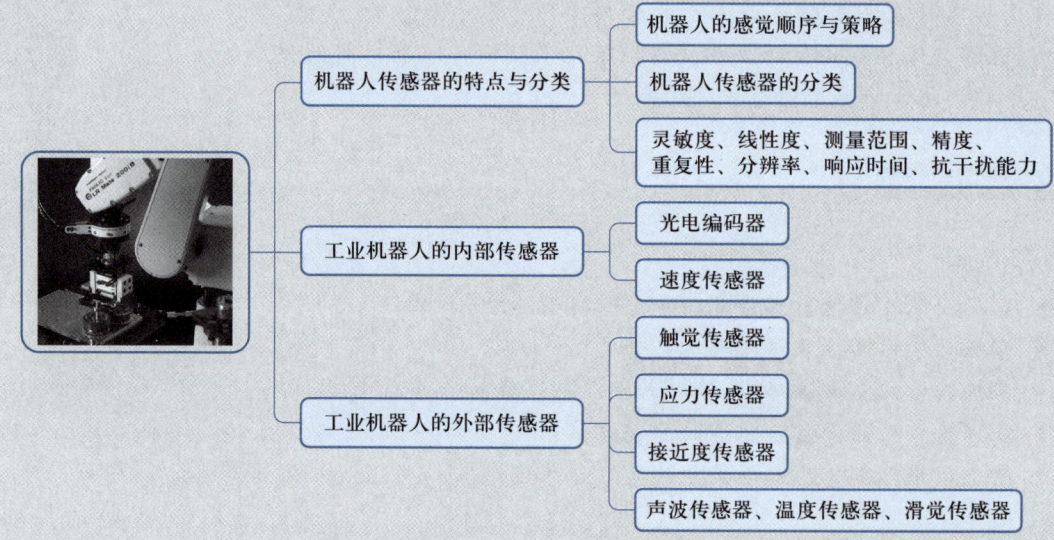

机器人传感器的特点与分类
- 机器人的感觉顺序与策略
- 机器人传感器的分类
- 灵敏度、线性度、测量范围、精度、重复性、分辨率、响应时间、抗干扰能力

工业机器人的内部传感器
- 光电编码器
- 速度传感器

工业机器人的外部传感器
- 触觉传感器
- 应力传感器
- 接近度传感器
- 声波传感器、温度传感器、滑觉传感器

# 4.1 机器人传感器的特点与分类

机器人感知是指把相关特性或相关物体的特性转化为机器人执行某项功能需要的信息。这些物体特性主要有几何特性、机械特性、光学特性、声音特性、材料特性、电气特性、磁性特性、放射性特性、化学特性等。

## 4.1.1 机器人的感觉顺序与策略

机器人的感觉顺序与系统结构如图 4-1 所示。感觉顺序分为变换和处理两步。

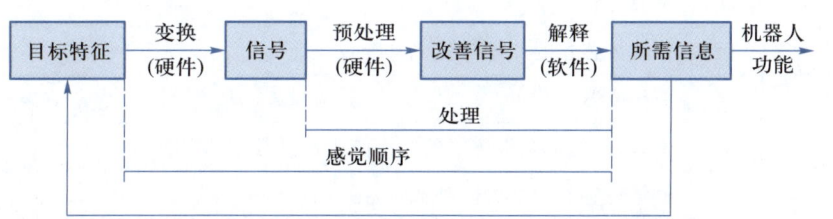

图 4-1 机器人的感觉顺序与系统结构

① 变换：通过硬件把相关目标特性转换为信号。

② 处理：把所获信号转换为规划及执行某个机器人功能的所需信息，包括预处理和解释两个步骤。在预处理阶段，一般通过硬件来改善信号；在解释阶段，一般通过软件对改善了的信号进行分析，并提取所需信息。

以电视摄像机为例，物体的表面反射经传感器变换为一组数字化电压值的二维数组，这些电压值是与电视摄像机接收到的光强成正比的。预处理器（如滤波器）用来降低信号噪声，解释器（计算机程序）用来分析与处理数据，并确定该物体的同一性、位置和完整性。

图 4-1 中的反馈环节表明，如果所获得的信息不适用，那么这种信息可被反馈以修正和重复该感觉顺序，直至得到所需信息。

## 4.1.2 机器人传感器的分类

机器人传感器有多种分类方法，如接触式传感器和非接触式传感器，内部传感器和外部传感器，无源传感器和有源传感器，无扰动传感器和扰动传感器等。

非接触式传感器以某种电磁射线（可见光、X 射线、红外线、雷达波、电磁射线等）、声波、超声波的形式来测量目标的响应。接触式传感器则以某种实际接触（如触碰、力或力矩、压力、位置、温度、磁量、电量等）形式来测量目标的响应。

内部传感器以它自己的坐标轴来确定其位置，而外部传感器则允许机器人相

对其环境来定位。本单元以这种分类方法来介绍机器人传感器。

表 4-1 列出了获取各种信号的传感器类型。

提示
    制造传感器所用材料有金属、半导体、绝缘体、磁性材料、强电介质和超导体等,其中半导体材料用得最多。

表 4-1　获取各种信号的传感器类型

| 测量对象 | | 传感器类型 |
| --- | --- | --- |
| 强度 | 点 | 光电池、光倍增管、一维光电阵列、二维光电阵列 |
| | 面 | 二维光电阵列或其等效(低维数列扫描) |
| 距离 | 点 | 发射器(激光、平面光)/接收器(光倍增管、一维光电阵列、二维光电阵列、两个一维或二维光电阵列、声波扫描) |
| | 面 | 发射器(激光、平面光)/接收器(光倍增管、二维光电阵列、二维光电阵列或其等效) |
| 声感 | 点 | 声波传感器 |
| | 面 | 声波传感器的二维阵列或其等效 |
| 力 | 点 | 力传感器 |
| 触觉 | 点 | 微型开关,触觉传感器的二维阵列或其等效 |
| | 面 | 触觉传感器的二维阵列或其等效 |
| 温度 | 点 | 热电偶,红外线传感器 |
| | 面 | 红外线传感器的二维阵列或其等效 |

### 4.1.3　传感器的性能指标

PPT
    传感器的性能指标

为评价或选择传感器,通常需要确定传感器的性能指标。传感器一般有以下几个性能指标。

#### 1. 灵敏度

灵敏度是指传感器的输出信号达到稳定时,输出信号变化与输入信号变化的比值。假如传感器的输出和输入呈线性关系,其灵敏度可表示为

$$s = \frac{\Delta y}{\Delta x} \tag{4-1}$$

式中,$s$ 为传感器的灵敏度;$\Delta y$ 为传感器输出信号的增量;$\Delta x$ 为传感器输入信号的增量。

假如传感器的输出与输入呈非线性关系,其灵敏度就是该曲线的导数。传感器输出量的量纲和输入量的量纲不一定相同。若输出和输入具有相同的量纲,则传感器的灵敏度也称为放大倍数。一般来说,传感器的灵敏度越大越好,这样可以使传感器的输出信号精确度更高,线性程度更好。但是过高的灵敏度有时会导致传感器的输出稳定性下降,所以应根据机器人的要求选择大小适中的传感器灵敏度。

### 2. 线性度

线性度反映传感器输出信号与输入信号之间的线性程度。假设传感器的输出信号为 $y$，输入信号为 $x$，则输出信号 $y$ 与输入信号 $x$ 之间的线性关系可表示为

$$y = kx \qquad (4-2)$$

若 $k$ 为常数，或者近似为常数，则传感器的线性度较高；若 $k$ 是一个变化较大的量，则传感器的线性度较低。机器人控制系统应该选用线性度较高的传感器。实际上，只有在少数情况下，传感器的输出和输入才呈线性关系。在大多数情况下，$k$ 为 $x$ 的函数，即

$$k = f(x) = a_0 + a_1 x_1 + a_2 x_2 + \cdots + a_n x_n \qquad (4-3)$$

如果传感器的输入量变化不太大，且 $a_1, a_2, \cdots, a_n$ 都远小于 $a_0$，那么可取 $k = a_0$，近似地把传感器的输出和输入看成线性关系。常用的线性化方法有割线法、最小二乘法和最小误差法等。

### 3. 测量范围

测量范围是被测量的最大允许值和最小允许值之差。一般要求传感器的测量范围必须覆盖机器人有关被测量的工作范围。如果无法达到这一要求，可以设法选用某种转换装置，但这样会引入某种误差，使传感器的测量精度受到一定的影响。

### 4. 精度

精度是传感器的测量输出值与实际被测量值之间的误差。在机器人系统设计中，应该根据系统的工作精度要求选择合适的传感器精度。

应该注意传感器精度的使用条件和测量方法。使用条件包括机器人所有可能的工作条件，如不同的温度、湿度、运动速度、加速度，以及在可能范围内的各种负载作用等。用于检测传感器精度的测量仪器必须具有比传感器高一级的精度，进行精度测量时也需要考虑最坏的工作条件。

### 5. 重复性

在相同测量条件下，对同一被测量进行连续多次测量所得结果之间的一致性称为重复性。若一致性好，传感器的测量误差就小，重复性就好。对于多数传感器来说，重复性指标都优于精度指标，这些传感器的精度不一定很高，但只要温度、湿度、受力条件和其他参数不变，传感器的测量结果也不会有较大变化。同样，对于传感器的重复性也应考虑使用条件和测试方法的问题。对于示教再现机器人，传感器的重复性至关重要，它直接关系到机器人能否准确再现示教轨迹。

### 6. 分辨率

分辨率是传感器在整个测量范围内所能识别的被测量的最小变化量，或者所能辨别的不同被测量的个数。传感器能够辨别的被测量最小变化量越小，或者能够辨别的被测量个数越多，则分辨率越高；反之，则分辨率越低。无论是示教再现机器人，还是智能机器人，都对传感器的分辨率有一定的要求。传感器的分辨率直接影响机器人的可控程度和控制品质。一般需要根据机器人的工作任务规定传感器分辨率的最低限度要求。

提示
　　工作环境的变化对传感器的精度有很大影响，在选择传感器时，要明确使用的工况环境条件。

### 7. 响应时间

响应时间是传感器的输入信号变化后,其输出信号随之变化并达到一个稳定值时的所需时间,是传感器的动态性能指标。在某些传感器中,输出信号在达到某一稳定值以前会发生短时间的振荡。传感器输出信号的振荡对于机器人控制系统来说非常不利,它有时可能会造成一个虚设位置,影响机器人的控制精度和工作精度,所以传感器的响应时间越短越好。响应时间的计算应当以输入信号起始变化的时刻为始点,以输出信号达到稳定值的时刻为终点。实际上,还需要规定一个稳定值范围,只要输出信号的变化不再超出此范围,即可认为它已经达到了稳定值。对于具体系统设计,还应规定响应时间容许上限。

**提示**

选择工业机器人传感器时,需根据工况、检测精度、控制精度等要求确定所用传感器的性能指标,同时还需考虑机器人的特殊要求,比如重复性、稳定性、可靠性和抗干扰性等,选择性价比高的传感器。

### 8. 抗干扰能力

机器人的工作环境是多种多样的,在有些情况下可能相当恶劣,因此对于机器人传感器必须考虑其抗干扰能力。由于传感器输出信号的稳定是控制系统稳定工作的前提,是防止机器人系统意外动作或发生故障的保障,因此设计传感器系统时必须采用可靠性设计技术。通常抗干扰能力是通过单位时间内发生故障的概率来定义的,因此它是一个统计指标。

## 4.2 工业机器人的内部传感器

**PPT**

工业机器人的内部传感器

内部传感器是用于测量机器人自身状态参数的功能元件。该类传感器安装在机器人坐标轴中,用来感知机器人自身的状态,调整和控制机器人的行动。

### 4.2.1 光电编码器

工业机器人关节的位置控制是机器人最基本的控制要求,而对位置和位移的检测也是机器人最基本的感觉要求。位置和位移传感器根据其工作原理和结构的不同有多种形式。位移传感器种类繁多,这里只介绍一些常用的。图4-2所示为位移传感器的种类。位移传感器要检测的位移可为直线移动,也可为转动。

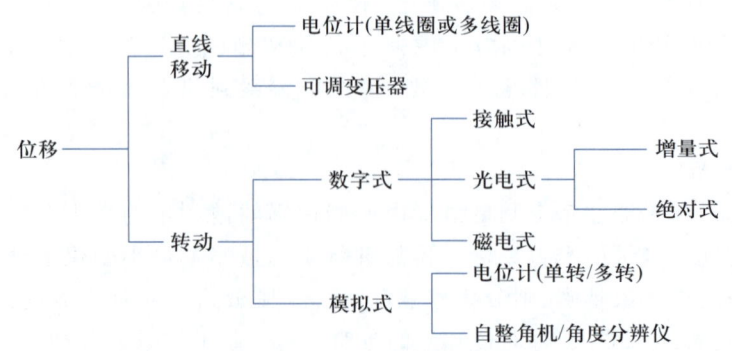

图4-2 位移传感器的种类

光电编码器是集光、机、电技术于一体的数字化传感器,它利用光电转换原理将旋转信息转换为电信息,并以数字代码输出,可以高精度地测量转角或直线位移,属于光电式位移传感器。光电编码器具有测量范围大、检测精度高、价格便宜等优点,在机器人的位置检测及其他工业领域都得到了广泛的应用。一般把光电编码器装在机器人各关节的转轴上,用来测量各关节转轴转过的角度,如图4-3所示。

光电编码器分为增量式和绝对式两类。增量式光电编码器具有结构简单、体积小、价格低、精度高、响应速度快、性能稳定等优点,应用更广,在高分辨率和大量程角速率/位移测量系统中也更具优越性。绝对式光电编码器能直接给出对应于每个转角的数字信号,便于计算机处理,但当进给数大于一转时,须做特别处理,而且必须用减速齿轮将两个以上的光电编码器连接起来,组成多级检测装置,使其结构复杂,成本高。

图4-3 光电编码器在机器人中的使用位置

提示
增量式光电编码器的结构简单、响应速度快,应用更为广泛;绝对式光电编码器便于计算机处理,某些条件下结构复杂,成本高。

### 1. 增量式光电编码器

（1）增量式光电编码器的结构

增量式光电编码器中随转轴旋转的码盘给出一系列脉冲,然后根据旋转方向用计数器对这些脉冲进行加减计数,以此来表示转过的角位移量。增量式光电编码器的结构示意图如图4-4所示。主码盘与转轴连在一起。主码盘可用玻璃材料制成,表面镀上一层不透光的金属铬,然后在边缘制成向心的透光狭缝。透光狭缝在主码盘圆周上等分,数量从几百条到几千条不等。这样,整个主码盘圆周上就等分出 $n$ 个透光的槽。增量式光电编码器也可用不锈钢薄板制成,然后在圆周边缘切割出均匀分布的透光槽。

(a) 外形

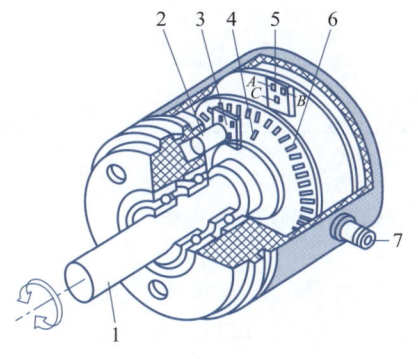

(b) 内部结构

图4-4 增量式光电编码器的结构示意图

1—转轴;2—发光二极管;3—鉴向盘;4—零标志位光槽;5—光电变换器;
6—主码盘;7—电源及信号线连接座

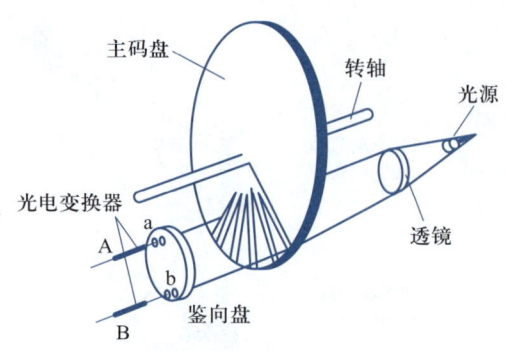

主码盘　转轴　光源　光电变换器　透镜　鉴向盘

图 4-5　增量式光电编码器的工作原理

**（2）增量式光电编码器的工作原理**

增量式光电编码器的工作原理如图 4-5 所示。在图形的主码盘（光电盘）周边刻有节距相等的辐射状窄缝，形成均匀分布的透明区和不透明区。鉴向盘与主码盘平行，并刻有 a、b 两组透明检测窄缝，它们彼此错开 1/4 节距，以使 A、B 两个光电变换器的输出信号在相位上相差 90°。工作时，鉴向盘静止不动，主码盘与转轴一起转动，光源发出的光投射到主码盘与鉴向盘上。当主码盘上的不透明区正好与鉴向盘上的透明窄缝对齐时，光线被全部遮住，光电变换器输出电压为最小；当主码盘上的透明区正好与鉴向盘上的透明窄缝对齐时，光线全部通过，光电变换器输出电压为最大。主码盘每转过一个刻线周期，光电变换器将输出一个近似正弦波的电压，且光电变换器 A、B 的输出电压相位差为 90°。

当主码盘随转轴一起转动时，光线透过主码盘和鉴向盘窄缝，形成忽明忽暗的光信号。光电变换器把此光信号转换成电脉冲信号，通过信号处理电路后，向数控系统输出脉冲信号，也可由数码管直接显示位移量。

增量式光电编码器的测量准确度与主码盘圆周上的窄缝条纹数 $n$ 有关，能分辨的角度 $\alpha$ 为 $360°/n$，分辨率为 $1/n$。例如，主码盘边缘的透光槽数为 1 024 个，则能分辨的最小角度 $\alpha = 360°/1\ 024 = 0.352°$。

为了判断主码盘旋转的方向，必须在鉴向盘上设置两组窄缝，其距离是主码盘上两个窄缝距离的 $(m+1/4)$ 倍（$m$ 为正整数），并设置两组对应的光电变换器，如图 4-5 中的光电变换器 A、B，有时也称为 cos 元件、sin 元件。当检测对象旋转时，同轴或关联安装的光电编码器便会输出 $A$、$B$ 两路相位相差 90° 的数字脉冲信号。增量式光电编码器的输出波形如图 4-6 所示。为了得到主码盘转动的绝对位置，还须设置一个基准点，即零标志位光槽。主码盘每转一圈，零标志位光槽对应的光电变换器产生一个脉冲，称为"一转脉冲"，如图 4-6 中的 $C_0$ 脉冲。

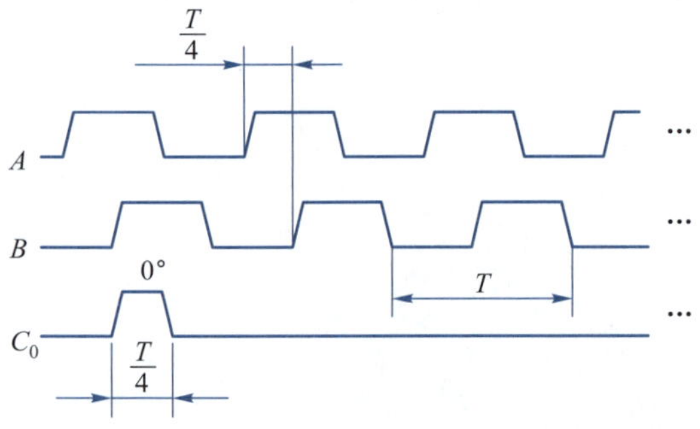

图 4-7 给出了增量式光电编码器正反转时 $A$、$B$ 信号的波形及其时序关系。当增量式光电编码器正转时，$A$ 信号的相位超前 $B$ 信号 90°，如图 4-7（a）所示；反转时，$B$ 信号的相位超前 $A$ 信号 90°，如图 4-7（b）所示。$A$ 和 $B$ 输出的脉冲个数与被测角位移变化量呈线性关系，因此通过对脉冲个数计数就能计算出相应的角位移。根据 $A$ 和 $B$ 之间的这种关系正确地解调出被测机械的旋转方向和旋转角位移/速度，就是所谓的脉冲辨向和计数。脉冲辨向和计数可用软件或硬件实现。

**2. 绝对式光电编码器**

绝对式光电编码器是通过读取码盘上的图案信息将被测转角直接转换成相应

图 4-6　增量式光电编码器的输出波形

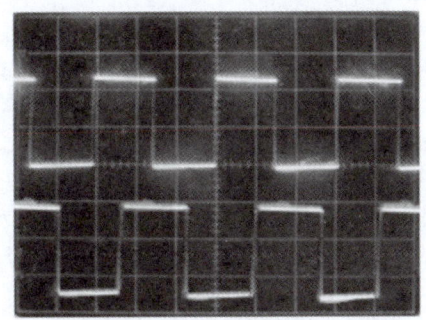
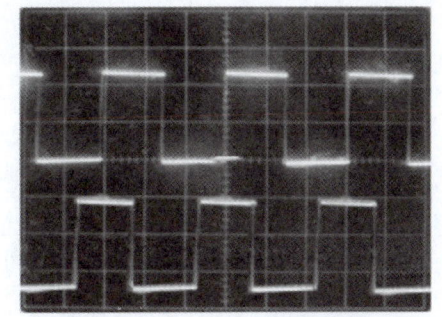

(a) $A$超前于$B$，判断为正向旋转　　　　(b) $A$滞后于$B$，判断为反向旋转

图4-7　增量式光电编码器的正转和反转波形

代码的检测元件。

绝对式光电编码器是在透明材料的圆盘上精确地印制上二进制编码。图4-8所示为四位二进制码盘，码盘上各圈圆环分别代表一位二进制的数字码道，在同一个码道上印制黑白等间隔图案，形成一套编码。黑色不透光区和白色透光区分别代表二进制的"0"和"1"。在一个四位二进制码盘上，有四圈数字码道，每一个码道表示二进制的一位，内侧是高位，外侧是低位，在360°范围内可编码数为 $2^4 = 16$ 个。

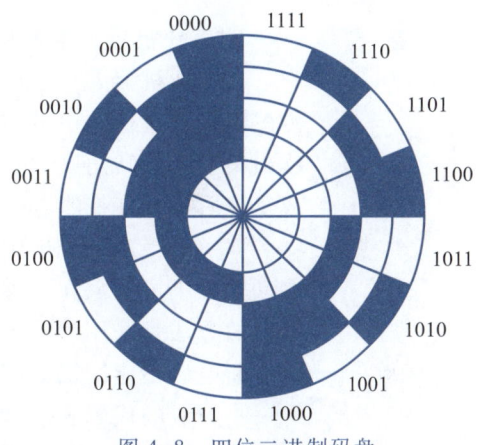

图4-8　四位二进制码盘

工作时，码盘的一侧放置光源，另一侧放置光电接收装置，每个码道都对应有一个光电管及放大、整形电路。码盘转到不同位置，光电管接收光信号，并转成相应的电信号，经放大、整形后，成为相应数码电信号。但由于制造和安装精度的影响，当码盘回转在两码段交替过程中时，会产生读数误差。例如，当码盘顺时针方向旋转，由位置"0111"变为"1000"时，这四位数要同时都变化，可能将数码误读成16种代码中的任意一种，如读成1111，1011，1101，…，0001等，会产生无法估计的很大的数值误差，这种误差称为非单值性误差。为了消除非单值性误差，可采用以下方法。

（1）循环码盘（或称格雷码盘）

循环码习惯上又称格雷码，它也是一种二进制编码，只有"0"和"1"两个数码。图4-9所示为四位二进制循环码盘。这种编码的特点是任意相邻的两个代码间只有一位代码有变化，即只有一位"0"变为"1"或"1"变为"0"。因此，在两数变换过程中，所产生的读数误差最多不超过"1"，只可能读成相邻两个数中的一个数。所以，它是消除非单值性误差的一种有效方法。

（2）带判位光电装置的二进制循环码盘

在四位二进制循环码盘的最外圈再增加一圈信号位，如图4-10所示，就得到带判位光电装置的二进制循环码盘。最外圈信号位的位置正好与状态交线错开，只有当信号位处的光电元件有信号时才读数，这样就不会产生非单值性误差。

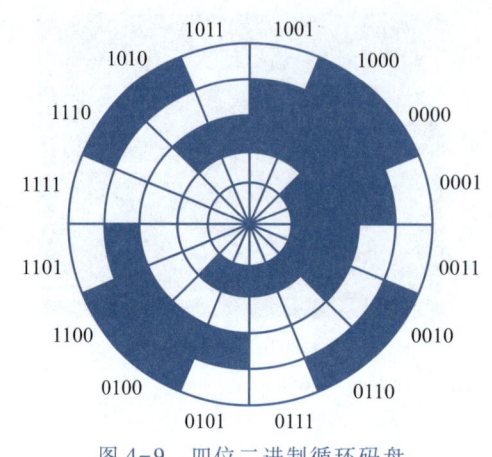

图 4-9 四位二进制循环码盘

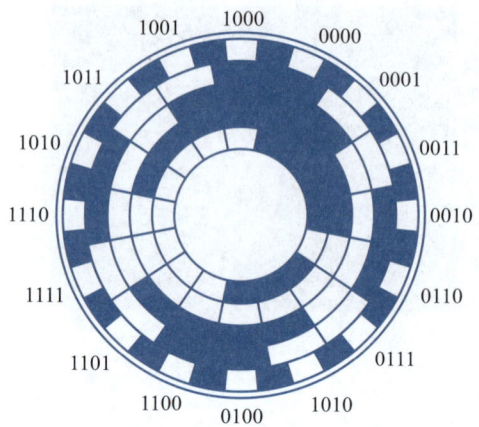

图 4-10 带判位光电装置的二进制循环码盘

### 3. 工业机器人中使用的位置编码器

在工业机器人系统中,由于机械机构的限制,不可能在末端执行器处安装位置传感器来直接检测手部在空间中的姿态,所以都是利用安装在电动机处的编码器读出关节的旋转角度,然后利用运动学来求出手部在空间的位姿。而机器人上电或复位后不允许找零,必须知道机身当前所处状态,因此需要使用绝对式光电编码器。但由于绝对式光电编码器只能在电动机旋转一圈内进行记忆,而机器人关节电动机又不可能只在一圈内转动,很显然绝对式光电编码器是不合适的。解决该问题的方法是采用增量式光电编码器内置电池,通过电池供电解决增量式光电编码器断电后不能记忆的问题,其代码由电池记忆而成为绝对值,且并非每个位置都有一一对应的代码表示,因此这种编码器也称为伪绝对式编码器。

MOTOMAN SV3 机器人本体上有两组电池,每组两节电池负责保存 3 个轴编码器的位置数据。在使用中,当电池电压下降到一定程度时,示教器上会出现电压不足的报警信号,遇到这种情况时要及时更换电池。

### 4. 角编码器测量轴的转速

光电编码器除了能直接测量角位移或间接测量直线位移外,还可以测量轴的转速。增量式光电编码器的输出信号是脉冲形式,可以通过测量脉冲频率或周期的方法来测量转速。根据脉冲计数来测量转速的方法有以下 3 种。

(1) M 法测速

在一定的时间间隔 $t_s$(又称闸门时间,如 10 s、1 s、0.1 s 等)内,用光电编码器所产生的脉冲数来确定转速的方法称为 M 法测速,其测速原理如图 4-11(a)所示。

若光电编码器每转产生 $N$ 个脉冲,在闸门时间 $t_s$ 内得到 $m_1$ 个脉冲,则光电编码器所产生的脉冲频率 $f$ 为

$$f = \frac{m_1}{t_s} \qquad (4-4)$$

则转速 $n$ 为

$$n = 60\frac{f}{N} = 60\frac{m_1}{t_sN}(\text{r/min}) \tag{4-5}$$

【例】 某光电编码器的指标为 2 048 个脉冲/r(即 $N = 2\,048$),在 0.2 s 时间内测得 8 K 个脉冲(1 K = 1 024),即 $t_s = 0.2$ s,$m_1 = 8$ K = 8 192 个脉冲,$f = 8\,192/0.2$ s = 40 960 Hz,则光电编码器轴的转速为

$$n = 60\frac{m_1}{t_sN} = 60 \times \frac{8\,192}{2\,048 \times 0.2}(\text{r/min}) = 1\,200(\text{r/min})$$

自测题
M 法测速

(2) T 法测速

通过测量相邻两个脉冲的时间来测量转速,称为 T 法测速。T 法测速的原理是用一个已知频率 $f_c$(此频率一般都比较高)的时钟脉冲向一个计数器发送脉冲,计数器的启停由码盘反馈的相邻两个脉冲来控制,其测速原理如图 4-11(b)所示。

若计数器读数为 $m_2$,则转速为

$$n = 60f_c/Pm_2(\text{r/min}) \tag{4-6}$$

式中,$P$ 为码盘转一圈发出的脉冲个数,即码盘线数。

提示
T 法适合于测量较低的速度,这时能获得较高的分辨率。

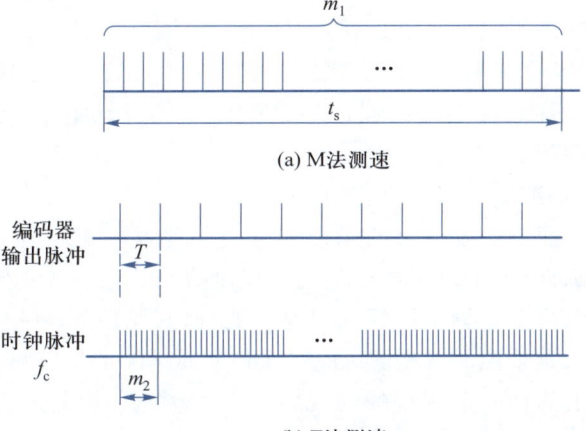

(a) M法测速

(b) T法测速

图 4-11 M 法和 T 法测速原理

(3) M/T 法测速

通过同时测量检测时间和在此时间内光电编码器发出的脉冲个数来测量转速,称为 M/T 法测速。M/T 法测速将 M 法和 T 法两种方法结合在一起使用,在一定的时间范围内,同时对光电编码器输出的脉冲个数 $m_1$ 和 $m_2$ 进行计数。采用 M/T 法既具有 M 法测高速的优点,又具有 T 法测低速的优点,能够覆盖较广的转速范围,测量的精度也较高,在电动机的控制中有着十分广泛的应用。

### 4.2.2 速度传感器

速度传感器是工业机器人中较重要的内部传感器之一。由于在机器人中主要需测量的是机器人关节的运行速度,故这里仅介绍角速度传感器。除使用前述的光电编码器外,测速发电机也是广泛使用的角速度传感器。测速发电机可分为两

种：直流测速发电机和交流测速发电机。

### 1. 直流测速发电机

直流测速发电机是一种用于检测机械转速的电磁装置，能把机械转速变换为电压信号，其输出电压与输入转速成正比，实际上是一种微型直流发电机。它的绕组和磁路经精确设计，结构原理如图4-12所示。直流测速发电机的工作原理基于法拉第电磁感应定律，当通过线圈的磁通量恒定时，位于磁场中的线圈旋转使线圈两端产生的感应电动势与线圈转子的转速成正比，即

$$U = kn \tag{4-7}$$

式中，$U$ 为输出电压；$n$ 为发电机转速；$k$ 为比例系数。

改变旋转方向时，输出电动势的极性即相应改变。当被测机构与直流测速发电机同轴连接时，只要检测出输出电动势，就能获得被测机构的转速，故又将直流测速发电机称为速度传感器。直流测速发电机广泛用于各种速度或位置控制系统。在自动控制系统中，直流测速发电机作为检测速度的元件，以调节电动机转速或通过反馈来提高系统的稳定性和精度；在解算装置中既可作为微分、积分元件，也可用于加速或延迟信号，或用于测量各种运动机械在摆动、转动或直线运动时的速度。

直流测速发电机的定子是永久磁铁，转子是线圈绕组，它的优点是停机时不产生残留电压，因此最适宜用作速度传感器。它有两个缺点：一是电刷部分属于机械接触，对维修的要求高；二是换向器在切换时产生的脉动电压会导致测量精度降低。因此，现在也有无刷直流测速发电机。

延伸阅读
直流测速发电机

### 2. 交流测速发电机

永久磁铁式交流测速发电机的构造和直流测速发电机正好相反，它的转子上安装多磁极永久磁铁，定子线圈输出与旋转速度成正比的交流电压。

交流测速发电机是一种交流感应测速发电机，其原理如图4-13所示。转子由铜、铝等导体组成，定子由相互分离的、空间位置成90°的励磁线圈和输出线圈组成。在励磁线圈上施加一定频率的交流电压产生磁场，使转子在磁场中旋转产生电涡流，而电涡流产生的磁场又反过来使交流磁场发生偏转，于是交链的合成磁场在输出线圈中感应出与转子旋转速度成正比的电压。

延伸阅读
交流测速发电机

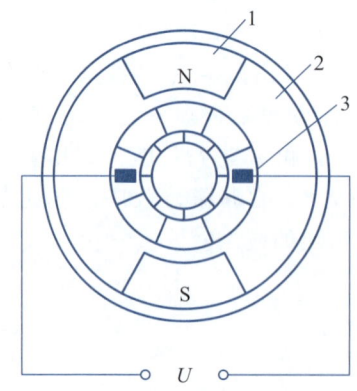

图 4-12　直流测速发电机的结构原理
1—永久磁铁；2—转子线圈；3—电刷

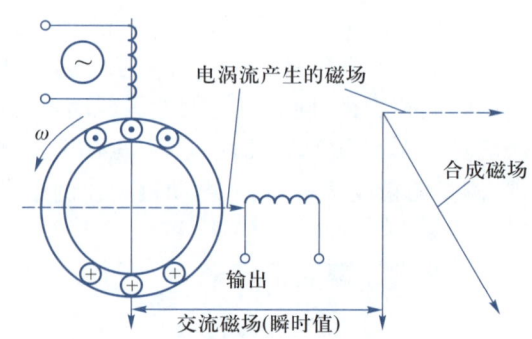

图 4-13　交流感应测速发电机原理

交流测速发电机应用较少,特别适用于遥控系统。此外,当它与可调变压器式位置传感器连用时,只要由相同的频率控制,就能够把两者的输出信号结合起来。

# 4.3 工业机器人的外部传感器

外部传感器用于测量与机器人作业有关的外部信息,这些外部信息通常与机器人的目标识别、作业安全等有关。检测机器人所处环境及状况都要使用外部传感器。外部传感器可获取机器人周围环境、目标物的状态特征等相关信息,使机器人对环境有自校正和自适应能力。本节主要讨论的外部传感器包括触觉传感器、应力传感器、接近度传感器及其他常用外部传感器,视觉传感器将在下一单元中单独介绍。

PPT
工业机器人的外部传感器

## 4.3.1 触觉传感器

触觉是人与外界环境直接接触时的重要感觉功能,研制满足要求的触觉传感器是机器人发展中的关键技术之一。从广义上来说,触觉包括接触觉、压觉、力觉、滑觉、冷热觉等与接触有关的感觉;从狭义上来说,触觉是机械手与对象接触面上的力感觉。触觉是接触、冲击、压迫等机械刺激感觉的综合,利用触觉可进一步感知物体的形状及其软硬等物理特性。

触觉传感器是用于判断机器人是否接触到外界物体或测量被接触物体特性的传感器。传感器可装在机器人的运动部件或末端执行器上,用以判断机器人部件是否和对象物体发生了接触,以确定机器人的运动正确性,实现合理抓握或防止碰撞。触觉是通过与对象物体彼此接触而产生的,触觉传感器如果具有柔性,易于变形,便于和物体接触,则具有较好的感知能力。下面介绍几种常用的触觉传感器。

### 1. 微动开关

微动开关是用规定的行程和规定的力进行开关动作的触点机构,用外壳覆盖,外部有驱动杆。它是一种根据运动部件的行程位置而切换电路工作状态的控制电器。微动开关的动作原理与控制按钮相似,部件在运行中,上撞块下压微动开关驱动杆,使其触点动作而实现电路的切换,从而达到控制运动部件行程位置的目的。

在实际应用中,通常以微动开关和相应的机械装置(如探头、探针)相结合,构成一种触觉传感器。典型微动开关的结构如图4-14所示,包括驱动部、快动机构部、触点部、端子部和外壳部5大部件,其输出是"1"和"0"的高低电平变化,当与外部物体接触并有足够的压力时,单片机可以检测到电平由高电平变为低电平。

### 2. 柔性触觉传感器

(1)柔性薄层触觉传感器

柔性薄层触觉传感器具有获取物体表面形状二维信息的潜在能力,它是采用

提示

微动开关属于接触式传感器,常常充当机器人触觉传感器。但当微动开关受到连续的振动和冲击时,产生的磨损粉末可能产生触点接触不良、动作失常及耐久性下降等问题,也不适用于高温、潮湿、高粉尘、易燃易爆气体环境,因此微动开关不适合作为极限作业机器人传感器使用。

延伸阅读
柔性触觉传感器

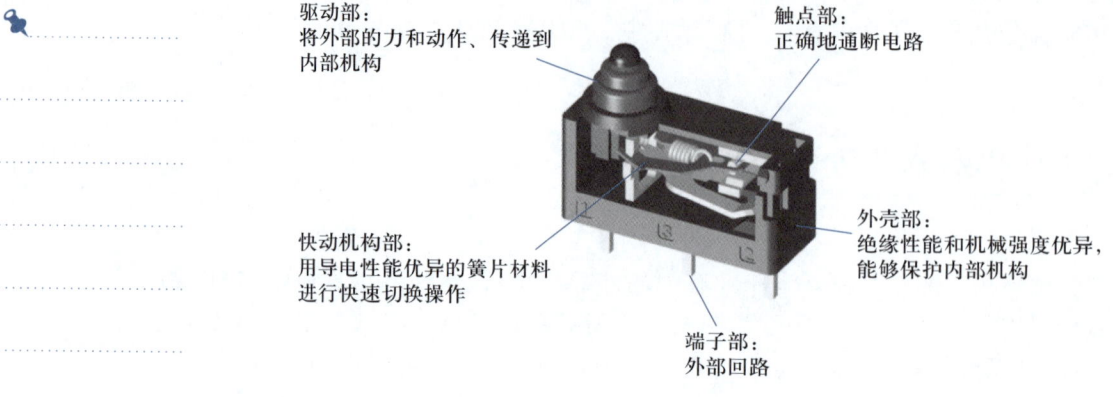

驱动部：
将外部的力和动作、传递到
内部机构

触点部：
正确地通断电路

快动机构部：
用导电性能优异的簧片材料
进行快速切换操作

外壳部：
绝缘性能和机械强度优异，
能够保护内部机构

端子部：
外部回路

图 4-14　典型微动开关的结构

柔性聚氨基甲酸酯泡沫材料的传感器。柔性薄层触觉传感器如图 4-15 所示，泡沫材料用硅橡胶薄层覆盖。这种传感器结构与物体周围的轮廓相吻合，移去物体时，传感器即恢复到最初形状。导电橡胶应变计连到薄层内表面，拉紧或压缩应变计时，薄层的形变会被记录下来。

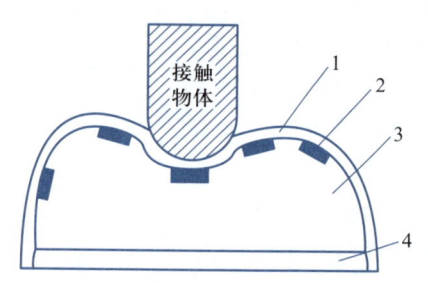

图 4-15　柔性薄层触觉传感器
1—硅橡胶薄层；2—导电橡胶应变计；3—聚氨基甲酸酯泡沫材料；4—刚性支承架

（2）导电橡胶传感器

导电橡胶传感器以导电橡胶为敏感元件，当触点接触外界物体受压后，会压迫导电橡胶，使它的电阻发生改变，从而使流经导电橡胶的电流发生变化。如图 4-16 所示，该传感器为三层结构，外边两层分别是外敷传导塑料层 A 和 B，中间夹层为压力导电橡胶层 S，相对的两个边缘装有电极。传感器的构成材料柔软而富有弹性，在大块表面积上容易形成各种形状，可以实现触压分布区中心位置的测定。这种传感器的缺点是由于导电橡胶的材料配方存在差异，会出现漂移和滞后特性不一致的情况，其优点是具有柔性。

（3）气压式触觉传感器

气压式触觉传感器主要由体积可变化的波纹管式密封容腔、内藏于容腔底部的微型压力传感器和压力信号放大电路组成，如图 4-17 所示。其工作原理为：当波纹管式密封容腔的上端盖（头部）与外界物体接触受压时，将产生轴向移动，使密封容腔体积缩小，内部气体将被压缩，引起压力变化；密封容腔内压力的变化值，由内藏于底部的压力传感器检出；通过检测密封容腔内压力的变化，来间接测量波纹管的压缩位移，从而判断传感器与外界物体的接触程度。

气压式触觉传感器具有结构简单、成本低廉、柔软、安全性高等优点，但由于波纹管在工作过程中存在微量的横向膨胀，因此这类传感器输出信号的线性度会受到影响。

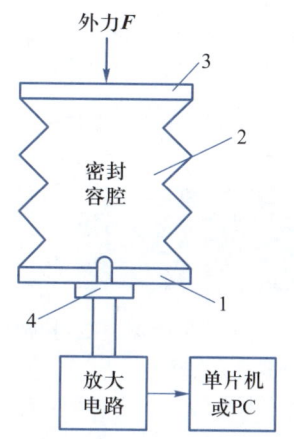

外力 *F*

密封
容腔

放大
电路 → 单片机
或PC

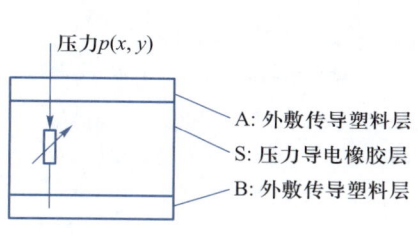

压力 *p*(*x*, *y*)

A: 外敷传导塑料层
S: 压力导电橡胶层
B: 外敷传导塑料层

图 4-16　导电橡胶传感器结构

图 4-17　气压式触觉传感器原理图
1—下端盖；2—波纹管；3—上端盖；4—压力传感器

### 3. 仿生皮肤

仿生皮肤是集触觉、压觉、滑觉和温觉传感于一体的多功能复合传感器，具有类似于人体皮肤的多种感觉功能。仿生皮肤采用具有压电效应和热释电效应的聚偏氟乙烯（PVDF）敏感材料，具有温度范围宽、体电阻高、质量轻、柔顺性好、强度高、频率响应宽等特点，采用热成形工艺容易加工成薄膜、细管或微粒。

集触觉、滑觉和温觉于一体的 PVDF 仿生皮肤传感器的结构剖面如图 4-18 所示，传感器表层为保护层（橡胶包封表皮），上层为两面镀银的整块 PVDF，分别从两面引出电极。下层 PVDF 由特种镀膜形成条状电极，引线由导电胶粘接后引出。在上、下两层 PVDF 之间，由电加热层和柔性隔热层（软塑料泡沫）形成两个不同的物理测量空间。上层 PVDF 获取温觉和触觉信号，下层 PVDF 获取压觉和滑觉信号。

为了使 PVDF 具有感温功能，电加热层使上层 PVDF 的温度维持在 55℃ 左右，当待测物体接触传感器时，因待测物体与上层 PVDF 存在温差，发生热传递，使 PVDF 的极化面产生相应数量的电荷，从而输出电压信号。

采用阵列 PVDF 形成的多功能复合仿生皮肤，可模拟人类通过触摸识别物体形状。阵列式仿生皮肤传感器的结构剖面如图 4-19 所示。其层状结构主要由表层、行 PVDF 条、列 PVDF 条、绝缘层、PVDF 层和橡胶基底构成。行、列 PVDF 条两面镀银，均为用微细切割方法制成的细条，分别粘贴在表层和绝缘层上，由 33 根导线引出。行、列 PVDF 条各 16 条，并有 1 根公共导线，形成 256 个触点单元。PVDF 层也两面镀银，引出两根导线。当 PVDF 层受到高频电压激发时，发出超声波使行、列 PVDF 条共振，输出一定幅值的电压信号。仿生皮肤传感器接触物体时，表面受到一定压力，相应受压触点单元的振幅会降低。

**提示**
复合仿生皮肤可用于检测物体的形状、质心和压力的大小，以及物体相对于传感器表面的滑移。

**延伸阅读**
仿生皮肤

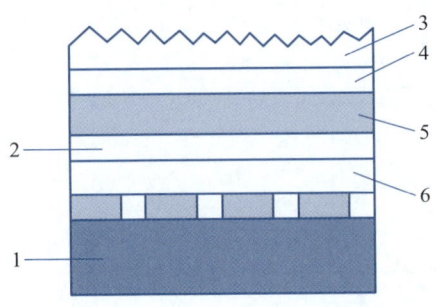

图 4-18　PVDF 仿生皮肤传感器的结构剖面
1—硅导电橡胶基底及引线；2—柔性隔热层；3—橡胶包封表皮；
4—上层 PVDF；5—电加热层；6—下层 PVDF

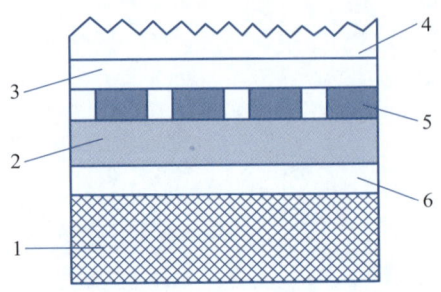

图 4-19　阵列式仿生皮肤传感器的结构剖面
1—橡胶基底；2—绝缘层；3—行 PVDF 条；4—表层；
5—列 PVDF 条；6—PVDF 层

### 4.3.2　应力传感器

当关节式机器人与固体实际接触时，机器人进行适当动作有以下三个必要条件：① 机器人必须能够识别实际存在的接触（检测）；② 机器人必须知道接触点的位置（定位）；③ 机器人必须了解接触的特性以估计受到的力（表征）。有了这三个必要条件，机器人就能够进行计算，或者用某个特征策略把机器人引向指定目标。这三个必要条件的获得，都需要使用应力传感器。

应力定义为单位面积上所承受的附加内力。最简单的应力传感器是电阻应变片，直接贴装在被测物体表面即可。物体受力产生变形时，特别是弹性元件，体内各点处变形程度一般并不相同，用于描述某点处变形程度的力学量即为该点的应变。应力传感器是利用电阻应变片将应变转换为电阻变化的传感器。当被测物理量作用于弹性元件上时，弹性元件在力矩或压力等的作用下发生变形，产生相应的应变或位移，然后传递给与之相连的应变片，引起应变片的电阻值变化，通过测量电路变成电量输出，输出的电量大小反映被测量即受力的大小。

### 4.3.3　接近度传感器

工业机器人的运动速度日益提高，对物体装卸可能引起损坏，而触觉感测系统在需要实际接触时会有损坏的风险。为避免这些危险，需要知道物体在机器人工作场地内存放位置的先验信息以及适当的轨迹规划。应用接近度检测的遥感方法，能够尽早感测到危险，让机器人及早停止运动或改变运动方向，避免危险的发生。因此，接近度传感器感知对象接近情况的作用主要有：① 在接触到对象前获取信息，为后续动作做准备；② 发现障碍物，规定行程范围，以免碰撞；③ 得到关于对象表面形状的信息。

下面简要介绍常用的磁感应式接近度传感器及光电式接近度传感器（光电开关）。

### 1. 磁感应式接近度传感器

按构成原理不同,磁感应式接近度传感器又可分为线圈磁铁式、电涡流式和霍尔式。

（1）线圈磁铁式:它由装在壳体内的一块小永磁铁和绕在磁铁上的线圈构成。当被测物体进入永磁铁的磁场时,就在线圈里感应出电压信号。

（2）电涡流式:它由线圈、激励电路和测量电路构成。它的线圈受激励而产生交变磁场,当金属物体接近时就会由于电涡流效应而输出电信号。

（3）霍尔式:它由霍尔元件或磁敏二极管、晶体管构成。当磁敏元件进入磁场时就产生霍尔电动势,从而能检测出引起磁场变化的物体的接近。

磁感应式接近度传感器有多种结构形式,以适应不同的应用场合,它可直接用于对传送带上经过的金属物品计数;可做成空心管状对管中落下的小金属品计数;可套在钻头外面,在钻头断损时发出信号,使机床自动停车;还可在气缸中用于确定活塞位置。图 4-20 所示为适用于不同气缸的磁性开关（磁感应式接近度传感器的一种形式）。以 SMC 磁性开关（D-E73A）为例,其负载电压及电流范围为 DC 24 V、5~40 mA 和 AC 100 V、5~20 mA,适用于 CXW 和 ML1 系列气缸。

延伸阅读
SMC 有触点磁性开关 D 系列

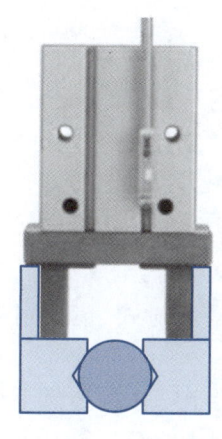
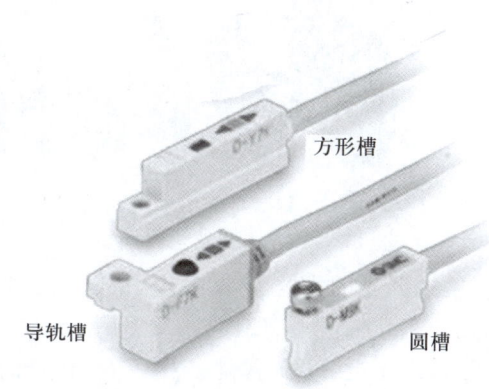

方形槽

导轨槽

圆槽

图 4-20　适用于不同气缸的磁性开关

### 2. 光电开关

光电开关（光电式接近度传感器）是光电接近开关的简称,它是利用被检测物体对光束的遮挡或反射,由同步回路选通电路,从而检测物体有无的。被检测物体不限于金属,所有能反射光线的物体均可被检测。光电开关一般由发射器、接收器和检测电路三部分构成,如图 4-21 所示。发射器对准目标发射光束,发射的光束一般来自半导体光源,如发光二极管（LED）、激光二极管及红外发射二极管。工作时发射器不间断地发射光束,或者改变脉冲宽度。接收器由光电二极管、光电晶体管、光电池组成,在接收器的前面装有光学元件,如透镜和光圈。多数光电开关选用的是波长接近可见光的红外线型。光电开关可根据需要做成多种形式,图 4-22 所示为不同形式光电开关的外形。

微课
光电开关

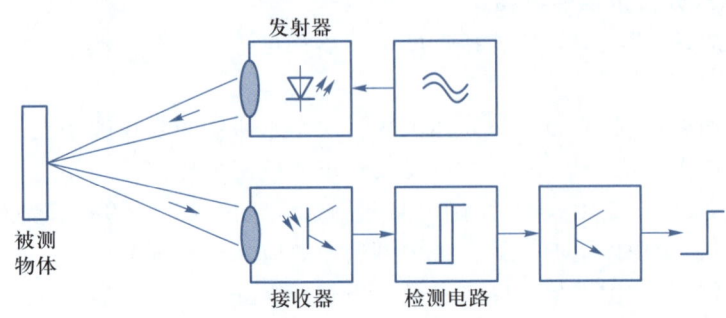

图 4-21 光电开关的构成及工作原理

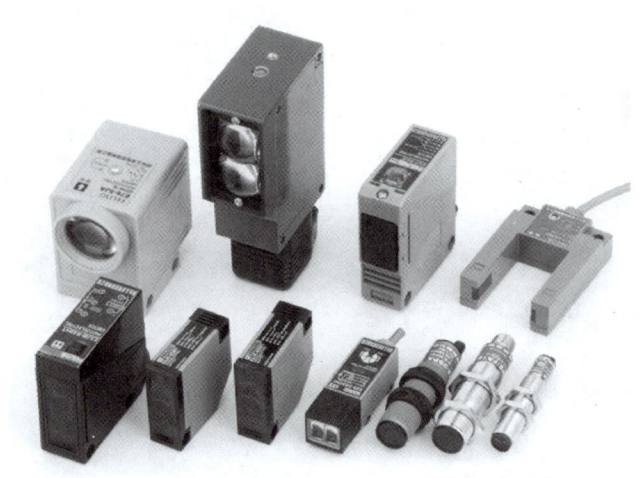

图 4-22 不同形式光电开关的外形

光电开关根据光的发送接收工作方式不同可分为漫反射式、镜反射式、对射式、槽式和光纤式几种类型,如图 4-23 所示。

① 漫反射式光电开关:它是一种集发射器和接收器于一体的传感器,当有被检测物体经过时,物体将光电开关发射器发射的足够量的光线反射到接收器,于是光电开关就产生了开关信号。当被检测物体的表面光亮或其反光率极高时,漫反射式光电开关是首选的检测模式。

**延伸阅读**
SICK W4-3 系列光电开关

如图 4-24 所示,可采用德国西克 SICK W4-3 系列光电开关进行托盘/堆垛的凸起部分监控作业,利用可见红光,最大开关距离可达 250 mm。四个安装在地板中的漫反射式光电开关(SICK W4-3)用于检测托盘/堆垛是否有凸起的部分,以及是否有倾斜的托盘。另外两个漫反射式光电开关用于识别传送带通过方向上的工件是否前端或后端突出托盘。

**延伸阅读**
SICK W100-2 系列光电开关

② 镜反射式光电开关:它同样集发射器与接收器于一体,发射器发出的光线经过专用反射镜反射回接收器,当被检测物体经过且完全阻断光线时,光电开关就产生了开关信号。

如图 4-25 所示,可采用德国西克 SICK W100-2 系列光电开关进行集装箱运

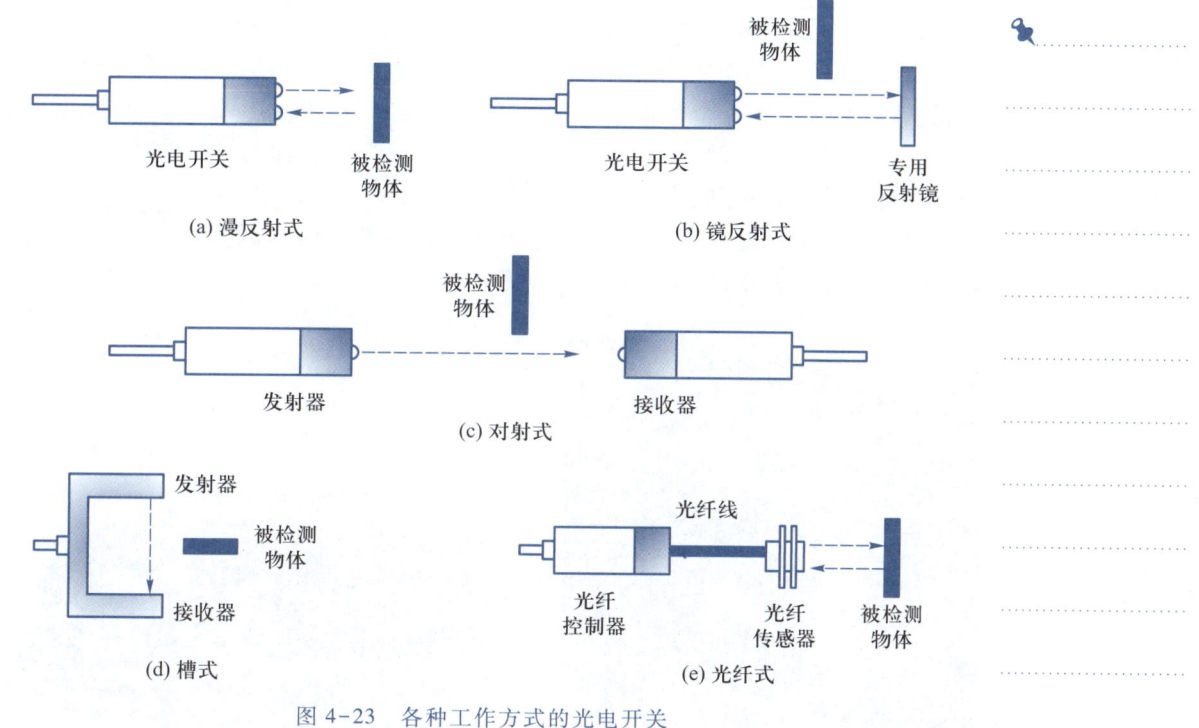

(a) 漫反射式　　　　　　　　　　　　　(b) 镜反射式

(c) 对射式

(d) 槽式　　　　　　　　　　　　　(e) 光纤式

图 4-23　各种工作方式的光电开关

输技术中的凸起部分监视作业,利用可见红光在传送带上监控物件是否存在凸起部分。

图 4-24　托盘/堆垛的凸起部分监控作业

图 4-25　集装箱运输技术中的凸起部分监控作业

③ 对射式光电开关:它包含了在结构上相互分离且光轴相对放置的发射器和接收器,发射器发出的光线直接进入接收器,当被检测物体经过发射器和接收器之间且阻断光线时,光电开关就产生了开关信号。当检测物体不透明时,对射式光电开关是最可靠的检测装置。

如图 4-26 所示,可采用德国西克 SICK G10 系列光电开关进行传送带上的高

**提示**

同一工况下,存在多种形式传感器满足使用条件时,要综合比较传感器的性价比进行选择。

度监控作业,利用可见红光在传送带上监控物件是否超高。光电开关由此阻止超高物件运输,确保生产过程的正常运行。

④ 槽式光电开关:它通常采用标准的 U 形结构,发射器和接收器分别位于 U 形槽的两边,并形成一个光轴,当被检测物体经过 U 形槽且阻断光轴时,光电开关就产生了开关信号。槽式光电开关比较适合检测高速运动的物体,并且能分辨透明与半透明物体,使用安全可靠。

**延伸阅读**
欧姆龙 E3S－GS3E4 槽式光电开关手册

图 4-27 所示为欧姆龙槽式光电开关(E3S－GS3E4),采用红外发光二极管(950 nm),可用于检测 6 mm 以上的不透明物体。

图 4-26　传送带上的高度监控作业

图 4-27　欧姆龙槽式光电开关(E3S-GS3E4)

⑤ 光纤式光电开关:它采用塑料或玻璃光纤传感器来引导光线,可以对距离远的物体进行检测,通常分为对射式和漫反射式。

### 4.3.4　其他外部传感器

#### 1. 声波传感器

声波传感器主要用于感受和解析在气体(非接触式感受)、液体或固体(接触式感受)中的声波。声波传感器的应用,可从简单的声波存在检测,到复杂的声波频率分析,以及对连续自然语言中单独语音和词汇的辨识。

可把人工语音感觉技术用于机器人。在工业环境中,机器人感觉某些声音是有用的:有些声音(如爆炸)可能意味着危险,另一些声音可能用作命令。声音识别系统已越来越多地获得应用。

#### 2. 温度传感器

温度传感器有接触式和非接触式两种,均可用于工业机器人。当机器人自主运行,或者不需要人在场,又或者需要知道温度信号时,温度感觉特性是很有用的。有必要提高温度传感器(如测量钢液温度)的精度及区域反应能力。通过改进热电电视摄像机的特性,已在感觉温度图像方面取得显著进展。两种常用的温度传感器为热敏电阻和热电偶。这两种传感器必须和被测物体保持实际接触。热敏电阻的阻值与温度成正比变化,热电偶能够产生一个与两温度差成正比的小电压。

### 3. 滑觉传感器

滑觉传感器主要检测物体的滑动。当机器人抓住某种特性未知的物体时,必须确定最适合的握力值。为此,需要检测出握力不够时所产生的物体滑动信号,然后利用这个信号,在不损坏物体的情况下,牢牢地抓住该物体。

现在应用的滑觉传感器主要有两种,一种利用光学系统,另一种利用晶体接收器。前者的检测灵敏度因滑动方向不同而异,后者的检测灵敏度则与滑动方向无关。

## 学习评分表

| 序号 | 学习目标 | 知识技能点 | 评估结果 | 评分 |
|---|---|---|---|---|
| 1 | 熟悉获取各种传感器信号的传感器类型(20分) | • 获取各种传感器信号的传感器类型 | □ 掌握<br>□ 初步掌握<br>□ 未掌握 | |
| 2 | 掌握传感器的性能指标及各自含义(20分) | • 传感器的性能指标及各自含义 | □ 掌握<br>□ 初步掌握<br>□ 未掌握 | |
| 3 | 掌握增量式光电编码器、绝对式光电编码器的工作原理(20分) | • 增量式光电编码器的工作原理<br>• 绝对式光电编码器的工作原理 | □ 掌握<br>□ 初步掌握<br>□ 未掌握 | |
| 4 | 掌握角编码器测量轴转速的原理(20分) | • M 法测速的原理<br>• T 法测速的原理<br>• M/T 法测速的原理 | □ 掌握<br>□ 初步掌握<br>□ 未掌握 | |
| 5 | 熟悉常用外部传感器的类型及其工作原理(20分) | • 触觉传感器的类型及其工作原理<br>• 接近度传感器的类型及其工作原理 | □ 掌握<br>□ 初步掌握<br>□ 未掌握 | |
| | 总分 | | | |

## 学习体会

_____

_____

_____

_____

_____

视频

在国外技术封锁的情况下,我国传感器技术是如何一步步发展起来的

## 单元练习题

1. 工业机器人传感器分为哪几类？分别起什么作用？

2. 选择工业机器人传感器时主要考虑哪些因素？

3. 描述增量式光电编码器的原理及优点。

4. 描述绝对式光电编码器的原理。

5. 某光电编码器测量轴转速时，已知编码器指标为 2 048 个脉冲/r，在 0.5 s 时间内测得 5 K 个脉冲，求光电编码器的轴转速。

6. 简述触觉传感器的类型及其工作原理。

7. 简述常用接近度传感器的类型及其工作原理。

# 工业机器人的机器视觉技术

目前,工厂实际应用的工业机器人大部分都以"示教—再现"的工作方式运行。这种工作方式是开环工作,缺乏对外部信息的了解,而通过引进计算机视觉系统,获取外部环境的图像信息并分析处理,可实现机器人对点位的自动定位和跟踪。从 20 世纪 80 年代开始,随着计算机技术的飞速发展,视觉系统进入各个领域,其中机器人视觉系统是应用最多的。

## 学习目标

### 知识目标

- 掌握机器视觉系统的结构,掌握视觉传感器的分类及原理。
- 掌握图像获取及视觉处理的步骤。
- 熟悉机器视觉的应用分类,并明确各种应用的工作任务。
- 熟悉视觉模块的使用步骤。
- 熟悉视觉技术的发展趋势。

### 能力目标

- 能够根据视觉系统工作任务描述其类型及工作流程。
- 能够识别视觉系统的结构。
- 能够描述图像获取及视觉处理的步骤。
- 能够明确视觉模块的使用步骤。

### 素养目标

- 学习视觉系统组成与原理后,按需选择组件,培养搭建视觉系统的应用能力。
- 掌握图像处理步骤,处理图像并解读结果,培养提取信息解决问题的能力。
- 了解视觉技术应用与趋势,培养前沿视野与严谨态度,为规范操作打下基础。

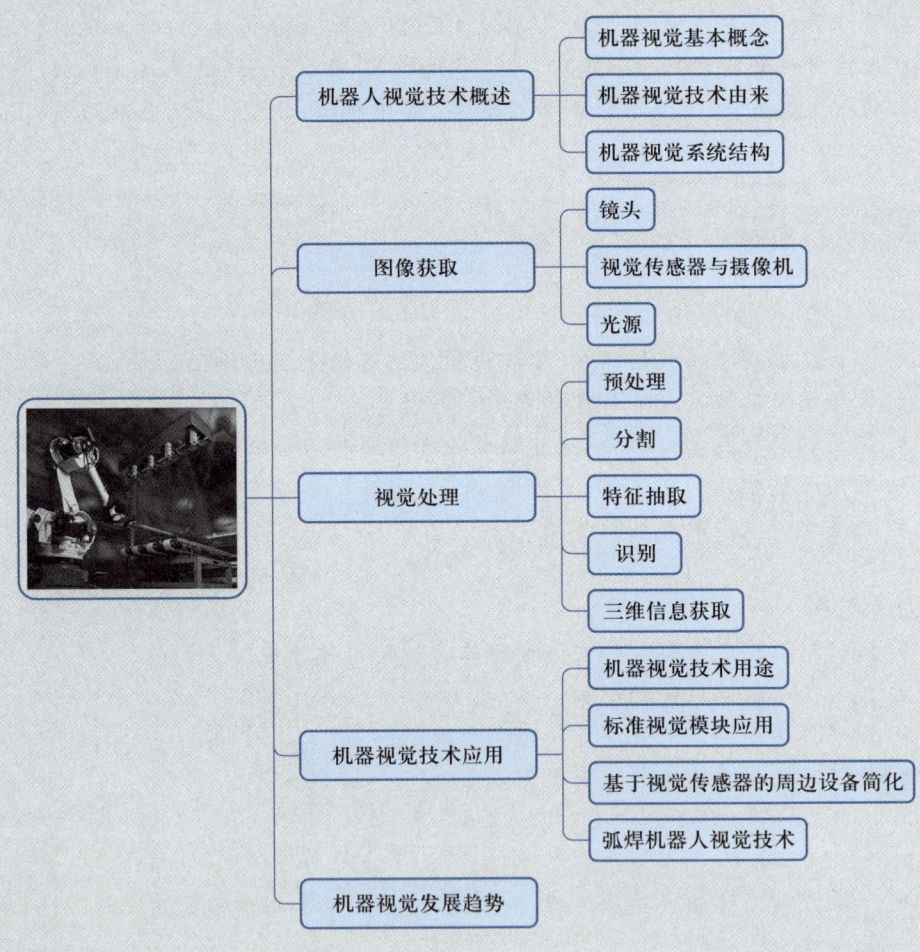

机器人视觉技术概述
- 机器视觉基本概念
- 机器视觉技术由来
- 机器视觉系统结构

图像获取
- 镜头
- 视觉传感器与摄像机
- 光源

视觉处理
- 预处理
- 分割
- 特征抽取
- 识别
- 三维信息获取

机器视觉技术应用
- 机器视觉技术用途
- 标准视觉模块应用
- 基于视觉传感器的周边设备简化
- 弧焊机器人视觉技术

机器视觉发展趋势

## 5.1 机器视觉技术概述

### 5.1.1 机器视觉基本概念

机器视觉技术的引入使得工业机器人朝着更加智能化和柔性化的方向发展，节省了成本，提高了生产效率。视觉技术逐渐从实验室走向实际应用，并已经广泛应用于电子电器、航天、汽车等领域。

图 5-1 所示为常见的机器人视觉分拣系统。采用并联机器人和康耐视智能相机，可搭建基于视觉定位技术的机器人视觉分拣系统，其结构如图 5-2 所示。在工作过程中，系统将多个不同种类的正方体物块通过气缸的开合随机地散落在传送带上，程序会判断相机视野内是否有待分拣的物块，当物块运行到相机视野内时，机器人控制系统采用等时间间隔的触发方式触发相机拍照，采集分拣对象的位姿信息，计算机通过一定的处理算法识别、计算实验物块，获取分拣对象的分类信息、坐标信息、旋转角度后，以一定的数据格式传递给机器人控制系统。机器人控制系统根据视觉系统传回的信息，控制机器人末端执行器在合适的动作区域内跟踪和拾取，将不同种类的实验物块分别放置到指定的位置。当料盘上的物块数量达到设置的数值时，气缸再次开启，将物块随机地散落在传送带上，重复上述过程。

PPT
机器视觉技术概述

视频
并联机器人视觉拾取

图 5-1　机器人视觉分拣系统

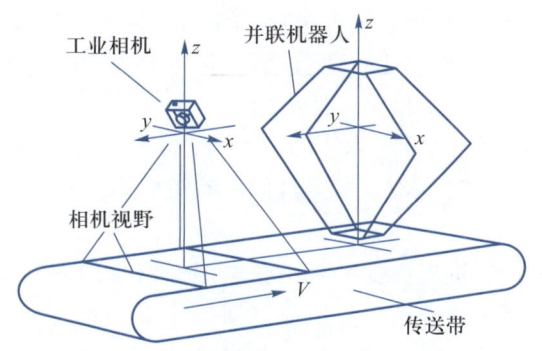

图 5-2　视觉分拣系统结构

从以上示例可以看出，采用视觉分拣系统，可极大地提高生产效率，减少人工作业的强度。随着视觉传感技术、计算机技术和图像处理技术的快速发展，机器视觉技术发展成熟，已成为现代加工制造业不可或缺的核心技术，广泛应用于食品、制药、化工、建材、电子制造、包装以及汽车制造等各种行业，对提升传统制造装备的生产竞争力与企业现代化生产管理水平发挥着越来越重要的作用。

视频
FANUC 配视觉追踪的 Delta 机器人系统

### 5.1.2 机器视觉技术由来

机器视觉技术是计算机视觉理论在具体问题中的应用。20 世纪 70 年代，

David Marr 提出了视觉计算理论。该理论从信息处理的角度系统概括了当时解剖学、心理学、生理学、神经学等方面已取得的成果，明确了视觉研究体系。计算机视觉以视觉计算理论为基础，为视觉研究提供了统一的理论框架。由于实际中的视觉问题常常是具体的，包含丰富的先验知识，所以将计算机视觉理论应用于解决具体实际问题，就产生了机器视觉技术。

机器人视觉，或广义地称之为机器视觉，是用机器代替人眼进行目标对象的识别、判断和测量，主要研究用计算机来模拟人的视觉功能。机器视觉技术涉及目标对象的图像获取技术、对图像信息的处理技术以及对目标对象的测量和识别技术。机器视觉系统主要由视觉感知单元、图像信息处理与识别单元、结果显示单元以及视觉系统控制单元组成。视觉感知单元获取被测目标对象的图像信息，并传送给图像信息处理与识别单元；图像信息处理与识别单元对图像的灰度分布、亮度以及颜色等信息进行各种运算处理，从中提取出目标对象的相关特征，完成对目标对象的测量、识别和 NG 判定，并将其判定结论提供给视觉系统控制单元；视觉系统控制单元根据判别结果控制现场设备，对目标对象进行相应的控制操作。

一个典型的机器视觉系统涉及多个领域的技术交叉与融合，包括光源照明技术、光学成像技术、传感器技术、数字图像处理技术、模拟与数字视频技术、机械工程技术、控制技术、计算机软硬件技术及人机接口技术等。

20 世纪 80 年代以来，机器视觉技术一直是非常活跃的研究领域，并经历了从实验室走向实际应用的发展阶段。从简单的二值图像处理到高分辨率、多灰度的图像处理以至彩色图像处理，从一般的二维信息处理到三维视觉模型和算法的研究，都取得了很大进展。作为一种先进的检测技术，机器视觉技术已经在工业产品检测、自动化装配、机器人视觉导航、虚拟现实以及无人驾驶等许多领域的智能测控系统中得到广泛应用。

### 5.1.3　机器视觉系统结构

机器视觉系统由获取图像信息的图像测量子系统与决策分类、跟踪对象的控制子系统两部分组成。图像测量子系统又可分为图像获取和图像处理两大部分。图像测量子系统包括照相机、摄像系统和光源设备等，例如观测微小细胞的显微图像摄像系统，考察地球表面的卫星多光谱扫描成像系统、在工业生产流水线上的工业机器人监控视觉系统、医学层析成像系统（CT）等。图像测量子系统使用的光波段包括可见光、红外线、X 射线、微波、超声波等。图像测量子系统获取的图像既可以是静止图像，如文字、照片等，也可以是运动图像，如视频图像等；既可以是二维图像，也可以是三维图像。图像处理就是利用数字计算机或其他高速、大规模集成数字硬件设备，对从图像测量子系统获取的信息进行数字运算和处理，进而达到人们所要求的效果。决策分类、跟踪对象的控制子系统主要由对象驱动和执行机构组成，它根据对图像信息处理的结果实施决策控制，如在线视觉测控系统对产品 NG 判定分类的去向控制、自动跟踪目标动态视觉测量系统的实时跟踪控制，以及机器人视觉的模式控制等。

目前市场上的机器视觉系统可以按结构分为两大类:基于计算机的机器视觉系统和嵌入式机器视觉系统。基于计算机的机器视觉系统是传统的结构类型,硬件包括CCD相机、视觉采集卡、计算机等,其缺点是成本高,对工业环境的适应性较弱。嵌入式机器视觉系统将需要的大部分硬件(如CCD、内存、处理器、通信接口等)压缩在一个"黑箱"式模块里,又称为智能相机,其优点是结构紧凑、性价比高、使用方便、对环境的适应性强,是机器视觉系统的发展趋势。

典型的机器视觉系统硬件结构如图5-3所示。

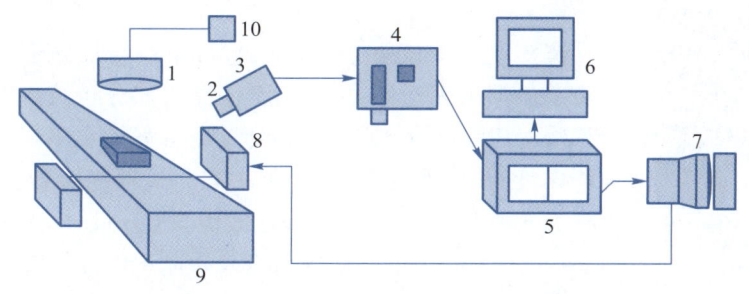

图5-3　典型的机器视觉系统硬件结构

1—光源,分为前光源和后光源等;2—光学镜头,完成光学聚焦或放大功能;3—摄像机,分为模拟
摄像机和数字摄像机,智能相机包括3、4、5;4—图像采集卡,完成帧格式图像采集及数字化;
5—图像处理系统,计算机或嵌入式计算机;6—显示设备,显示检测过程与结果;
7—驱动单元,控制执行机构的动作方式;8—执行机构,执行目标动作;
9—测试台与被测对象;10—光源电源

在机器视觉系统中,好的光源与照明方案往往是整个系统成败的关键之一。光源与照明方案的配合应尽可能地突出物体特征参量,在增加图像对比度的同时,应保证足够的整体亮度;物体位置的变化不应该影响成像的质量。光源的选择必须符合所需几何形状、照明亮度、均匀度、发光的光谱特性等,同时还要考虑光源的发光效率和使用寿命。照明方案应充分考虑光源和光学镜头的相对位置、物体表面的纹理、物体的几何形状以及背景等要素。

相机和图像采集卡共同完成对目标图像的采集与数字化,是整个系统成败的又一关键所在。高质量的图像信息是系统做出判断和决策的原始依据。在机器视觉系统中,CCD相机以其体积小巧、性能可靠、清晰度高等优点得到了广泛使用,视觉传感器的内容将在5.2节中介绍。

随着计算机技术、微电子技术和大规模集成电路技术的快速发展,为了提高系统的实时性,可以借助专用图像信号处理卡等硬件完成一些成熟的图像处理算法,而软件则主要完成那些复杂的、尚需不断探索和改进的算法。

## 5.2　图像获取

为得到一个实际的物体图像,第一步是用一适当的照明装置照射该物体,然后通过光学系统将该物体成像在视觉传感器上,传感器输出的模拟视频信号经数字

**提示**
　图像处理系统是机器视觉系统的核心,它决定了如何对图像进行处理和运算,是开发机器视觉系统的重点和难点。

PPT
图像获取

化形成一幅数字图像,并存入帧存储器中,以便供计算机或专用硬件构成的视觉处理器进一步处理和分析。

图5-4所示为某焊接视觉设备实物图,该视觉系统采用前光源技术提供照明,相机中包含镜头及视觉传感器,用于拍摄图像。

图 5-4　某焊接视觉设备实物图

### 5.2.1　镜头

镜头是集聚光线,使成像单元能获得清晰影像的结构。镜头一般都由光学系统和机械装置两部分组成,它决定着拍摄景物的广阔程度和清晰度。按照焦距大小不同,镜头可分为长焦镜头、标准镜头、广角镜头等。机器视觉行业通常将镜头分为宏镜头(macro lens)、定倍镜头(fixed-mag lens)、变焦镜头(zoom lens)、远心镜头(telecentric lens)、高精度或百万像素镜头(high resolution or million pixels lens)等。如 FANUC 2D 视觉功能中,使用的镜头型号为 SONY XC-56,该款镜头是定焦镜头。也就是说,焦距是固定的,有 8 mm、12 mm、16 mm 等型号,像素一般为 30 万像素。

普通的镜头与人眼一样,由于视场角的缘故看物体都存在"近大远小"的现象。如果这样的镜头用于测量系统中,由于物距常发生变化,从而使像高发生变化,所以测得的物体尺寸也会发生变化,即产生测量误差;另一方面,即使物距固定,也会因敏感表面不易精确调整在像平面上而产生测量误差。在实际视觉检测系统中,往往选用物方远心镜头。物方远心镜头可以消除位置不准带来的测量误差,且该镜头景深大、焦距固定,可获得平行光输出,因而它的畸变小,检测精度高。

**延伸阅读**
SONY XC-56 技术手册

光学镜头目前有监控级和工业级两种。监控级镜头主要适用于对图像质量要求不高、价格较低的应用场合。工业级镜头的图像质量好、畸变小、价格高,主要应用于工业零件检测和科学研究等场合。视场角和焦距是光学镜头最重要的技术参数,滤光镜的使用也是镜头技术的重要组成部分。

### 5.2.2　视觉传感器与相机

视觉传感器是将景物的光信号转换成电信号的器件。大多数机器视觉都不必通过胶卷等媒介物,而是直接把景物摄入,即将视觉传感器接收到的光学图像转换为计算机所能处理的电信号。通过对视觉传感器获得的图像信号进行处理,即可得出被测对象的特征量,如面积、长度和位置。

视觉传感器具有从一整幅图像中捕获数以千万计的像素的功能。图像的清晰和细腻程度通常用分辨率来衡量,以像素数量表示。在捕获图像之后,视觉传感器将其与内存中存储的基准图像进行比较,做出分析与判断。

目前,典型的光电转换器件主要有 CCD 图像传感器和 CMOS 图像传感器等固体视觉传感器。固体视觉传感器又可以分为一维线性传感器和二维线性传感器,二维线性传感器所捕获图像可达数千万像素以上。固体视觉传感器具有体积小、质量轻等优点,因此应用日趋广泛。

### 1. CCD 图像传感器

CCD 图像传感器是目前机器视觉系统最为常用的图像传感器。它集光电转换及电荷存储、电荷转移、信号读取功能于一体,是典型的固体成像器件。它存储由光或电激励产生的信号电荷,当对它施加特定时序的脉冲时,其存储的信号电荷便能在 CCD 图像传感器内定向传输。图 5-5 所示为 CCD 图像传感器原理图。

CCD 图像传感器内部 P 型硅衬底上有一层 SiO₂绝缘层,其上排列着多个金属电极。在金属电极上加正电压,电极下面产生势阱,势阱的深度随电压变化。如果依次改变电极上的电压,则势阱随着电压的变化而移动,于是注入势阱中的电荷发生转移。通过电荷的依次转移,将多个像素的信息分时、顺序地取出来。在 CCD 图像传感器中,电荷全部被转移到输出端,由一个放大器进行电压转转,形成电信号,然后被读取。传输电荷时,电荷是从不同的垂直传送寄存器中被传到水平传送寄存器中的,会有不同电压的电荷,这会产生更大的功耗。由于信号通过一个放大

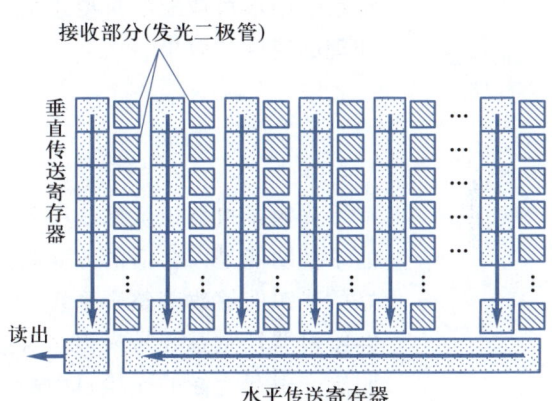

图 5-5　CCD 图像传感器原理图

器放大,产生的噪声较小。同摄像管相比,CCD 图像传感器具有尺寸小,工作电压低(直流电压 7~9 V),使用寿命长,坚固、耐冲击,信息处理容易,在弱光下灵敏度高等特点,广泛应用于工业检测和机器人视觉系统。CCD 图像传感器主要有线型 CCD 图像传感器和面型 CCD 图像传感器两种类型。例如,基恩士公司的 CV-5000 系列视觉系统,其作为面型 CCD 相机专用的高速型号,最多可使用 4 个 500 万像素的 CCD,并同时传输图像,因而最多可实现 2 000 万像素的高精度检测。

**延伸阅读** ▶
基恩士 CV-5000 技术手册

典型的 CCD 相机由光学镜头、视频处理电路、A/D 转换电路和 I/O 接口组成,其工作原理如图 5-6 所示。被摄物体反射光线,传播到光学镜头,经光学镜头聚焦到 CCD 芯片上,CCD 芯片根据光的强弱聚集相应的电荷,经周期放电,产生表示一幅幅画面的电信号,经过视频处理电路、A/D 转换电路的处理,通过 I/O 接口输出标准的复合视频信号。

### 2. CMOS 图像传感器

CMOS 是指互补性氧化金属半导体。CMOS 图像传感器由集成在一块芯片上的光敏元阵列、图像信号放大器、信号读取电路、A/D 转换电路、图像信号处理器及控制器构成。它具有局部像素的编程随机访问功能。目前,CMOS 图像传感器以其良好的集成性、低功耗、宽动态范围和输出图像几乎无拖影等特点得到广泛应用。CMOS 的每个像素点有一

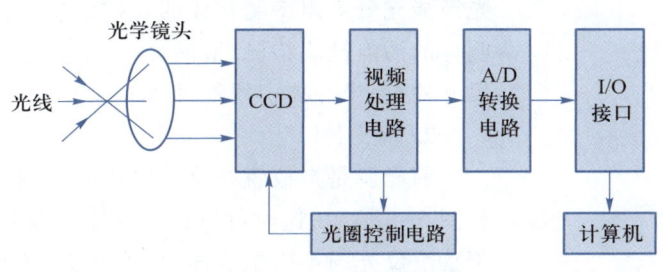

图 5-6　CCD 相机工作原理

个放大器,信号直接在最原始的时候转换,读取更加方便。其传输的是已经过转换的电压,所以所需的电压和功率更低。但是由于每个信号都有一个放大器,产生的噪声比较大。例如,基恩士公司的 LR-ZH 系列视觉系统,内部有放大器内置型 CMOS 激光图像传感器,其检测距离为 35~500 mm,最短响应时间仅有 1.5 ms。

### 3. 相机

相机是获取图像的前端采集设备,它以面阵 CCD 或 CMOS 图像传感器为核心部件,外加同步信号产生电路、视频信号处理电路及电源等组合而成。它是机器视觉系统中不可或缺的重要组成部分。相机采集图像质量的好坏直接影响后期图像处理的速度与效果。

**提示**

根据不同的应用要求,除选择摄像机的形式、分辨率、灵敏度等指标外,还要注意选择相机的信噪比、同步方式、自动增益控制等指标。对于运动物体的成像,最好选用带电子快门的相机。

## 5.2.3 光源

光源是机器视觉系统中的关键组成部分,在机器视觉系统中十分重要。光源的主要功能是以合适的方式将光线投射到待测物体上,突出待测特征部分对比度。好的光源能够改善整个系统的分辨率,减轻后续图像处理的压力。不合适的光源会给机器视觉系统带来很多麻烦,如相机的花点和过度曝光会隐藏很多重要信息;阴影会引起边缘的误检;信噪比的降低以及不均匀的照明会增加图像处理阈值选择的困难。机器人中使用的光源有环形光源、条形光源和线形光源等。东冠科技旗下的 RIN 环形光源系列将高密度 LED 阵列置于伞状的结构中,在照明光源中央区域产生集中的强光,有白色、红色、蓝色、绿色等选择,并可选模拟或数字控制器。

根据不同的视觉应用环境可设计专用的光照系统,包括选择合适的光源和照射方式。大多数情况下采用可见光光源;对于一些特殊场合,也可采用非可见光光源,如某些视觉检验系统采用 X 光或红外、紫外光,许多三维视觉系统采用激光、超声等。按照射方式的不同,光源可分为以下四种。

### 1. 背光源

物体位于光源及相机之间,这时物体和背景之间可产生强反差,如图 5-7 所示。通过背光源照射待测物体,相对相机形成不透明物体的阴影或观察透明物体的内部,使待测物透光与不透光部分边缘清晰,为图像边缘提取奠定基础。由于背光源能充分突出待测物体的轮廓信息,所以它主要应用于被测对象的轮廓检测、透明体的污点缺陷检测、液晶文字检查、小型电子元件尺寸和外形检测、轴承外观和尺寸检查、半导体引线框外观和尺寸检查等。

**动画**

背光源

### 2. 前光源

前光源是指放置在待测物体前方的光源。这种光照方式称为"前光源照明",如图 5-8 所示,这时可以得到物体表面的灰度、纹理等特征。前光式照明主要应用于检测反光与不平整表面,如检测 IC 芯片上的印刷字符、电路板元件、焊点、橡胶类制品、封盖标记、包装袋标记、封盖内部以及底部的脏污等。

**动画**

前光源

### 3. 结构光

用具有特定模式(点、线或网格)的光源即结构光照射物体时,由于物体的形

可能是它们被当作同一个区域,通过几何特征的测定和分析,可以将该区域进一步分割开。

几何特征描述示意图如图 5-10 所示,下面介绍几种常用的几何特征。

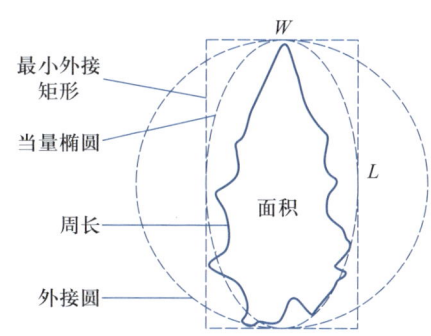

### 1. 面积($A_i$)

对一个图像区域 $R_i$,其面积是 $R_i$ 中的像素点数,即

$$A_i = \sum_x \sum_y f(x,y), \quad (x,y) \in R_i \quad (5-1)$$

顺序扫描方式能够周密地计算面积 $A_i$。

### 2. 周长($L$)

一般认为周长 $L$ 为区域 $R$ 的边界点数,即

$$L = \sum_{i=1}^{Q} l_{i\_dot} \quad (5-2)$$

图 5-10 几何特征描述示意图

式中,$Q$ 为边界上的像素点数;$l_{i\_dot}$ 为边界点亮度。

### 3. 最小外接矩形(MER)

求物体坐标系方向上的外接矩形,只需计算物体边界点的最大和最小坐标值,就可以得到物体的水平和垂直跨度。但是,对任意朝向的物体,水平和垂直并非有意义的方向。这时,就有必要确定物体的主轴,然后计算反映物体形状特征的主轴方向上的长度和与之垂直方向上的宽度,这样的外接矩形是物体的最小外接矩形(minimum enclosing rectangle,MER)。区域内任意点$(x,y)$满足:$x_{\min} \leqslant x \leqslant x_{\max}$,$y_{\min} \leqslant y \leqslant y_{\max}$。

### 4. 宽长比($r$)

$$r = \frac{W_{MER}}{L_{MER}} \quad (5-3)$$

式中,$W_{MER}$ 为物体最小外接矩形的宽;$L_{MER}$ 为物体最小外接矩形的长。

### 5. 伸长率(elongatedness)

伸长率是指物体面积与当量椭圆的面积之比,其中当量椭圆的长短轴是指物体最小外接矩形的长和宽。

### 6. 圆满度(roundness)

圆满度是指物体面积与外接圆面积之比,其中外接圆半径为最小外接矩形的长。

### 7. 矩形度($R$)

矩形度反映物体对其外接矩形的充满程度,用物体的面积与其最小外接矩形的面积之比来描述,即

$$R = \frac{A}{A_{MER}} \quad (5-4)$$

式中,$A$ 是该物体的面积;$A_{MER}$ 是物体最小外接矩形的面积。

### 8. 致密度

度量圆形度最常用的是致密度,即周长 $L$ 的二次方与面积 $A$ 之比。

$$C = \frac{L^2}{A} \quad (5-5)$$

### 5.3.4  识别

视觉处理的最后一个模块是识别，即确定各区域在实际景物中代表的物体。根据景物及物体本身的复杂程度可采用不同的识别方法，其计算方法可能有很大的区别。基本的方法是利用视觉处理的结果与已知的物体模型进行匹配和比较。如果景物中物体互相的区别很明显，则可采用最简单的模板匹配法，这时甚至不用从图像中抽取该物体，而直接在预处理后的图像中进行匹配。更一般的情况是采用特征匹配法，即对区域的特征集合与物体的特征模型进行匹配。如果物体非常复杂，则可将物体分为几部分，分别计算各部分的特征，然后再根据这些部分之间的已知结构关系识别整个物体，这一方法称为结构匹配法。

### 5.3.5  三维信息获取

视频
三维视觉使用

从更广泛的使用上来说，机器视觉面临更多的是要处理三维景物的问题。机器人本身的工作环境是一个三维空间，机器人操作的对象是一个或多个不同形状的三维物体。与二维视觉相比，三维视觉不仅增加了机器人到物体间距离（深度）信息的测定问题，而且要抓取的三维物体本身的识别也变得非常困难。首先，由于三维物体放置的姿态不同，可能呈现不同的二维形状；其次，由于三维物体的表面方向不同，对同一光照反射可能呈现不同的灰度，甚至可能形成阴影，因此采用二维视觉的处理方法，同一物体可能被分割成许多区域；另外，从任何视点上只能看见物体的一个面，物体还可能互相重叠或部分遮挡，这意味着识别只能依靠不完全的数据来实现。

视频
康耐视机器视觉技术展示

三维图像的获取，采用的主要方法有从单幅图像中抽取某些线索来推断表面形状的方法以及基于两幅或多幅图像匹配的立体视觉法。这些方法是直接利用自然光得到的图像来获取三维信息，因此称为被动式方法。与此相反，主动式方法是利用可控的、主动发射的光波或声波获取三维信息，包括发射结构光、激光、超声波的三角法和时间法测量距离和深度。

#### 1. 立体视觉法

立体视觉法原理如图 5-11 所示。立体视觉法基于计算机视觉最基本的相机模型，将通过不同位置的相机对同一目标拍摄的两幅或多幅图像组成立体像对。在事先标定好相机内外参数的前提下，根据三角测量原理，利用对应点的视差来计算视野范围内的立体信息。

立体视觉直接模拟人类双眼处理景物的方式，能一次获得视野范围内的深度信息，受物体表面反射特性影响小，不接触物体，不需要附加光源，成本较低，且对使用环境要求较宽松，测量范围宽，既可获取小范围的三维信息，也可用于大范围的测量，可靠简便，在许多领域都极具应用价值，如机器人

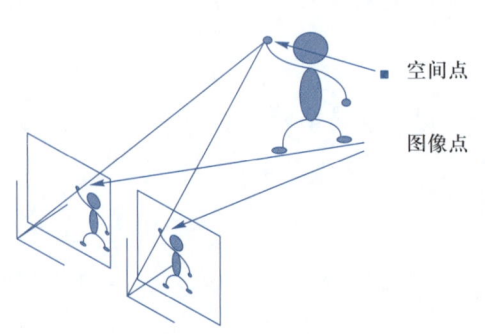

空间点

图像点

图 5-11  立体视觉法原理

视觉感知系统、物体表面三维坐标测量、系统的位姿检测与控制、导航、航测、三维测量学等。除双目立体视觉系统外,现在还发展了三目甚至多目立体视觉系统。

### 2. 结构光方法

结构光测距是一种既利用图像又利用可控光源的测距技术,如图 5-12 所示。结构光从光源的几何形状上说有点状、条状和网状等许多种,可以采用激光或白光。例如,利用光平面照射在物体表面产生光条纹,在拍摄的图像中检测出这些条纹,它们的形态和间断性反映了物体表面的形状信息,在经过装置定标后,可以计算出被光照射的点的三维坐标。配合机械扫描运动,可以获得物体表面各点的坐标。

提示

结构光测距的基本思想是利用照明光源中的几何信息来提取景物中的几何信息。

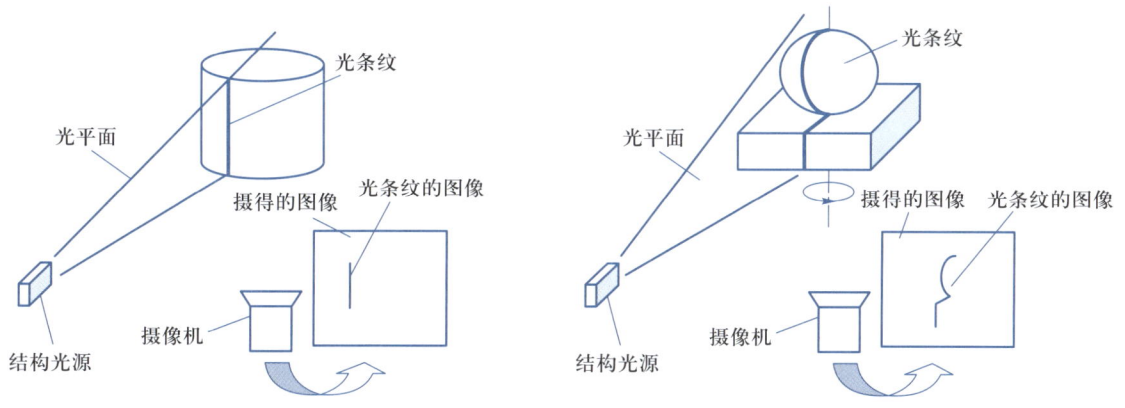

图 5-12 结构光测距示意图

### 3. 编码光方法

编码光方法所用计算模型与结构光类似,但它通过时间、空间、彩色编码的光源来帮助确定物体表面的空间位置。

这种方法的突出优点是可以减少计算的复杂性,扫描速度快,量测精度高,特别适用于室内环境下物体表面反射情况比较好的场合。这是目前最流行的三维图像获取技术,已有不少商品化的产品问世。图 5-13 所示为康耐视 3D(三维)位移传感器。

虽然被动式方法不需要外加光源,而且立体视觉的原理类似人的双眼立体视觉机理,对于机器视觉研究有重要的意义,但其关键是需要解决两个图像对应点的匹配问题,计算非常复杂且费时,所以目前在机器人视觉中应用仍有许多困难。主动式方法能比较容易地直接得到距离信息,处理方法简单可靠,特别是针对某些特定的机器人视觉任务,具有较大的应用前景。

图 5-13 康耐视 3D 位移传感器

## 5.4 机器视觉技术应用

### 5.4.1 机器视觉技术用途

机器视觉技术正在被广泛地应用于各种生产活动,可以说需要人类视觉的场合几乎都有机器视觉的应用。特别是在许多人类视觉无法感知的场合,如在精确定量感知、高速检测判定、危险场景感知和不可见物体感知等情况下,机器视觉技术更显示出其无可比拟的优越性。机器视觉技术主要用于视觉检验、视觉导引和移动机器人视觉导航三类应用中。

**1. 视觉检验**

视觉检验是机器视觉应用最主要的领域,即代替人的目检,用视觉系统进行产品检验,主要包括:① 完备性检验,检查部件上的零件是否齐全;② 形状检验,检查和测量零件的几何尺寸、形状和位置;③ 缺陷检验,检查零件断裂、划伤以及表面粗糙度等。由于视觉检验是一种非接触式的自动检验方法,可实现零件的100%在线检验,比人工检验精度高、速度快、可靠性高,因此应用面非常广泛,例如微电子工业中IC芯片及印制电路板的检验、汽车工业中零部件的检验,以及食品、药品标记的检验等。

**2. 视觉导引**

视觉导引是目前机器视觉应用发展最快的一个领域,主要用于:① 机器人装配、搬运和分类,这时视觉系统的任务是对一组零件中的每一个进行辨识,并确定其在二维或三维空间中的位置和方向,引导机器人手爪准确地抓取所需零件,并放到指定的位置,完成相应的分类、搬运和装配任务。这些零件可以放置在静止的工作台上,也可以放置在运动的传送带上,更困难的是随意堆放在料箱中,这时零件的位置、方向是随意的,而且可能互相重叠和遮挡。② 机器人的自适应控制,这时视觉系统是机器人反馈控制环中的感知元件,需要连续实时工作。例如,弧焊机器人利用视觉系统实时监测焊缝的位置、方向,控制焊枪跟随焊缝移动,并根据视觉系统检出的焊缝宽度以及熔池的其他参数,实时调整焊枪的移动速度、距离以及电流大小,实现自适应控制。

**3. 移动机器人视觉导航**

利用视觉系统为移动机器人提供外部环境的三维信息,使机器人能自主地规划其行驶路线,回避障碍物,安全到达目的地,并完成相应的作业任务,这也是越来越受重视的一个应用领域。

### 5.4.2 标准视觉模块应用

本节以典型的视觉导引应用为例讲解机器视觉技术的应用。视觉导引机器人

案例
视觉检验、导引、导航示例

PPT
机器视觉技术应用

很大一部分用于在传送带或货架上取放零件,主要完成零件跟踪和识别任务,要求的分辨率比视觉检验低,一般为零件宽度的 $1\% \sim 2\%$。最关键的问题是选择合适的照明方式和图像获取方式,以达到零件和背景间足够的对比度,从而可简化后面的视觉处理过程。

一般的主流机器人生产商在其机器人控制器中都有开发好的与视觉系统连接的相应模块,有些生产商的机器人带有自己的视觉模块,例如发那科机器人可选择自己的视觉模块,其封闭性做得很好。下面以康耐视 In-Sight 7200c 智能相机与埃夫特 ER7-C10 机器人相连接为例,识别运动的传送带上的物料,引导机器人抓取,如图 5-14 所示。其一般工作流程如下。

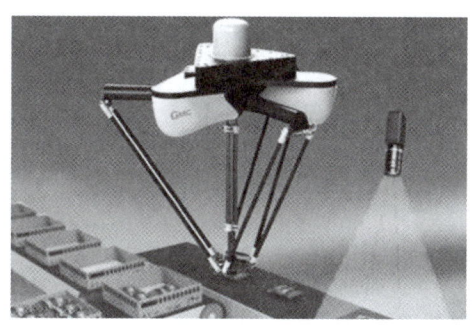

图 5-14　视觉跟踪引导工作示意图

（1）在机器人控制器编程软件中设置机器人视觉模块与跟踪模块;设置视觉功能,设置摄像头、通信参数和编码器参数。

（2）在视觉软件中设置视觉设备 IP 与计算机 IP,使双方能够通信。首先设置计算机 IP,如图 5-15 所示;然后添加视觉设备到网络,如图 5-16 所示;最后设置视觉设备的 IP,如图 5-17 所示。

提示

参数配置工作要与机器人供应商在签订合同时商定好,通常由机器人供应商提供服务。

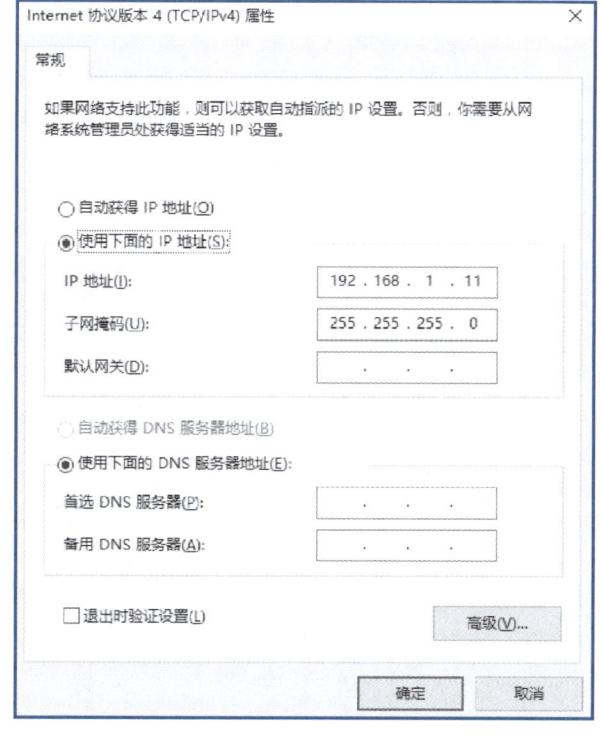

图 5-15　设置计算机 IP

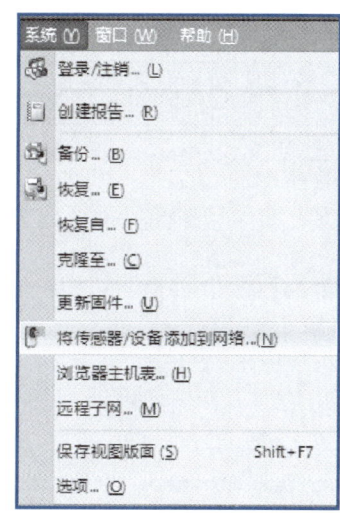

图 5-16　添加视觉设备到网络

（3）连接视觉设备到调试计算机。为完成具体的工作任务,要将视觉设备与计算机相连,在视觉调试软件中设置所需工作条件,连接后可查看视觉设备,

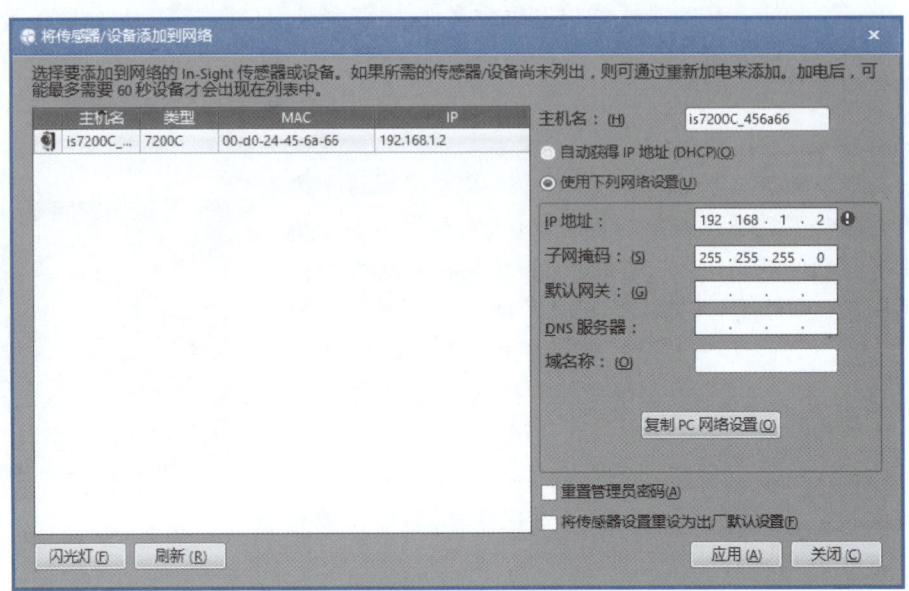

图 5-17　设置视觉设备的 IP

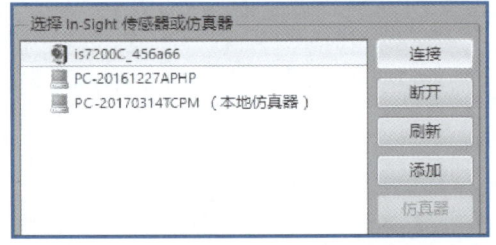

图 5-18　将视觉设备连接到计算机

如图 5-18 所示。

（4）设置图像参数。图像拍摄的质量影响视觉识别的效果，因此要设置光源条件、焦距等。同时要设置相机的工作模式，是连续拍摄还是触发拍摄，以及触发拍摄的触发信号等，如图 5-19 所示。设置后进行拍摄，得到图像如图 5-20 所示。

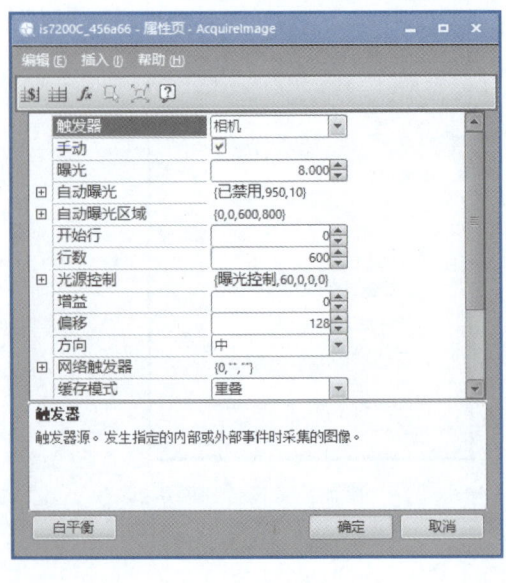

图 5-19　设置图像参数

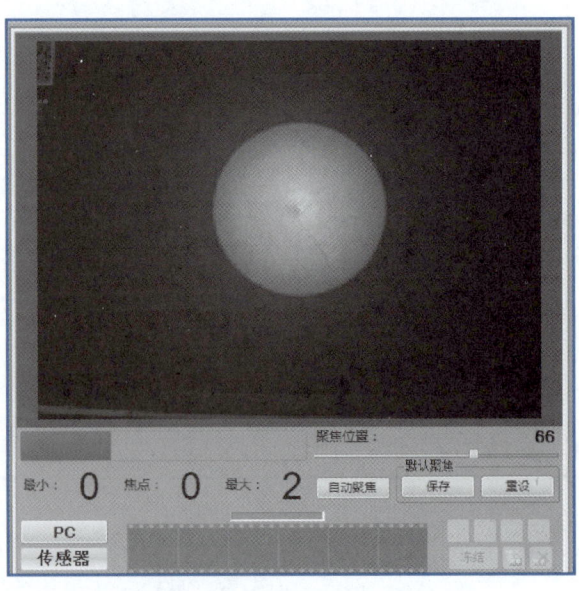

图 5-20　视觉设备拍摄到的图像

（5）将视觉设备的像素坐标与机器人坐标进行标定计算，转换为机器人能够使用的坐标。视觉设备拍摄所得坐标不能直接应用到机器人控制器中，需要将二者坐标通过同一个标定图（图5-21）进行标定，获得二者坐标的换算关系。

（6）设置视觉设备的采集区域、零件特征等，视觉设备从设置的采集区域中搜寻所设置的零件，如图5-22所示，按零件的姿态取得坐标数据，经上一步获得的坐标换算关系，得到机器人控制器能够使用的坐标。

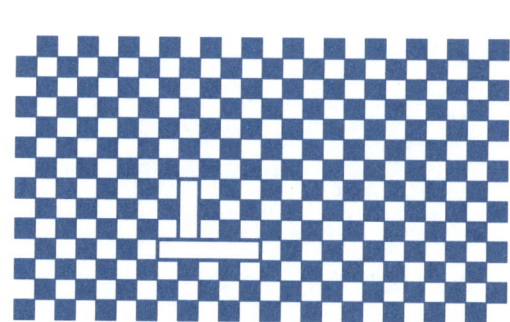

图5-21　标定图

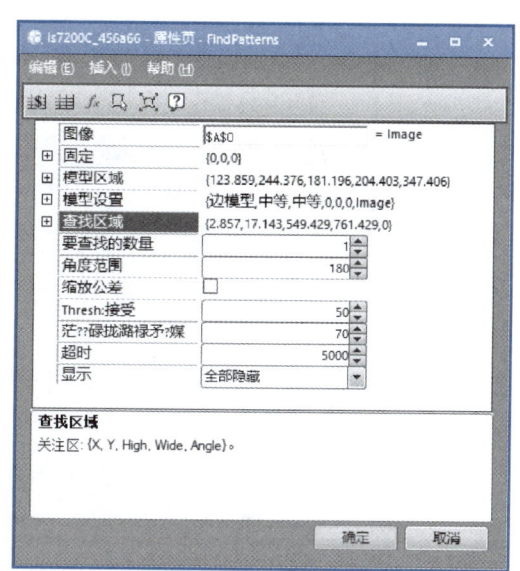

图5-22　设置视觉设备采集区域与零件特征

（7）视觉数据格式化。机器人控制器只能识别使用特定格式的数据。视觉设备换算完成的坐标数据以及零件特征识别数据，要设置成机器人控制器所需的格式。图5-23所示为设置好参数的视觉电子表格。

（8）设置相机与机器人的通信方式，格式化的数据按照确定的通信方式发送，如TCP/IP协议。

（9）在机器人控制器中设置所需变量，如速度、视觉坐标偏移等。

（10）将数据发送给机器人控制器。

（11）机器人控制器接收相机数据、编码器数据，结合零件坐标与传送带速度参数，计算出抓取点，引导机器人操作。

提示

　　图像拍摄的质量对于视觉识别的效果有重要的影响。

### 5.4.3　基于视觉传感器的周边设备简化

在工业机器人制造系统中，通常需要先将工件按照一定的位置排列整齐，再提供给机器人进行作业，如图5-24所示。工件的定位和排列方法有：① 由操作人员事先将工件排列整齐；② 借助于专用的定位平台或料库供应（人工完成向平台或料库的码放）；③ 采用振动供料器将工件排列整齐。用户根据工件的形状和大小选择适当的方法。

PPT

　　机器视觉应用示例

| | A | B | C | D | E | F | G | H | I | J |
|---|---|---|---|---|---|---|---|---|---|---|
| 0 | Image | 我们要处理的图像,是相机的工作物 | | | | | | | | |
| 1 | 自动聚焦 | 自动聚焦工具,获得清晰图像 | | | | | | | | |
| 2 | 66 | 自动聚焦 | | | | | | | | |
| 3 | 坐标较正 | 将相机的像素坐标与机器人的工件坐标进行对应,使用9点测定的方法 | | | | | | | | |
| 4 | | 行 | Col | 机器人行X | 机器人列Y | | | | | |
| 5 | | 263.118 | 422.905 | 0.000 | 0.000 | | | | | |
| 6 | | 261.000 | 486.000 | 10.000 | 0.000 | | | | | |
| 7 | | 264.000 | 545.000 | 20.000 | 0.000 | | | | | |
| 8 | | 202.000 | 421.000 | 0.000 | 10.000 | | | | | |
| 9 | | 201.000 | 486.000 | 10.000 | 10.000 | | | | | |
| 10 | | 201.000 | 545.000 | 20.000 | 10.000 | | | | | |
| 11 | | 142.000 | 421.000 | 0.000 | 20.000 | | | | | |
| 12 | | 140.000 | 485.000 | 10.000 | 20.000 | | | | | |
| 13 | | 140.000 | 546.000 | 20.000 | 20.000 | | | | | |
| 14 | 坐标计算 | 将上面9个点的坐标进行计算 | | | | | | | | |
| 15 | Calib | | | | | | | | | |
| 16 | 拍照工件 | 给要操作的工件拍照,得出所需参数 | | | | | | | | |
| 17 | | 索引 | 行 | Col | 角度 | 缩放比例 | 得分 | | | |
| 18 | Patterns | 0.000 | 265.500 | 417.438 | 100.926 | 100.000 | 98.527 | | | |
| 19 | 坐标输出 | 将工件拍照的坐标参数,经坐标计算,转换成机器人参数 | | | | | | | | |
| 20 | | X | Y | 角度 | | | | | | |
| 21 | Fixture | -0.886 | -0.323 | 10.310 | | | | | | |
| 22 | 颜色分类 | 使用颜色对工件进行区分,利用函数,设置不同颜色的名称/索引/特征值 | | | | | | | | |
| 23 | ExtractColorLib | | | | | | | | | |
| 24 | 颜色识别 | 识别工件的颜色 | | | | | | | | |
| 25 | | 分级 | 索引 | 模型名称 | 像素计数 | 总体像素计数 | | | | |
| 26 | Colors | 0.000 | 3.000 | 4 | 2122.000 | 5593.000 | | | | |
| 27 | | 1.000 | 1.000 | 2 | 1571.000 | | | | | |
| 28 | | 2.000 | 0.000 | 1 | 1226.000 | | | | | |
| 29 | | 3.000 | 2.000 | 3 | 674.000 | | | | | |
| 30 | 数据格式化 | 将数据设置成机器人需要的格式 | | | | | | | | |
| 31 | Image | | | | | | | | | |
| 32 | [X-0.886478; | | Y-0.323412; | | A:10.310019; | | ATTR:4; | | ID:3] | |
| 33 | Done | | | | | | | | | |
| 34 | 通信设置 | 调用TCP/IP通信方式,与机器人建立通信 | | | | | | | | |
| 35 | Device | Read | | | | | | | | |
| 36 | 数据输出 | 将图像信息经通信协议按格式输出给机器人 | | | | | | | | |
| 37 | Write | | | | | | | | | |

图 5-23　设置好参数的视觉电子表格

由以上描述及图 5-24 可知,为了能让工件定位和排列整齐,实际上每一个工件都需要准备昂贵的定位夹具和周边设备,而这些周边设备的设计、制作、调试、保管所耗费的工时,往往是造成使用机器人系统成本过高的重要原因。

引入视觉系统后,机器人能够像人手一样从杂乱堆积的料库中直接选取工件进行作业。智能生产系统如图 5-25 所示,当机器人直接从料库取料时,仅需要料库供料即可,不再需要使用传送带及装夹设备,可大大简化周边设备的使用,降低成本。智能生产系统结构及动作顺序如下。

### 1. 系统结构

图 5-26 所示为智能生产系统结构的概念图。该系统由机器人系统和三维视觉传感系统这两个系统实现料库抓取的软件构成。系统以计算机(内装料库选取控制系统和视觉系统软件)为核心,机器人控制器通过以太网与计算机相连接,机器人手臂末端装有三维视觉传感器。机器人面临的是一个工件散乱堆放的料库,料库上方有一个独立的视觉传感器。下面将三维视觉传感器称为手眼传感器,将料库上方独立的视觉传感器称为全局视觉传感器。

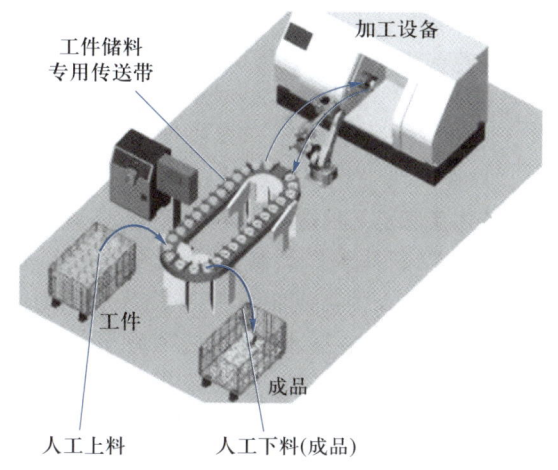

图 5-24　传统生产系统示意图

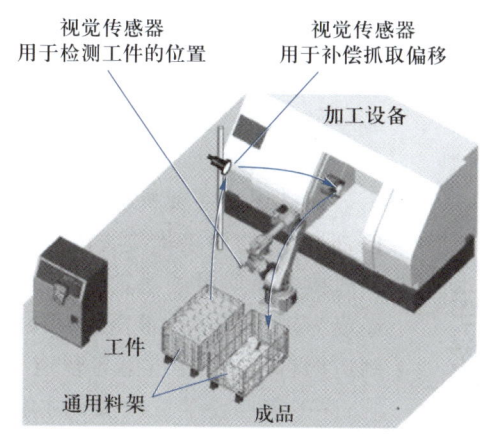

图 5-25　智能生产系统示意图

## 2. 动作顺序

料库取料的动作顺序分为三个步骤:全局搜索、特定工件粗测量及精测量。利用全局视觉传感器将装有工件的整个料库拍摄下来,从图像中选取与预先示教的模型相同的工件,再由料库选取控制系统从检测结果中选定一个工件,并命令手眼传感器移动到该工件附近,进行粗测量。

所谓粗测量,就是用手眼传感器的结构光照射被全局搜索到的特定工件,计算该工件的三维位置和姿态。由于在全局搜索中并未获得工件的姿态信息,因此在粗测量中工件与传感器的位置关系不一定适当,粗测量结果无法满足拾取的精度要求。为了修正粗测量的结果,还需要执行精测量。

如果手眼传感器掌握了工件的大致位置,那么对工件进行三维测量就变得非常简单。利用最后的三维测量即可获得选取工件所需精确三维位置和姿态,至此就取得了机器人抓取工件所需位置和姿态信息。图 5-27 所示测量误差横条的长度,定性地表示了上述过程中每一步取得的信息与测量的精度。这表明通过手眼传感器的反复测量有效地提高了测量精度。

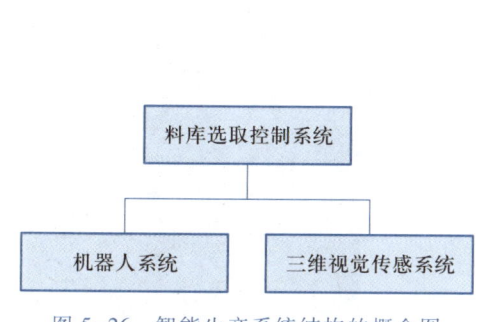

图 5-26　智能生产系统结构的概念图

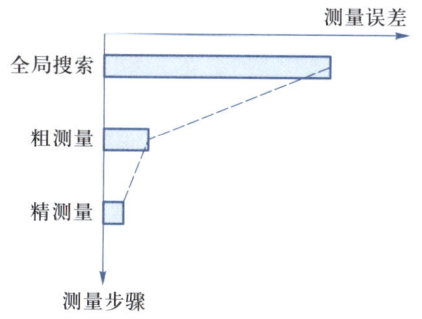

图 5-27　通过反复测量可提高测量精度

## 3. 干涉回避和错误自动恢复

执行取出作业时,不仅要利用传感器检测工件的位置和姿态,而且要尽量缩短由错误引起的停车时间。当出现意外错误致使系统停止时,系统需要通过对错误原因的分析,自动消除错误状态,保证系统的运行率。

### 5.4.4　弧焊机器人视觉技术

视频
　焊丝寻位电弧跟踪

焊接作为一种机械加工的重要特殊工艺手段,在制造业中具有举足轻重的地位,但传统的手工焊接方法已经不能满足现代高新技术产品制造的要求。因此,保证焊接产品质量的稳定性、提高生产效率、减轻工人的劳动强度和改善劳动环境已经成为现代焊接技术亟待解决的问题。随着先进制造技术的发展,实现焊接产品制造的自动化、柔性化与智能化已经成为必然趋势。但是,如不采用自动跟踪系统,许多零件要求二次加工才能满足自动焊接的要求,从而提高了成本。由于焊接作业的特殊性——焊接变形,许多场合没有焊缝跟踪系统就不能实现自动焊接,为此人们研制了多种焊缝跟踪系统。

提示
　所谓焊缝跟踪,就是焊枪沿焊缝自动导向,使电弧中心实时自动瞄准焊缝中心,也称为自动对中,是实现焊接自动化的重要环节。

焊缝跟踪系统一般指弧焊焊缝跟踪系统,由传感器、控制系统和执行机构三部分组成。在焊接过程中首先应该使电弧与焊缝对中,这是保证焊接质量的关键。焊缝跟踪系统能够保证在自动焊接生产过程中,当电弧偏离焊缝时,及时而准确地将电弧调整回到焊缝中心位置。目前,国内知名的焊缝跟踪系统有创想智控、唐山英莱等;国外有 Servo-Robot、Meta、宾采尔等。

#### 1. 焊缝跟踪系统概述

随着焊接自动化以及机器人焊接技术的发展,焊缝跟踪系统的研制和应用显得越来越重要。焊缝跟踪系统一般由传感器、信息处理系统和跟踪执行机构组成,如图 5-28 所示。在焊接过程中传感器不断检测有关焊缝中心位置的信息,信息处理系统则对偏差信息进行处理,得出焊缝的中心位置,然后输出控制信号使跟踪执行机构产生所需的运动,实现焊缝的实时跟踪。图 5-29 所示为北京创想智控科技有限公司的螺旋管埋弧焊焊缝跟踪系统,它由激光焊缝跟踪器检测焊缝的相对位置偏差,实时控制安装在滑台上的焊枪进行位置修正,实现对焊缝的跟踪焊接。

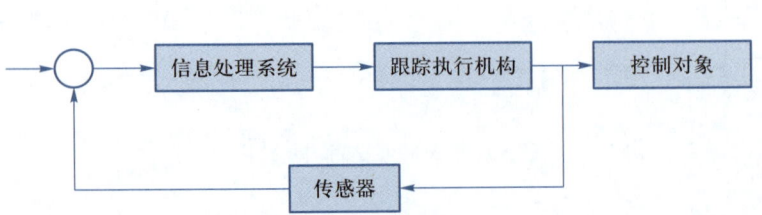

图 5-28　焊缝跟踪系统原理框图

图 5-29　螺旋管埋弧焊焊缝跟踪系统

近年来,运用计算机视觉、数字图像处理、模式识别、智能控制等高新技术的焊缝跟踪研究已取得了相当大的成就。

焊缝跟踪的实质就是使焊接电弧对准接缝位置从而保证焊接接头成型和焊接质量。它通过传感器检测电弧偏离焊缝的信息,通过自动控制系统和伺服装置调节电弧与焊缝的相对位置,使偏离减小,直到消失。因此,研究一套结构简单、工作可靠、灵敏度高的焊缝跟踪传感器至关重要。目前,已研究出多种焊缝跟踪传感器。根据传感器的特性,焊缝跟踪传感器可以分为如图 5-30 所示的几种类型。

延伸阅读

焊缝跟踪传感器的发展状况

光电式传感器是目前研究最多的一种焊缝跟踪传感器。凡是在跟踪信号的获取过程中进行了由光信号到电信号转换的传感器统称为光电式传感器。按照检测的特征分有单光点式传感器和视觉传感器两类。单光点式传感器以单个或几个光电接收管为检测元件,习惯上称为光学传感器;视觉传感器则以集成光电器件为检测元件,在现场范围内进行扫描检测,必须要用微机进行信号处理。

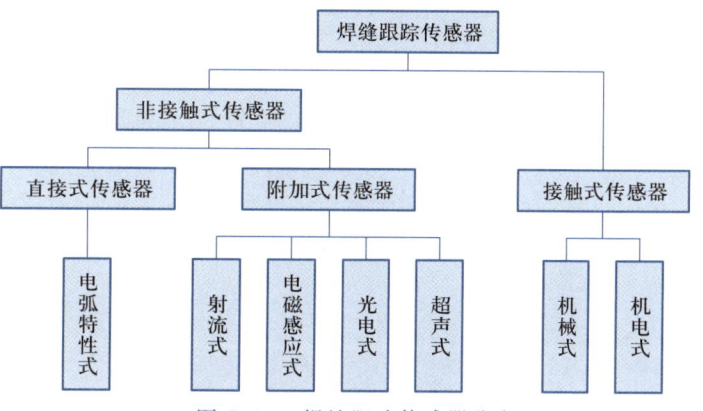

图 5-30 焊缝跟踪传感器分类

根据先进制造技术的发展趋势,结合焊接技术本身的特点,将来对焊缝跟踪系统的要求是:跟踪过程高精确化、现场使用可靠、性能稳定、抗干扰性强、环境适应性强及连续工作时间长等。根据这一系列的要求可以看出,焊缝跟踪系统的检测部分将以视觉传感器为主。由于视觉传感器所获得的信息量大,结合计算机视觉和图像处理的最新技术成果,可大大增强焊缝跟踪系统的外部适应能力。

### 2. 视觉焊缝跟踪系统组成

视觉传感根据是否采用光源可分为主动光视觉与被动光视觉。这里的被动光视觉是指利用弧光或普通光源和摄像机组成的系统,可利用 CCD 摄像机直接获取焊接区的图像。而主动光视觉一般是指使用具有特定结构的光源和摄像机组成的系统,主要将一些特殊的照明光源投射到工件表面,CCD 摄像机摄取工件表面的图像并进行处理。

微课

视觉焊缝跟踪系统

被动光视觉大都采用周围的环境光作为光源,对于焊缝跟踪系统而言,主要是采用电弧光作为光源,CCD 摄像机直接摄取焊接熔池图像,通过图像处理检测出熔池的中心位置,并将焊接熔池中心位置和焊炬位置的偏差送入控制器,控制执行机构调整偏差,直至偏差消除。其优点是检测对象(焊缝中心线)与被控对象(焊炬)在同一位置,不存在检测对象与被控对象的位置差,即时间差的问题,因而更容易实现较为精确的跟踪控制。但其缺陷也显而易见,由于是在极为强烈的弧光下摄取焊接熔池的图像,焊接熔池的弧光对所摄取的图像有很大的影响,图像噪声很大。因此,如何在极为强烈的弧光作用下,获取焊丝(或钨极)端头及熔池等比较清晰的图像,将成为跟踪系统的关键之一。

在实际应用中,采用外加辅助光源的方法,即主动光视觉的应用更为广泛。主动光视觉采用一些特殊的照明光源,如卤钨灯、激光二极管等。卤钨灯具有发光效率高、体积小、功率大、寿命长的优点,且成本较低,常用在水下焊接的视觉焊缝跟踪系统中。而激光二极管的单色性、方向性和相干性最好,是常采用的外加辅助光源。

基于机器视觉的焊缝跟踪系统如图 5-31 所示,主要包括信息采集处理系统、控制器和驱动装置。信息采集处理系统由信息采集子系统与信息处理子系统组成,完成信息的采集和处理功能。信息采集子系统包括 CCD 视觉传感器,为减少焊接过程中的弧光干扰,在 CCD 视觉传感器前安装滤光片。信息处理子系统一般是用户编写的图像处理程序,它最终输出一个电弧与焊缝的偏差信息。

控制器包括软件和硬件,控制器接收从信息采集处理系统输入的偏差信息,经过处理给驱动装置输出一个控制信号,控制焊炬运动,实现焊缝的实时纠偏。驱动装置通常由驱动器、电动机、机械执行装置等构成,它根据控制器的控制信息完成相应的动作,驱动焊炬对准焊缝进行焊接。视觉焊缝跟踪系统流程图如图 5-32所示。

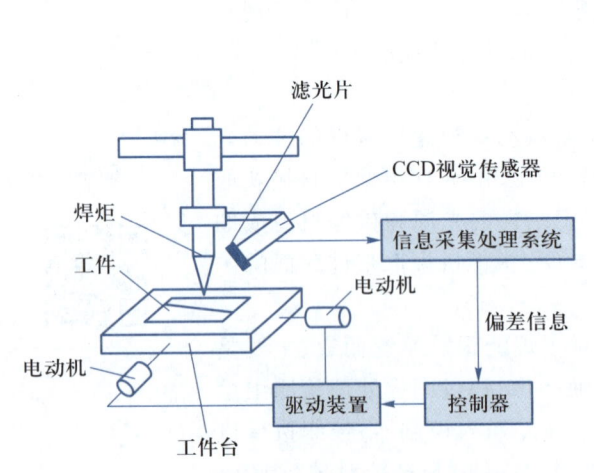

图 5-31　基于机器视觉的焊缝跟踪系统

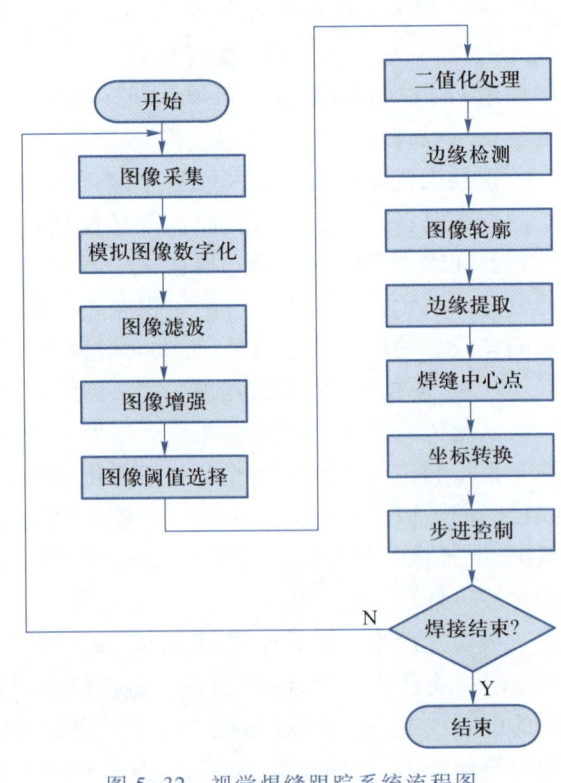

图 5-32　视觉焊缝跟踪系统流程图

采用视觉传感器图像还可以指定焊接线的起点和终点,以及路径上的中间点,再利用跟踪系统跟踪焊接线,可自动生成机器人运动程序。在机器人实际运行规划的运动路径之前,还可以事先在监视器上核对路径,如图 5-33 所示。

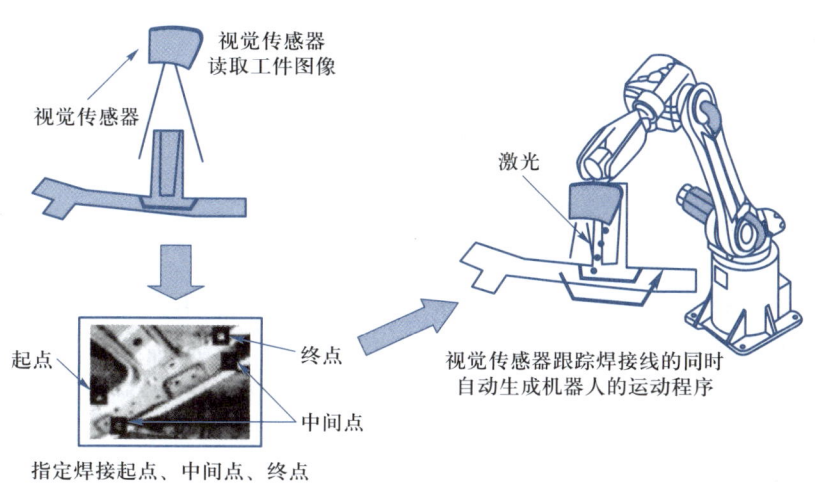

视觉传感器读取工件图像

视觉传感器

激光

起点

终点

中间点

视觉传感器跟踪焊接线的同时自动生成机器人的运动程序

指定焊接起点、中间点、终点

图 5-33　弧焊视觉系统应用

### 3. 视觉焊缝跟踪存在的问题及解决思路

目前,机器视觉在焊缝跟踪中的应用主要还存在以下几方面的问题。

（1）视觉传感系统的复杂性与可靠性

目前使用的视觉传感系统一般都较为复杂,如结构光三维视觉传感系统中包括激光发生器、CCD 摄像机、光学转换机构及机械扫描机构等,在机构装配和光、机、电协同控制上有较高的要求,同时由于焊接过程中光、电、磁等干扰因素的存在,降低了系统的可靠性。因此,需要研制更为简单化和高可靠性的视觉传感系统。

（2）视觉传感系统的实时性与精确性

焊接系统的视觉传感与闭环控制、焊接的路径规划与姿态控制等都要求机器视觉传感与控制具有很强的实时性和很高的控制精度。常用光学传感器的信息处理频率不超过 10~20 Hz,有时很难满足焊接过程实时性的要求,通常不得不牺牲控制精度,为此必须解决视觉传感系统的实时性与精确性之间的矛盾。

（3）视觉传感系统的可控性与智能性

目前对于焊接过程信息的视觉传感与质量控制主要集中于非熔化极惰性气体钨极保护焊（tungsten inert gas welding,TIG）,但是焊接过程更多采用的是熔化极惰性气体保护焊（metal inert gas welding,MIG）、熔化极活性气体保护电弧焊（metal active gas arc welding,MAG）及 $CO_2$ 焊接等高效焊接方法。因此,为促进机器视觉传感技术在这些方法中的应用,必须研究并提高视觉系统的可控性与智能性。

## 5.5　机器视觉发展趋势

机器视觉是人类视觉的扩展和延伸。随着研究的不断深入,新的描述方式、求解手段的不断探索和创新以及微处理器性能的快速提高,机器视觉的研究必将迎来更大突破,机器视觉技术与产品将会被广泛地应用于更加复杂的场合。机器视觉的发展趋势主要包含以下几方面。

### 1. 深度学习技术的融合

随着深度学习技术的不断发展,将其与机器视觉技术进行融合成为新的研究热点。深度学习技术可以帮助机器视觉系统更好地学习和理解图像信息,提高识别准确率和鲁棒性。未来,深度学习技术将会在机器视觉系统中发挥更加重要的作用,实现更加复杂和精细的图像识别和分析功能。

### 2. 高分辨率和超高清成像技术

随着成像技术的不断发展,高分辨率和超高清成像技术成为新的趋势。这将为机器视觉系统提供更高质量的图像信息,有助于提高识别精度和细节信息获取能力。未来,高分辨率和超高清成像技术将会在机器视觉系统中得到广泛应用,实现更加精准和细致的图像分析和处理功能。

### 3. 三维视觉技术

传统的机器视觉技术主要关注二维图像信息的处理和分析,但随着应用场景的复杂性和多样性增加,三维视觉技术成为新的研究方向。三维视觉技术能够提供物体的三维形状、尺寸等信息,有助于实现更加精准的定位和识别。未来,三维视觉技术将会在机器视觉系统中发挥更加重要的作用,实现更加复杂和精准的物体识别和定位功能。

### 4. 智能传感器技术的融合

智能传感器技术能够为机器视觉系统提供更加全面和精准的图像信息。通过与智能传感器技术的结合,机器视觉系统能够更好地适应各种复杂环境。未来,智能传感器技术将会实现更加全面和精准的图像分析和处理功能。

### 5. 嵌入式应用

随着嵌入式系统的普及和发展,将机器视觉技术嵌入各种设备中成为新的应用趋势。这将使得机器视觉技术在各个领域中得到更加广泛的应用,提高生产效率和降低成本。嵌入式机器视觉技术将实现更加智能化和自动化的功能。

### 6. 数据安全和隐私保护

随着机器视觉技术的广泛应用,数据安全和隐私保护问题也日益突出。这方面的研究将会在机器视觉系统中发挥越来越重要的作用,保障用户数据的安全和隐私。

## 学习评分表

| 序号 | 学习目标 | 知识技能点 | 评估结果 | 评分 |
|---|---|---|---|---|
| 1 | 掌握机器视觉系统的结构,掌握视觉传感器的分类及原理(20分) | • 机器视觉系统的结构<br>• 视觉传感器的分类及原理 | □ 掌握<br>□ 初步掌握<br>□ 未掌握 | |
| 2 | 掌握图像获取及视觉处理的步骤(20分) | • 图像获取的步骤<br>• 视觉处理的步骤 | □ 掌握<br>□ 初步掌握<br>□ 未掌握 | |

| 序号 | 学习目标 | 知识技能点 | 评估结果 | 评分 |
|---|---|---|---|---|
| 3 | 熟悉机器视觉的应用分类,并明确各种应用的工作任务(20分) | • 机器视觉的应用分类<br>• 各种应用的工作任务 | □ 掌握<br>□ 初步掌握<br>□ 未掌握 | |
| 4 | 熟悉视觉模块的使用步骤(20分) | • 视觉模块的使用步骤 | □ 掌握<br>□ 初步掌握<br>□ 未掌握 | |
| 5 | 熟悉视觉技术的发展趋势(20分) | • 视觉技术的发展趋势 | □ 掌握<br>□ 初步掌握<br>□ 未掌握 | |
| 合计 | | | | |

## 学习体会

## 单元练习题

习题答案
单元 5 练习题参考答案

1. 描述机器视觉技术的三种应用。

2. 描述视觉检验及导引的主要工作任务。

3. 画图描述视觉系统的结构。

4. 描述 CCD 图像传感器的工作原理。

5. 描述视觉处理的步骤及各步骤的内容。

6. 描述立体视觉的两种方法。

7. 查阅资料,描述一种常见的机器视觉的工业应用场景。

# 工业机器人的末端执行器

工业机器人的应用与普及是实现自动化生产、提高社会效率、推动生产力发展的有效手段。机器人在进行某个动作时，必须在机器人手腕的端部安装某种装置。当这种装置的动作与机器人手腕和手臂的运动相协调时，就可以成功地完成作业。这种装置称为末端执行器或末端执行机构。机器人末端执行器对于扩展机器人的作业功能、应用范围和工作效率都有影响。

## 学习目标

### 知识目标
- 熟悉工业机器人末端执行器的定义和特点。
- 掌握工业机器人末端执行器的分类。
- 掌握手爪类末端执行器的分类及其结构特点。
- 掌握焊枪及喷枪分类及特点。
- 熟悉焊枪及喷枪的辅助设备。

### 能力目标
- 能够识别末端执行器的种类。
- 能够根据不同工件结构决定夹持类手爪的应用。
- 能够描述焊枪及喷枪的分类及特点。
- 能够描述焊枪及喷枪的辅助设备功能。

### 素养目标
- 学习执行器分类特点后，按需选择合适执行器，确保作业效率与安全。
- 理解执行器结构与原理，关联结构与功能，提升对设计合理性的判断能力。
- 认识执行器与辅助设备的关联，培养系统思维与协同素养，保障作业稳定。

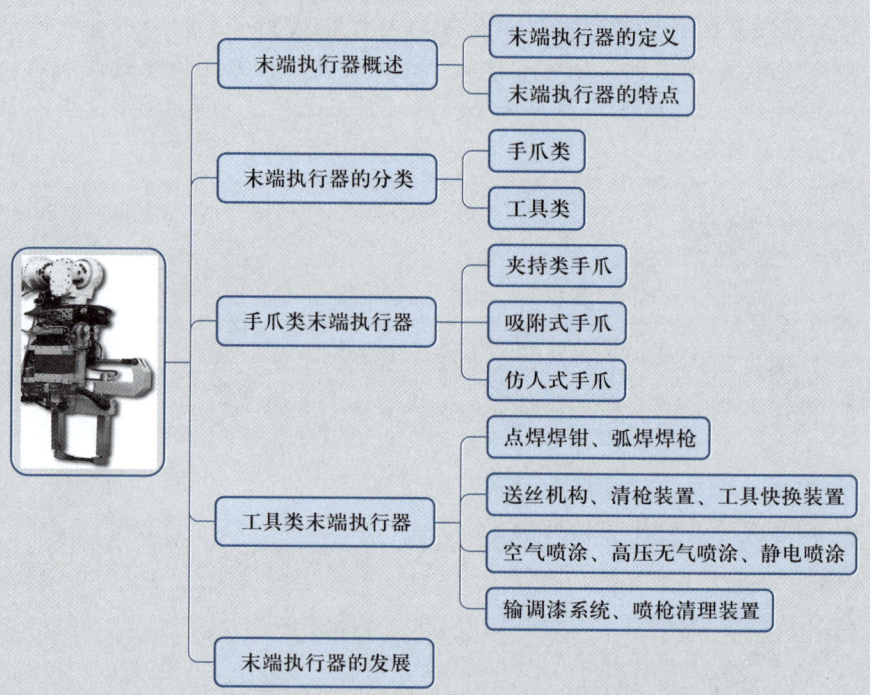

末端执行器概述 ── 末端执行器的定义

末端执行器的特点

末端执行器的分类 ── 手爪类

工具类

手爪类末端执行器 ── 夹持类手爪

吸附式手爪

仿人式手爪

工具类末端执行器 ── 点焊焊钳、弧焊焊枪

送丝机构、清枪装置、工具快换装置

空气喷涂、高压无气喷涂、静电喷涂

输调漆系统、喷枪清理装置

末端执行器的发展

## 6.1 末端执行器概述

### 6.1.1 末端执行器的定义

用工业机器人执行工作任务时,需根据任务内容的不同,在机器人末端安装相应的装置。如图 6-1 所示,在上下料工作过程中,机器人在抓取工件时,需要在末端安装抓取装置,利用气动技术控制取爪的开闭来实现对零件的抓取、放置;同时,抓取装置还配备位置检测传感器,实现抓取的准确控制。实现抓取的一系列装置,可称为机器人的末端执行器。

机器人的末端执行器是安装于机器人手臂末端,直接作用于工作对象的装置。其结构、质量、尺寸对于机器人整体的运动学和动力学性能有直接的影响。作为机器人与环境相互作用的最后环节和执行部件,其性能的优劣在很大程度上决定了整个机器人的工作性能。在我国的国家标准中将其定义为一种为使机器人完成其任务而专门设计并安装在机械接口处的装置。根据实际中的不同描述,可以具有以下两种定义方式:

图 6-1 机器人抓取

PPT
末端执行器概述

视频
机器人抓取

(1)机器人的末端执行器是一个安装在移动设备或者机器人手臂上,使其能够拿起一个对象,并且具有处理、传输、夹持、放置和释放对象到一个准确的离散位置等功能的机构。

(2)末端执行器也称为机器人的手部,它是安装在机器人手腕上的,直接抓握工件或执行作业的部件,包括从气动手爪之类的工业装置到弧焊和喷涂等应用的特殊工具。

视频
采摘机器人助力智慧农业

### 6.1.2 末端执行器的特点

机器人的末端执行器既是一个主动感知工作环境信息的感知器,又是最后的执行器,是一个高度集成的、具有多种感知功能和智能化的机电系统,涉及机构学、仿生学、自动控制、传感器技术、计算机技术、人工智能、通信技术、微电子学、材料学等许多研究领域。机器人末端执行器正由简单发展到复杂,由笨拙发展到灵巧,其中仿人的灵活手已经发展到可以与人的手相媲美。末端执行器的使用具有以下特点:

(1)手部与手腕相连处可拆卸。手部与手腕有机械接口,也可能有电、气、液接头,当工业机器人作业对象不同时,可以方便地拆卸和更换手部。

(2)手部的通用性比较差。工业机器人手部通常是专用的装置。例如,一种手爪往往只能抓握一种或几种在形状、尺寸、质量等方面相近似的工件;一种工具只能执行一种作业任务。

（3）手部是一个独立的部件。假如把手腕归属于手臂，那么工业机器人机械系统的三大件就是机身、手臂和手部（末端执行器）。手部对于整个工业机器人来说是完成作业的关键部件之一。具有复杂感知能力的智能化手爪的出现，增加了工业机器人作业的灵活性和可靠性。

## 6.2 末端执行器的分类

PPT
末端执行器的分类

机器人的用途多样，因此末端执行器的结构和性能也不尽相同。按其功能，末端执行器可分成两大类：手爪类和工具类。

当机器人进行物件的搬运和零件的装配时，一般采用手爪类末端执行器，其特点是可以握持或抓取物体。手爪类末端执行器常直接称为手爪，它的主要功能是抓住工件、握持工件或释放工件。

抓住：在给定的目标位置和期望姿态上抓住工件，工件在手爪内必须具有可靠的定位，保持工件与手爪之间准确的相对位置，以保证机器人后续作业的准确性。

握持：确保工件在搬运过程中或零件在装配过程中定义了的位置和姿态的准确性。

释放：在指定点上除去手爪和工件之间的约束关系。

提示
手爪类和工具类是末端执行器不同应用的两大分类。

手爪类可以分为夹持类、吸附类和仿人式手爪。夹持类分为内撑式、外夹式、平移外夹式、勾托式和弹簧式。产生夹紧力的驱动源可以有气动、液压、电动和电磁四种；吸附类分为气吸式和磁吸式两类，吸附类手爪是无指手爪。

在工具类末端执行器中，工具本身的运动和定位是由机器人手臂和手腕的运动来实现的。例如，当焊接一工件时，焊炬伸出的位置由机器人手臂的运动来实现，而焊炬的姿态则由机器人手腕的运动来实现。

末端执行器按其智能化程度，可以分为普通式及智能化末端执行机构。普通式即不具备传感器的末端执行机构；智能化即具备一种或多种传感器，如力传感器、触觉传感器、滑觉传感器等，传感器集成为智能化末端执行机构。

## 6.3 手爪类末端执行器

PPT
手爪类末端执行器

### 6.3.1 夹持类手爪

微课
夹持类手爪

与人的手相似，夹持类手爪是工业机器人常用的一种手部形式，通常由手指（手爪）和驱动装置、传动机构和承接支架组成，它能通过手爪的开闭动作实现对物体的夹持，如图6-2所示。

**1. 手指**

手指是直接与物体接触的构件。手指的张开和闭合实现松开和夹紧物件。通

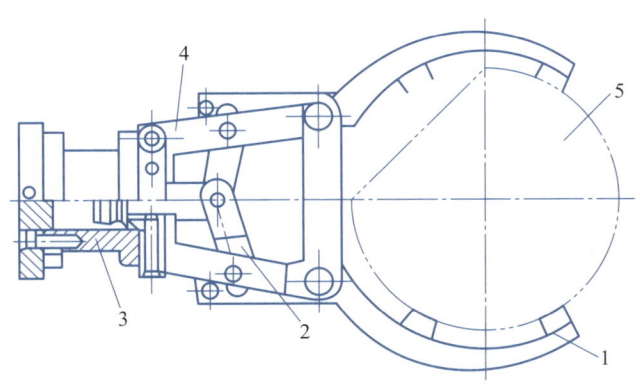

图 6-2　夹持类手爪

1—手指；2—传动机构；3—驱动装置；4—承接支架；5—工件

视频

夹钳式手爪

常,机器人的手部只有两个(也有三个或多个)手指。它们的结构形式取决于被夹持工件的形状和特性。

　　夹持性能良好的机械手爪,除手指具有适当的开闭范围、足够的握力与相应的精度外,其手指的形状顺应被抓取对象物的形状。例如,对象物若为圆柱形,则往往采用 V 形指。对象物若为方形,则大多采用平面指。此外,还有用于夹持小型或柔性工件的尖指,适用于形状不规则工件的异形指,如图 6-3 所示。

视频

雄克 SCHUNK 机器人抓手

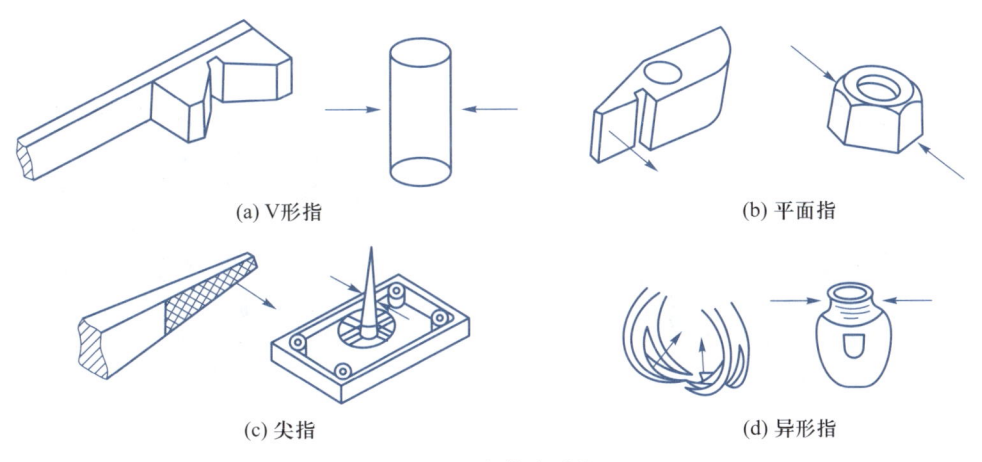

(a) V形指　　　　　　　　　　　　　　(b) 平面指

(c) 尖指　　　　　　　　　　　　　　(d) 异形指

图 6-3　夹持式手指

　　根据工件形状、大小及其被夹持部位材质软硬、表面性质等的不同,主要有光滑指面、齿型指面和柔性指面三种形式。

　　光滑指面,其指面平整光滑,用来夹持已加工表面,避免已加工的光滑表面受损伤。

　　齿型指面,其指面刻有齿纹,可增加与被夹持工件间的摩擦力,以确保夹紧可靠,多用于夹持表面粗糙的毛坯或半成品。

　　柔性指面,其镶嵌了橡胶、泡沫、石棉等物,有增加摩擦力、保护工件表面、隔热等作用,一般用于夹持已加工表面、炽热件,也适合夹持薄壁件和脆性工件。

### 2. 传动机构

　　传动机构是向手指传递运动和动力,以实现夹紧和松开动作的机构,根据手指开合的动作特点可分为回转型和平移型两类。传动机构整体有成型的产品可以选用,满足不同的使用需求。

　　(1)回转型传动机构。其手指是一对(或几对)杠杆,同斜楔、滑槽、连杆、齿轮、蜗轮蜗杆或螺杆等机构组成复合式杠杆传动机构,以改变传力比、传动比及运动方向等。图 6-4 所示为一种回转型手爪,在压缩空气的作用下,使水平布置的活塞远离彼此。通过轴承安装的杠杆机构,实现基爪同时以一定角度闭合,使用压缩弹簧复位。

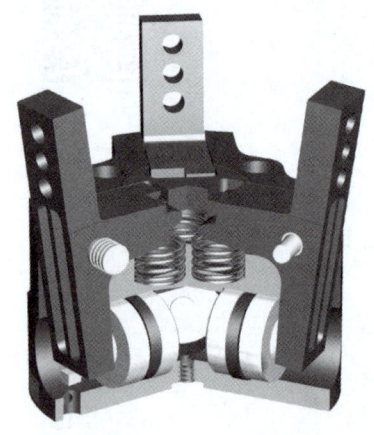

图 6-4　回转型手爪

　　(2)平移型传动机构。它通过手指的指面直线往复运动或平面移动来实现张开和闭合动作,常用于夹持具有平行平面的工件,平移型传动机构可分为平面平行移动机构和直线往复移动机构两种类型。平面平行移动机构多通过驱动器和驱动元件带动平行四边形铰链机构,实现手指平移。这种机构较为复杂。实现直线往复移动的机构有多种形式,常用的斜楔传动、齿条传动、螺旋传动等均可用于手爪。图 6-5 所示为采用斜楔机构的平移机构,可以是两指或者三指的,压缩空气驱动活塞上下移动,楔钩结构的有角度驱动面使基爪能够同步移动。

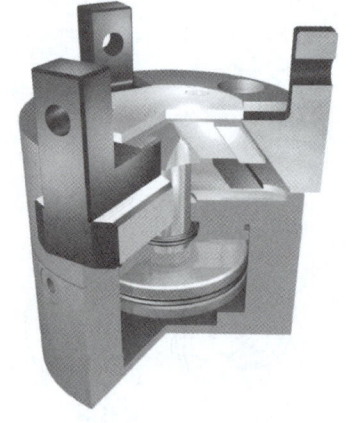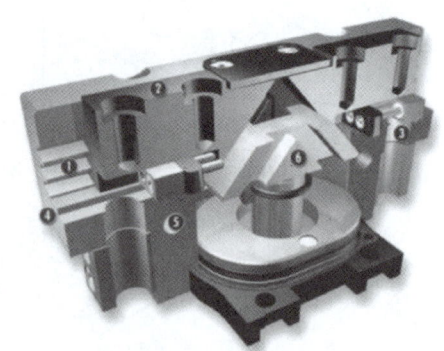

(a)三指结构　　　　　　　　　　　　(b)两指结构

图 6-5　采用斜楔机构的平移机构

## 6.3.2　吸附式手爪

　　吸附式手爪依靠吸附力取料,根据吸附力的不同分为气吸附和磁吸附两种形式。吸附式手爪适用于抓取大平面(单面接触无法抓取)、易碎(玻璃、磁盘)、微小(不易抓取)的物体。

### 1. 气吸附手爪

气吸附手爪是工业机器人常用的一种吸持工件的装置,是利用吸盘内的压力和大气压之间的压力差而工作的。它由吸盘(一个或几个)、吸盘架及进排气系统组成,具有结构简单、重量轻、使用方便可靠等优点。使用气吸附手爪要求物体表面较平整光滑,没有透气空隙。按照压力差形成方法的不同,气吸附手爪可分为真空吸盘吸附、气流负压气吸附、挤压排气负压气吸附等几种,如图6-6所示。

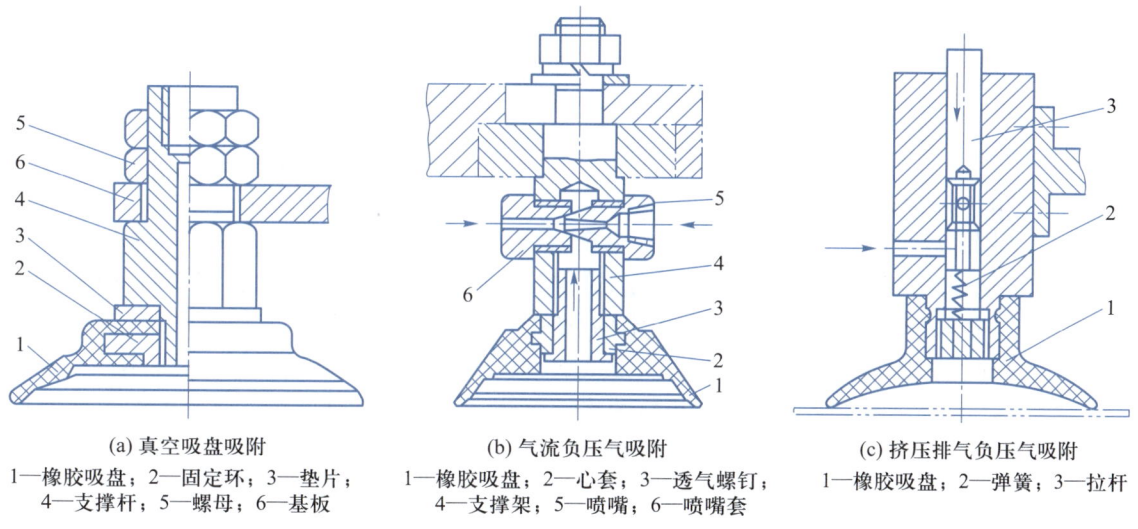

| (a) 真空吸盘吸附 | (b) 气流负压气吸附 | (c) 挤压排气负压气吸附 |
| --- | --- | --- |
| 1—橡胶吸盘;2—固定环;3—垫片; | 1—橡胶吸盘;2—心套;3—透气螺钉; | 1—橡胶吸盘;2—弹簧;3—拉杆 |
| 4—支撑杆;5—螺母;6—基板 | 4—支撑架;5—喷嘴;6—喷嘴套 | |

图 6-6　气吸附手爪

（1）真空吸盘吸附

通过连接真空发生装置和气体发生装置实现抓取和释放工件。工作时,真空发生装置将吸盘与工件之间的空气吸走,使其达到真空状态。此时,吸盘内的大气压小于吸盘外大气压,工件在外部压力的作用下被抓取。

（2）气流负压气吸附

利用流体力学原理,通过压缩空气(高压)高速流动带走吸盘内气体(低压),使吸盘内形成负压,同样利用吸盘内外压力差完成取件动作,切断压缩空气,随即消除吸盘内负压,完成释放工件动作。

（3）挤压排气负压气吸附

利用吸盘变形和拉杆移动改变吸盘内外部压力,完成工件吸取和释放动作。

吸盘类型繁多,一般分为普通型和特殊型。普通型包括平面吸盘、超平吸盘、椭圆吸盘、波纹管型吸盘和圆形吸盘;特殊型吸盘是为了满足在特殊应用场合而设计使用的,可分为专用型和异型吸盘。特殊型吸盘结构形状因吸附对象的不同而不同。

### 2. 磁吸附手爪

磁吸附手爪利用永久磁铁或电磁铁通电后产生的磁力吸取工件,常见的磁力吸盘分为永磁吸盘、电磁吸盘、电永磁吸盘等。其中,电磁吸盘的工作原理如图6-7所示。

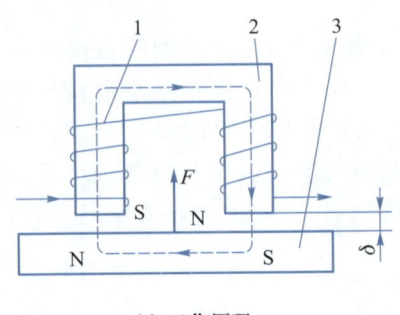
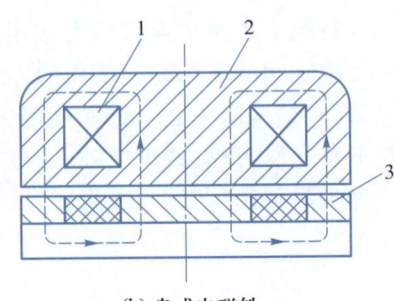

（a）工作原理　　　　　　　　　　　　　（b）盘式电磁铁

图 6-7　电磁吸盘的工作原理
1—线圈；2—铁芯；3—衔铁

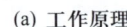
**动画**
电磁铁吸附原理

电磁吸盘在内部激磁线圈通电后产生磁力，其工作原理如图 6-7（a）所示。当线圈 1 通电后，在铁芯 2 内外产生磁场，磁力线穿过铁芯，空气隙和衔铁 3 被磁化并形成回路，衔铁受到电磁吸力 *F* 的作用被牢牢吸住。实际使用时，往往采用图 6-7（b）所示的盘式电磁铁，衔铁是固定的，衔铁内用隔磁材料将磁力线切断，当衔铁接触磁性物体零件时，零件被磁化，形成磁力线回路，并受到电磁吸力而被吸住。

**提示**
　　磁吸盘只能吸附对磁产生感应的物体，故对于要求不能有剩磁的工件无法使用。且磁力受温度影响较大，所以在高温下工作也不能选择磁吸附。因此它在使用过程中有一定局限性。

永磁吸盘利用磁力线通路的连续性及磁场叠加性而工作。一般永磁吸盘的磁路为多个磁系，通过磁系之间的相互运动来控制工作磁极面上的磁场强度的强弱，进而实现工件的吸附和释放动作。电永磁吸盘利用永磁磁铁产生磁力，利用激磁线圈对吸力大小进行控制，起到开关作用。电永磁吸盘结合永磁吸盘和电磁吸盘的优点，应用前景广泛。

磁力吸盘的类型是多种多样的，依据形状可分为矩形吸盘、圆形吸盘；按吸力大小分为普通吸盘和强力吸盘等。

### 6.3.3　仿人式手爪

**视频**
雄克柔性手

人手不仅能够抓取不同形状和尺寸的物体，而且能够灵巧地操作所抓取的目标。众所周知，人手通过训练可以操作木棒进行杂技表演，可以控制铅笔进行滚动或滑动，也能对微小的物体进行良好的控制以实现精密操作。显而易见，仅能实现简单抓取和释放动作的夹持器不可能完成上述复杂的动作，而多指机器人手在完成灵活操作方面极具应用潜力。此外，人不仅用手抓取或操作物体，还能依靠手感知物体的纹理、温度、质量等物理特性，人们希望机器人手也能够拥有类似的感知功能。通过在机器人手上安装先进的传感器，再配合合适的控制算法，就能够提高机器人手与周围环境的交互能力，使其可以主动监测和采集周围环境的各种信息，以完成简单夹持器无法胜任的工作。由于各种原因，早在机器人发展的初期，多指机器人手的研究就受到了很大的关注。

20 世纪 70 年代末，Okada 基于柔索驱动系统研制了一种可实现拧螺母的多指机器人手。80 年代初，两款经典的多指机器人手问世，分别是由斯坦福/喷气推进实验室开发的 JPL 手和麻省理工学院研制的 Utah/MIT 手。至今，这两款机器人手仍被视为该领域的里程碑,常作为标准来检验新机器人手的性能。随后,世界各地的研究机构相继设计和开发出一系列多指机器人手。

如图 6-8 所示为已批量生产的 SCHUNK 仿真 SVH 五指手,运动部件共有 9 个驱动器,能够以高灵敏度执行各种抓取操作,弹性抓握表面保证了对物体的可靠抓握。电子装置完全集成在腕关节上。根据人手的不同形态,SVH 也有左手及右手两种版本可供选择。这使机器人手能够在技术范围内重复人用双手执行的操作。

如图 6-9 所示为软体机械手。与传统生产线上坚硬的机械手爪不同,软体机械手内部充满空气,外部使用弹性材料,可以解决目前工业机器人领域面临的采摘和抓放上的困难。它能在很多领域发挥作用,包括食品、农业、日化、物流等,目前主要应用于食品工业自动化,如制作面团、抓取水果、组合汉堡包、生产棉花糖。软体机械手可以像人类的手一样触碰这些食物,不会破坏形状,也不会影响口感。

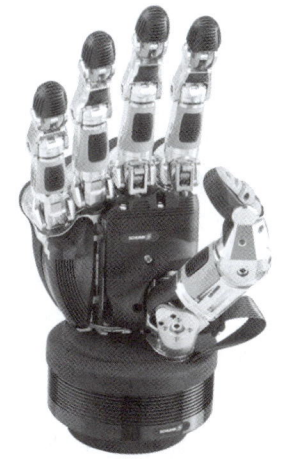

图 6-8　SCHUNK 仿真 SVH 五指手

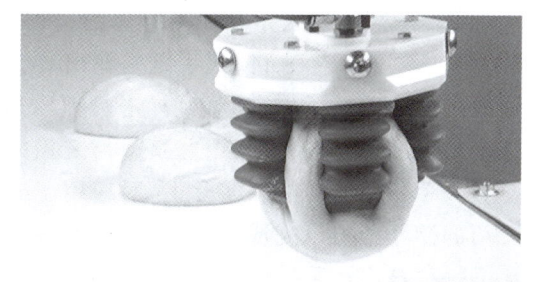

图 6-9　软体机械手

### 1. 仿人式手爪拟人程度

在机器人手研究领域,拟人程度是指机器人手在形状、大小、颜色和温度等方面与人手的相似程度。从字面上理解,拟人程度仅涉及机器人手的外部特征,并不要求其具备某些功能。灵巧性则特指机器人手具有的实际功能,不涉及机器人手的外观或美学特征。因此,拟人程度和灵巧性在机器人领域是两个完全独立的概念。

实际上,存在着许多灵巧性较差但具有一定拟人程度的末端执行器,但此类机器人手只能完成一些简单的抓持任务。相似地,也存在一些灵巧性极好且能完成复杂动作的智能末端执行器,但此类机器人手的外观与人手大相径庭。因此,对机器人手的拟人程度而言,它的灵巧性既不充分也不必要,但具有高灵巧性的人手为机器人手的设计提供了很好的外观蓝本。

很多科研人员将拟人程度作为机器人末端执行器的设计目标之一,主要原因如下:

(1)在很多工作环境中,具有一定拟人程度的末端执行器能够代替人手工作。

(2)末端执行器能够在工作人员的遥控下,模仿操作者的动作开展工作。

（3）出于娱乐、救援等目的，通常需要机器人具有与人类相似的形态及动作。

（4）在假肢等领域，高拟人程度是必不可少的。近年来，末端执行器在假肢等领域已取得了一些成果，如今的假肢已经能够被看成是一个完整的机器人系统。

由于机器人系统中灵巧性这一概念的抽象性，很难对其量化或有效测定。然而，机器人手的拟人程度却能通过一些客观的比较进行度量。影响机器人手拟人程度的因素主要有：

① 运动学特征。主要组成元素（手指、可侧摆的拇指和手掌）的形态。

② 表面特征。接触表面的延展性与光滑性反映了机器人手通过有效关节的表面与目标物体实现接触的能力及其表面的形态。

③ 尺寸。机器人手的尺寸既包括其整体大小，也包括手指各个关节长度间的比例关系。

### 2. 仿人式手爪灵巧性

相比机器人手对真实人手的外观模仿而言，其对人手的功能性模仿更为重要。

人手有以下两个重要的功能：

① 抓持能力：人手能够抓持不同大小和形状物体的能力。

② 理解能力：人手在抓持物体的过程中能够准确获得相关信息的能力。

从这层意义上来讲，人手既是输出装置也是输入装置。作为输出装置，人手能够提供足够的抓持力，并对目标进行抓取或精确操作；作为输入装置，人手能够对某个位置的环境进行探索，并获得与之相关的信息。通过设计，机器人手也可以具备与人手相似的功能。实际上，对应用于未知环境的机器人系统，往往要求其具备灵巧的操作能力以完成复杂的任务。

一种被广泛采纳的定义认为，机器人手的灵巧性是指其能根据所处工作环境的需要，主观地适应被操作物体的外形、位置等特征的程度。总而言之，由机器人系统操纵的具有一定灵巧性的末端执行器便能够自动完成较为复杂的任务。

尽管灵巧性一词自身已有非常明确的定义，但仍有必要根据能够完成任务的复杂程度及危险程度对机器人手的灵巧性进行分级。机器人手的灵巧性可大致分为抓持动作灵巧性和内部操作灵巧性。

抓持动作灵巧性是指机器人手抓持物体时姿态保持不变的能力。内部操作灵巧性指通过手指姿态的变化在机器人手的工作空间内控制物体运行的能力。

在工业环境下，结构简单与低成本往往是末端执行器的设计准则。因此，如夹持器类的简单装置应用非常普遍。这种情况使得多年来开发的许多专用装置只能执行单一的特定操作，而不适用于其他任务。目前，灵巧型多指机器人手由于其可靠性、复杂性和成本等问题，尚未被应用于任何主要的生产领域。

另一方面，如今越来越多的工作被设计成由人类操控机器人在特定的环境下完成。娱乐、维修、空间水下探测、帮助残疾人等都是机器人系统应用的典型例子。这些例子中，机器人需要操纵为人设计的工具或物体（或与人类自身直接进行交互）。在这些情况下，机器人必须能抓取并熟练操作不同尺寸、形状、质量的物体。因此，拥有适当数量的手指及高度拟人化外形的机器人手便成为最佳选择。

## 6.4　工具类末端执行器

工具类末端执行器是完成特定工作任务的专用工具,因作业的不同而不同。例如,喷漆用的喷枪、点焊用的焊钳、钻孔的电钻、打磨用的电动磨具、切割用的激光枪或者高压喷射枪都是工具类末端执行器。本节重点介绍完成焊接、喷涂任务的末端执行器及其辅助设备。

PPT
　工具类末端执行器

### 6.4.1　焊接用末端执行器

焊接是工业机器人重要的应用领域。焊接的种类非常多,机器人焊接适用于点焊、弧焊、激光加工等焊接作业。焊接用末端执行器称为焊枪,其中点焊机器人焊枪通常可直接称为焊钳。

#### 1. 点焊焊钳

点焊是一种将被焊接材料重叠后用电极加压,在短时间内通以大电流,依据焦耳发热原理使加压部分局部融化实现结合的电阻焊接方法。熔融的结合部位被称为熔核,形成熔核的焊接条件为电极前端的直径、施加的压力、焊接电流、通电时间等。与其他焊接相比,点焊要求的条件相对简单,易于自动化。点焊适用于板厚为数微米的超精密工件至较厚的钢板。点焊的原理如图6-10所示。

视频

机器人点焊

点焊机器人焊钳种类繁多。

根据外形结构,点焊机器人焊钳分为C型和X型两种。C型焊钳用于点焊垂直及近于垂直倾斜位置的焊点;X型焊钳则主要用于点焊水平或近于水平倾斜位置的焊点。

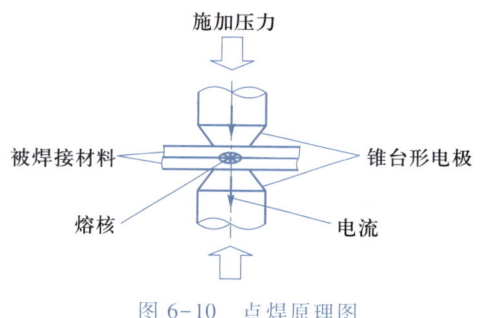

图6-10　点焊原理图

按电极臂加压驱动方式,点焊机器人焊钳又分为气动焊钳和伺服焊钳两种。气动焊钳是目前比较常用的形式。图6-11所示为华焊科技气动C型焊钳71006及X型焊钳71007。气动焊钳利用气缸来加压,一般具有2~3个行程,能够使电极完成大开、小开和闭合3个动作,电极压力一旦调定后不能随意改变。采用伺服电动机驱动完成焊钳的张开和闭合,其张开度可以根据实际需要位置任意选定并预置,而且电极间的压紧力也可以无级调节。图6-12所示为华焊科技伺服C型焊钳71004及X型焊钳71003。

延伸阅读
　气动焊钳产品描述

依据电阻焊变压器与焊钳的结构关系,点焊机器人焊钳又可分为分离式、内藏式和一体式三种,如图6-13所示。

焊钳按照变压器形式,又可分为中频焊钳和工频焊钳。中频焊钳是利用逆变技术将工频电转换为1 000 Hz的中频电。这两种焊钳的主要区别是变压器本身,分别装载中频变压器和工频变压器,而焊钳的机械结构原理完全相同。中频焊钳相对于工频焊钳有以下优点:① 直流焊接;② 焊接变压器小型化;③ 提高电流控

延伸阅读
　伺服焊钳产品描述

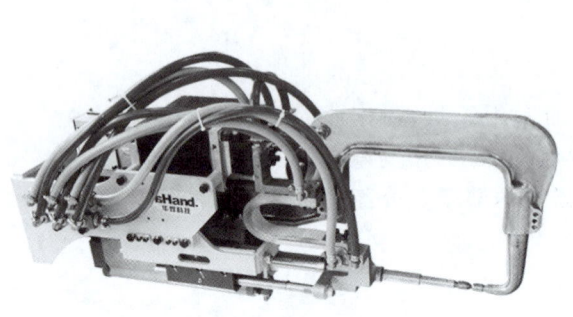

(a) C型焊钳71006

(b) X型焊钳71007

图 6-11 点焊机器人气动焊钳

(a) C型焊钳71004

(b) X型焊钳71003

图 6-12 点焊机器人伺服焊钳

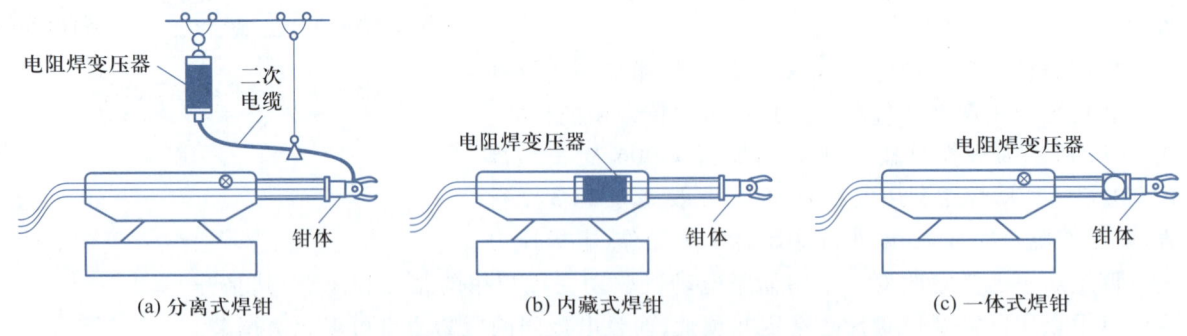

(a) 分离式焊钳 （b) 内藏式焊钳 （c) 一体式焊钳

图 6-13 点焊机器人焊钳（电阻焊变压器与焊钳的结构）

制的响应速度,实现工频电阻焊机无法实现的焊接工艺;④ 三相平衡负载,降低了电网成本;与功率因数高,节能效果好。

  点焊机器人的焊钳主要以驱动和控制相互组合,可以采用工频气动式、工频伺服式、中频气动式、中频伺服式。这几种形式各有特点,从技术优势和发展趋势来看,中频伺服机器人焊钳应该是未来的主流,它集中了中频直流点焊和伺服驱动的优势,是其他形式无法比拟的。

## 2. 弧焊焊枪

弧焊是在电极与焊接母材之间接上电源装置,其间通以低电压、大电流,在放电作用下产生电弧,电弧又产生巨大热量,使母材(有时还包括焊接线材)熔化并连接在一起。弧焊的焊接强度高,焊缝的水密性和气密性好,可以减轻构造件的质量。

根据是否消耗电极,弧焊分为熔极式和非熔极式两种。熔极式有保护弧焊、气体保护弧焊、自保护弧焊和埋弧焊等;非熔极式有钨极惰性气体保护焊(TIG)、等离子弧焊等。弧焊机器人不受焊接姿态的限制,而且电弧看得见,容易控制,所以气体保护焊中的金属极气体保护焊(MAG)、金属极惰性气体保护焊(MIG)等的应用很广泛。由于在弧焊发生时,焊丝周围不断形成氧化活性气体二氧化碳或由二氧化碳与氩气混合的保护气流,因此其适用于软钢或低合金钢的焊接。如果仅采用二氧化碳气体保护,则可称为二氧化碳焊接。MIG 的焊接保护气体通常为氩气或氦气等,适用于不锈钢、镍合金、铜合金等的焊接,金属极气体保护焊的原理如图 6-14 所示。

焊枪将焊接电源的大电流产生的热量聚集在焊枪的终端来熔化焊丝,熔化的焊丝渗透到需要焊接的部位,冷却后,被焊接的物体连接在一起。焊枪使用灵活,方便快捷,工艺简单。针对不同的焊接工艺,应选用不同形式的焊枪,图 6-15 所示为弧焊机器人气体保护焊用的各种典型焊枪。

视频
机器人弧焊

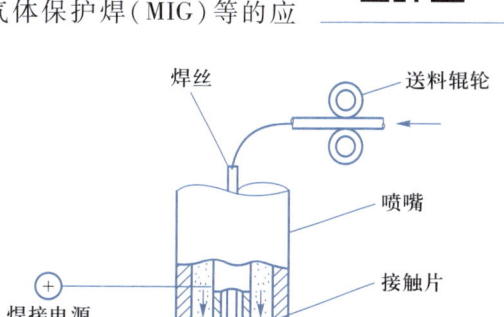

图 6-14　金属极气体保护焊原理

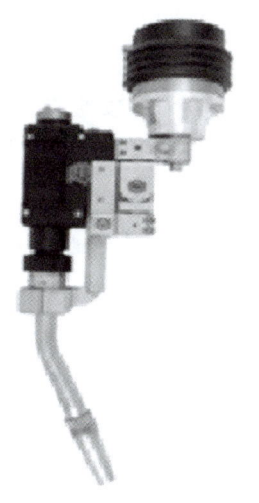

(a) 外置式气保焊枪

(b) 内藏式气保焊枪

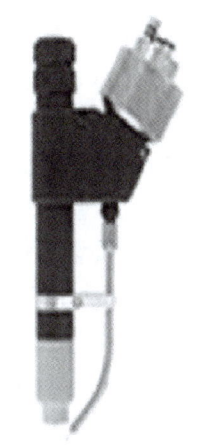

(c) 机器人氩弧焊焊枪

图 6-15　弧焊机器人典型焊枪

对于外置式气保焊枪,以世帝保(Stable Arc)空冷机器人 MIG 焊枪为例,其基本结构如图 6-16 所示。弧焊机器人用的焊枪大部分和手工焊的鹅颈式焊枪基本相同,鹅颈式焊枪的弯曲角度一般都小于 45°,可以根据焊件的特点选用不同角度的鹅颈,以改善焊枪的可达性。在焊枪的使用过程中,焊枪的姿态很重要,当更换不同的焊枪后,应对机器人的工具中心(tool center point,TCP)进行相应的调整;否则焊枪的运动轨迹和姿态都会发生变化,焊接程序也应重新调整。

**提示**

　　焊枪的形状姿态对可达性有重要的影响,在进行设计选择时,要进行充分的验证。

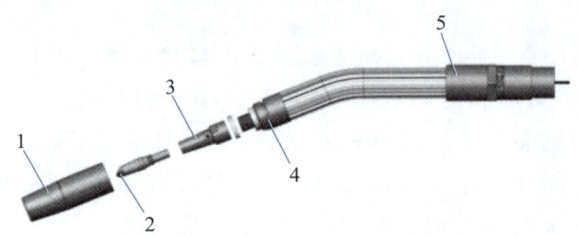

图 6-16　MIG 外置式气保焊枪基本结构
1—喷嘴;2—导电嘴;3—分流器;4—喷嘴座;5—焊枪枪颈组合

## 6.4.2　焊接辅助设备

　　为完成焊接作业,保证焊丝的通畅运行,还需要一些辅助设备。常用的辅助设备有送丝机构、清枪装置、工具快换装置等。

### 1. 送丝机构

　　送丝机构一般由主送丝轮、送丝电动机、主、从动齿轮、压紧轮及导向管等组成。送丝机构是通过送丝电动机驱动主送丝轮及其主齿轮旋转,通过主、从动齿轮啮合传到压紧轮上,焊丝经导向管从两轮之间通过,使进入焊枪的焊丝被修整得比较直,以便在焊接过程中不会出现卡丝现象。

**提示**

　　送丝机构的送丝速度控制方法有开环和闭环两种。大部分送丝机构仍采用开环控制方法,但也有一些采用装有光电传感器的伺服电动机,使送丝速度实现闭环控制,不受网路电压及送丝阻力的影响,从而可提高送丝的稳定性。

　　弧焊机器人配备的送丝机构可以按两种方式安装:一种是将送丝机构安装在机器人的上臂,与机器人组成一体;另一种是将送丝机构与机器人分开安装。采用前一种安装方式时,焊枪到送丝机构之间的导向管较短,有利于保持送丝稳定性;采用后一种安装方式时,机器人把焊枪送到某些位置时导向管将处于多弯曲状态,会严重影响送丝质量。如图 6-17 所示,弧焊机器人都采用前一种安装方式,以保证送丝质量的稳定性。

### 2. 清枪装置

　　机器人在焊接过程中焊钳的电极头易氧化磨损,焊枪喷嘴内外残留的焊渣及焊丝伸长度的变化等势必影响到产品的焊接质量及其稳定性。焊钳电极修磨机(点焊)和焊枪自动清枪站(弧焊)正是在这种背景下产生的,如图 6-18 所示。

**视频**

清枪装置应用

　　(1)焊钳电极修磨机是为点焊机器人配备的自动电极修磨机,可实现电极头工作面氧化磨损后的自动修磨和提高生产线节拍,同时也可避免人员频繁进入生产线所带来的安全隐患。焊钳电极修磨机由机器人控制柜通过数字 I/O 接口控制,一般通过编制专门的电极修磨程序块以供其他作业程序调用。电极修模完成后,根据修磨量的多少对焊钳的工作行程进行补偿。

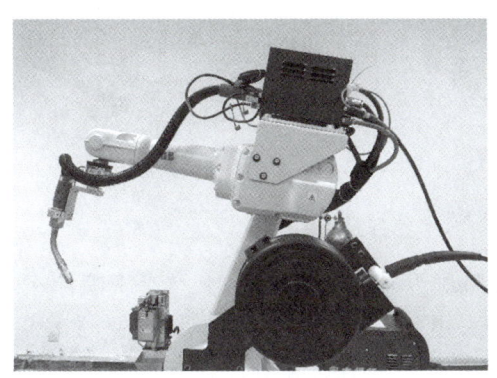

图6-17 送丝机构的安装

(a) 焊钳电极修磨机

(b) 焊枪自动清枪站

图6-18 焊接机器人清枪装置

视频
ATI 快换结构

（2）焊枪自动清枪站主要由焊枪清洗机、喷硅油/防飞溅装置和焊丝剪断装置组成，如图6-19所示。焊枪清洗机主要功能是清除喷嘴内表面的飞溅，以保证保护气体的通畅；喷硅油/防飞溅装置喷出的防溅液可以减少焊渣的附着，降低维护频率；焊丝剪断装置主要用于利用焊丝进行起始点检测的场合，以保证焊丝的干伸长度一定，提高检出的精度和起弧的性能。同焊钳电极修磨机的动作控制相似，自动清枪站也是通过机器人控制柜的I/O接口进行控制。

### 3. 工具快换装置

在多任务环境下，一台机器人甚至可以完成包括焊接在内的抓物、搬运、安装、焊接、卸料等多重任务，机器人可以根据程序要求和任务性质，自动更换手腕上的工具，完成相应的任务。图6-20所示为针对点焊机器人多重任务需要而开发的自动工具快换装置。其主要由三部分组成，分别是连接器、主侧和工具侧。工具快换装置为自动更换各种工具并连通介质提供了极大的柔性，实现了机器人功能的多样化和生产效率的最大化，能够快速适应多品种小批量生产市场。

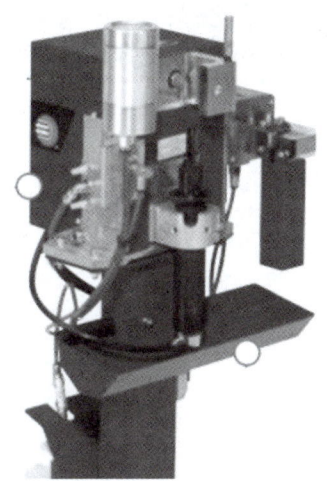

图6-19 焊枪自动清枪站

同样，在弧焊机器人作业过程中，焊枪是重要的执行工具，需要定期更换或清理焊枪配件，如导电嘴、喷嘴等，这样不仅浪费工时，且增加维护费用。采用自动换枪装置（如图6-21所示）可有效解决此问题，使得机器人空闲时间大为缩短，焊接过程的稳定性、系统的可用性、产品质量和生产效率都大幅提高，适用于不同填充材料或必须在工作过程中改变焊接方法的自动焊接作业场合。

视频
机器人喷涂

## 6.4.3 喷涂用末端执行器

喷涂也是工业机器人应用的重要领域，广泛应用在汽车车身、汽车零部件、家

(a) 机器人末端法兰连接器

(b) 主侧

(c) 工具侧

图 6-20　工具自动更换装置

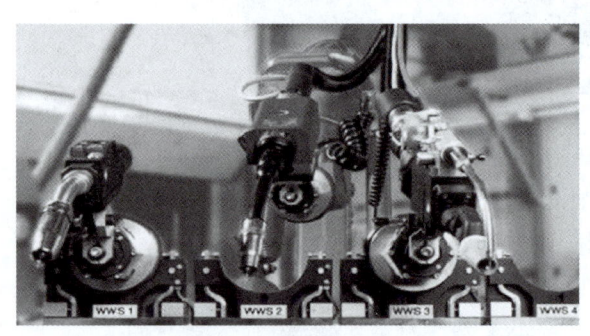

图 6-21　自动换枪装置

电制品、塑料制品等的喷涂作业中。对于喷涂机器人，根据采用的喷涂工艺不同，手持的"喷枪"及配备的喷涂系统也存在差异。传统的喷涂工艺中空气喷涂与高压无气喷涂仍在广泛使用，但近年来出现的静电喷涂，特别是旋杯式静电喷涂工艺，凭借其高品质、高效率、节能环保等优点，已成为现代汽车车身喷涂的主要手段之一，并且被广泛应用于其他工业领域。

### 1. 空气喷涂

空气喷涂是利用压缩空气的气流流过喷枪喷嘴孔形成负压，在负压的作用下涂料从吸管吸入，经过喷嘴喷出，通过压缩空气对涂料进行吹散，以达到均匀雾化的效果。空气喷涂一般用于家具、3C 产品外壳及汽车等产品的喷涂。图 6-22 所示为较常见的自动空气喷枪。

(a) 日本明治FA100H-P喷枪

(b) 美国DEVILBISS T-AGHV喷枪

(c) 德国PILOT WA500喷枪

图 6-22　常见的自动空气喷枪

### 2. 高压无气喷涂

高压无气喷涂是一种较先进的喷涂方法。它采用增压泵将涂料增至 6~30 MPa 的高压，通过很细的喷孔喷出，使涂料形成扇形雾状，具有较高的涂料传递效率和生产效率，表面质量明显优于空气喷涂。

### 3. 静电喷涂

静电喷涂一般是以接地的被涂物为阳极，接电源负高压的涂料雾化结构为阴极，使得涂料雾化颗粒上带电荷，通过静电作用，吸附在工件表面。它通常应用于

视频

静电喷涂

金属表面或导电性良好且结构复杂,或是球面、圆柱体喷涂,其中高速旋杯式静电喷枪已成为应用广泛的工业喷涂设备,如图 6-23 所示。它在工作时利用旋杯的高速(一般为 30 000~60 000 r/min)旋转运动产生离心作用,将涂料在旋杯内表面伸展成为薄膜,并通过巨大的加速度使其向旋杯边缘运动,在离心力及强电场的双重作用下涂料破碎为极细的且带点的雾滴,向极性相反的被涂工件运动,沉积于被涂工件表面,形成均匀、平整、光滑、丰满的涂膜,其工作原理如图 6-24 所示。

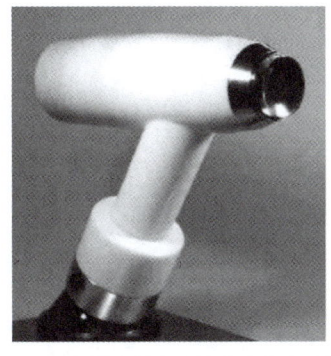

(a) ABB溶剂性涂料高速旋杯式静电喷枪　　　　　(b) ABB水性涂料高速旋杯式静电喷枪

图 6-23　高速旋杯式静电喷枪

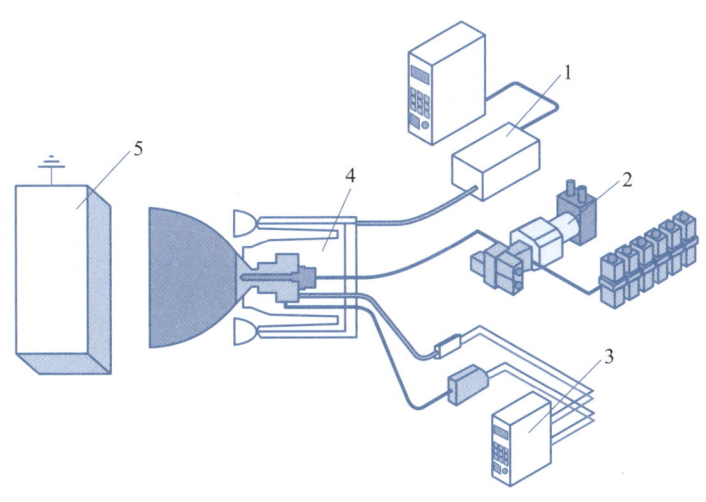

图 6-24　高速旋杯式静电喷枪工作原理
1—供气系统;2—供漆系统;3—高压静电发生系统;4—旋杯;5—工件

## 6.4.4　喷涂辅助设备

**1. 输调漆系统**

喷涂机器人生产线一般有多个喷涂单元协同作业,这时需要有稳定可靠的涂料及溶剂的供应,而输调漆系统是保证供应的重要装置。输调漆系统通常由油漆和溶剂混合的调漆系统、输送系统、液压泵系统、油漆温度控制系统、溶剂回收系统、辅助输调漆设备及输调漆管网等部分组成,如图 6-25 所示。

### 2. 喷枪清理装置

喷涂机器人的设备利用率高达 90% ~ 95%,在进行喷涂作业中难免发生污物堵塞喷枪气路的故障,同时在对不同工件进行喷涂时也需要进行换色作业,此时需要对喷枪进行清理。如图 6-26 所示,自动化的喷枪清洗装置能够快速、干净、安全地完成喷枪的清洗和颜色更换,彻底清除喷枪通道内及喷枪上飞溅的涂料残渣,同时对喷枪完成干燥,减少喷枪清理所耗用的时间、溶剂及空气。清理装置在对喷枪清理时一般经过 4 个步骤:空气自动冲洗,自动清洗,自动溶剂冲洗,自动通风排气。

**延伸阅读**
Uni-ram UG4000 自动喷枪清理机的技术参数

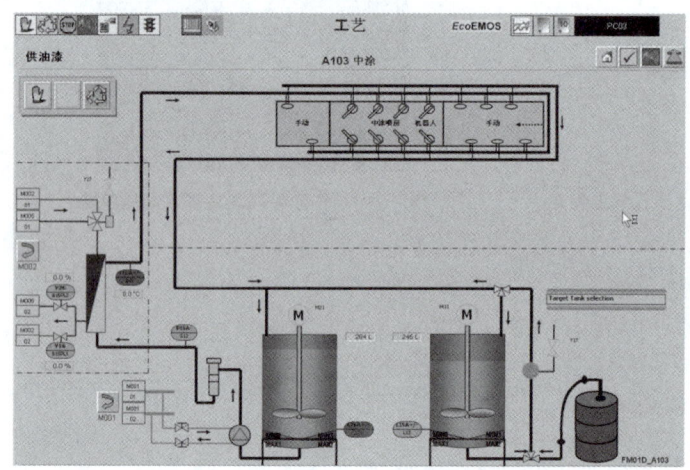

图 6-25 艾森曼公司设计制造的输调漆系统

图 6-26 Uni-ram UG4000 自动喷枪清理机

# 6.5 末端执行器的发展

随着机器人研究的深入和各行业对机器人需求的巨大增长,机器人的应用领域在不断地扩大,概念也在不断地拓展,不再局限于搬运、焊接以及大批量作业的工业机器人,人类已经研制成功或正在研制用于危险环境作业、海洋资源探测、核能利用、军事侦察以及空间探测的特种机器人。

作为机器人与环境相互作用的最后环节和执行部件,机器人末端执行器既是一个主动感知工作环境信息的感知器,又是最后的执行器,是一个高度集成、具有多种感知功能和智能化的机电系统,涉及机构学、仿生学、自动控制、传感器技术、计算机技术、人工智能、通信技术、微电子学、材料学等多个研究领域和交叉学科。研究和开发性能优良的机器人末端执行器是一项艰巨的任务。末端执行器的发展方向如下。

### 1. 模块化设计

模块化设计是工业机器人末端执行器的一个重要发展方向。通过将末端执行器划分为不同的功能模块,可以实现不同功能模块的组合和替换,从而满足不同的操作需求。这种设计方法可以提高末端执行器的适应性和灵活性,同时也可以降低生产和维护成本。

### 2. 多种感知技术的应用

感知技术是工业机器人末端执行器实现自主操作的关键之一。通过多种感知技术的结合和应用,可以实现更精准的定位和识别,从而提高操作精度和效率。例如,可以利用视觉传感器获取被操作物体的图像信息,再结合力觉传感器等信息,实现更精准的操作。

### 3. 高精度和高效率的驱动系统

驱动系统是工业机器人末端执行器的重要组成部分,其性能直接影响到整个机器人的运动性能和操作精度。未来,随着技术的不断发展,高精度和高效率的驱动系统将成为末端执行器的重要发展方向。例如,可以采用永磁同步电机配合精密减速器的方式,实现高精度和高效率的运动控制。

### 4. 智能化的控制系统

控制系统是工业机器人末端执行器的核心部分,其性能直接影响到整台机器人的运动控制和操作精度。随着人工智能技术的不断发展,智能化的控制系统将成为末端执行器的重要发展方向。例如,可以利用机器学习等技术,实现对被操作物体的自动识别和自适应控制,从而提高操作效率和精度。

### 5. 人机协同技术

随着工业机器人技术的不断发展,人机协同将成为未来工业机器人末端执行器的重要发展方向。通过人机协同技术,可以实现人与机器人的协同作业,提高工作效率和安全性。例如,可以利用机器人的视觉和力觉传感器等技术,实现人与机器人的动作和力度的协同控制。

工业机器人末端执行器的发展方向将是模块化设计、多种感知技术的应用、高精度和高效率的驱动系统、智能化的控制系统、人机协同技术等方面的发展和完善。这些发展方向将有助于提高工业机器人的性能和适应能力,同时也可以降低生产和维护成本。

## 学习评分表

| 序号 | 学习目标 | 知识技能点 | 评估结果 | 评分 |
|------|----------|------------|----------|------|
| 1 | 熟悉工业机器人末端执行器的定义和特点(20分) | • 工业机器人末端执行器的定义<br>• 工业机器人末端执行器的特点 | □ 掌握<br>□ 初步掌握<br>□ 未掌握 | |
| 2 | 掌握工业机器人末端执行器的分类(20分) | • 工业机器人末端执行器的分类 | □ 掌握<br>□ 初步掌握<br>□ 未掌握 | |

| 序号 | 学习目标 | 知识技能点 | 评估结果 | 评分 |
|---|---|---|---|---|
| 3 | 掌握手爪类末端执行器的分类及其结构特点（20分） | • 夹持类手爪的结构特点<br>• 吸附式手爪的原理及结构特点 | □ 掌握<br>□ 初步掌握<br>□ 未掌握 | |
| 4 | 掌握焊枪及喷枪分类及特点（20分） | • 焊枪分类及特点<br>• 喷枪分类及特点 | □ 掌握<br>□ 初步掌握<br>□ 未掌握 | |
| 5 | 熟悉焊枪及喷枪的辅助设备（20分） | • 焊枪的辅助设备<br>• 喷枪的辅助设备 | □ 掌握<br>□ 初步掌握<br>□ 未掌握 | |
| | 合计 | | | |

 学习体会

习题答案
　单元6练习题参考答案

**单元练习题**

1. 描述末端执行器的分类。
2. 描述夹持类手爪传动机构的种类及原理。
3. 描述气吸式手爪的分类及原理。
4. 列举点焊用焊钳的分类。
5. 描述焊接辅助设备及其功能。
6. 描述常用喷枪的种类及其原理。
7. 描述喷涂辅助设备及其功能。

# 工业机器人的控制与编程

控制系统是工业机器人的重要组成部分,它的机能类似于人脑。要想工业机器人完成作业任务,就必须具备一个功能完善、灵敏可靠的控制系统。作为未来工业应用的重要支柱,工业机器人不仅能精确地重复运动,还可以作为一个高度柔性、开放并具有良好的人机交互功能的可编程、可重构制造单元,并融合到制造系统中。这一目标的实现需要现阶段工业机器人技术尤其是编程技术的整体进步。

## 学习目标

### 知识目标

- 掌握工业机器人控制系统的特点、功能及分类。
- 掌握运动轨迹规划的推导过程。
- 熟悉对运动控制进行结构和面向不同对象的分类。
- 掌握示教编程和机器人语言编程的方法。
- 熟悉简单的离线编程仿真过程。

### 能力目标

- 能够对运动轨迹控制进行推导。
- 能够对机器人的控制系统进行运动控制的简述。
- 能够用 VAL 或其他典型的机器人语言进行轨迹的示教编程。
- 能够使用 Robotstudio 或其他离线编程软件进行简单的离线编程示教仿真。

### 素养目标

- 学习控制系统后理解轨迹规划原理,培养解决运动路径设计问题的能力。
- 掌握编程知识后完成程序编写与调试,培养将工艺要求转化为机器人程序的能力。
- 了解离线编程系统后进行简单操作,培养利用数字化工具的意识。

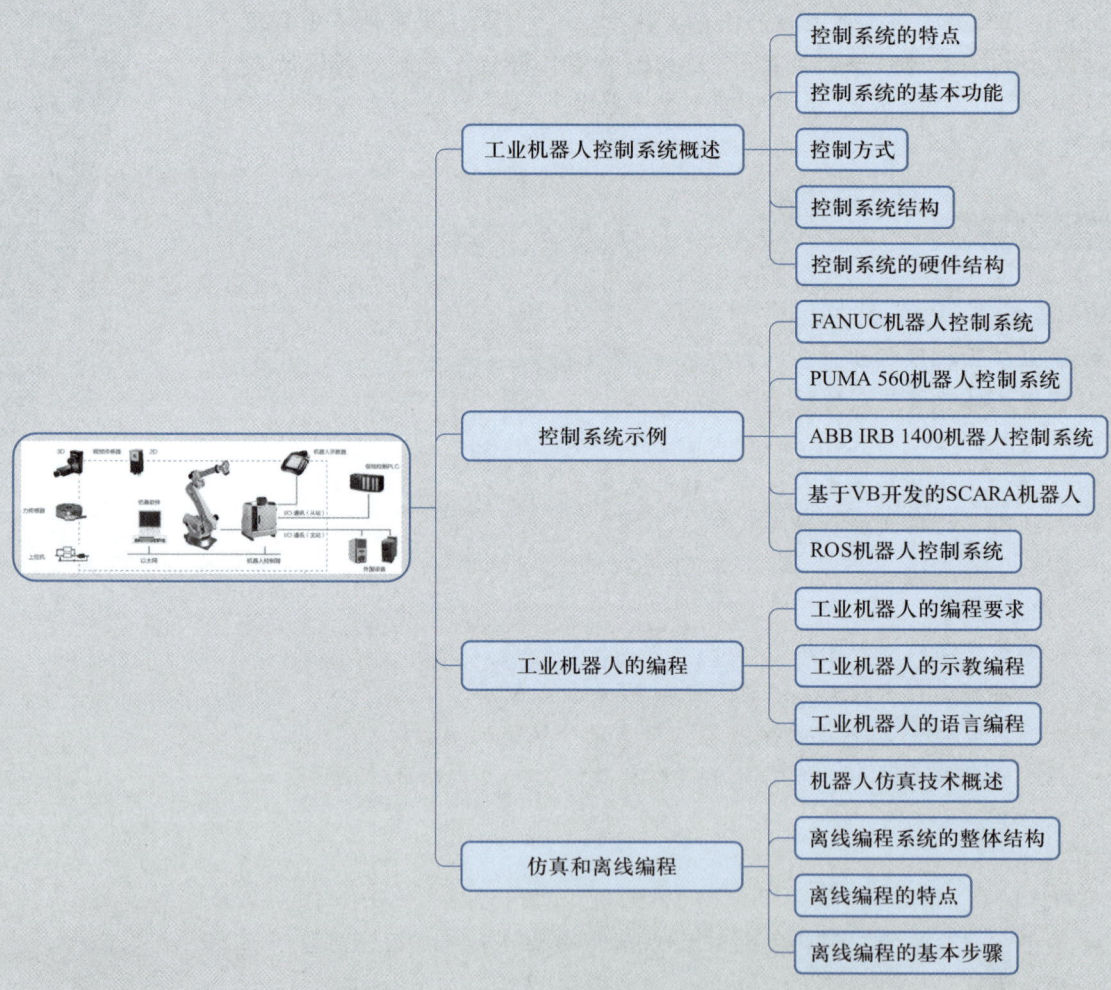

工业机器人控制系统概述
- 控制系统的特点
- 控制系统的基本功能
- 控制方式
- 控制系统结构
- 控制系统的硬件结构

控制系统示例
- FANUC机器人控制系统
- PUMA 560机器人控制系统
- ABB IRB 1400机器人控制系统
- 基于VB开发的SCARA机器人
- ROS机器人控制系统

工业机器人的编程
- 工业机器人的编程要求
- 工业机器人的示教编程
- 工业机器人的语言编程

仿真和离线编程
- 机器人仿真技术概述
- 离线编程系统的整体结构
- 离线编程的特点
- 离线编程的基本步骤

## 7.1 工业机器人控制系统概述

工业机器人的控制系统作为机器人重要组成部分之一,其主要作用是根据操作人员的指令操作和控制机器人的执行机构使其完成作业任务的动作要求。整个机器人系统的性能优势主要取决于控制系统的性能优劣。一个良好的控制器要有便捷、灵活的操作方式,多种形式的运动控制方式和安全可靠的运行模式。构成机器人控制系统的要素主要有计算机硬件及软件、输入/输出(I/O)设备、驱动系统、传感系统和机器人本体。图 7-1 所示为工业机器人控制系统的结构框图。

延伸阅读
单关节机器人
的模型和控制

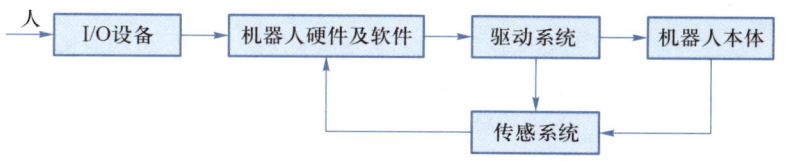

图 7-1　工业机器人控制系统的结构框图

### 7.1.1　控制系统的特点

机器人控制技术是在传统机械系统控制技术的基础上发展起来的,这两种技术之间并无根本的不同,但由于机器人的结构是由连杆通过关节串联组成的空间开链结构,各个关节的运动是相互独立的,为了实现末端的运动轨迹,需要多关节的运动协调。因此,机器人的控制虽然与机构运动学和动力学关系密切,但是比普通的自动化设备控制系统要复杂得多。具体如下:

(1)复杂的运动描述

机器人的控制与机构运动学及动力学密切相关。机器人的状态可以在各种坐标下进行描述,应当根据需要,选择合适的参考坐标系,并作适当的坐标变换。经常要求正向运动学和反向运动学的解,除此之外还要考虑惯性力、外力(包括重力)及哥氏力、向心力的影响。

(2)多自由度

一个简单的机器人也至少有 3~5 个自由度,比较复杂的机器人有十几个甚至几十个自由度。每个自由度一般包含一个伺服机构,它们必须协调起来,组成一个多变量系统。

(3)计算机控制

把多个独立的伺服系统有机地协调起来,使其按照人的意志行动,甚至赋予机器人一定的"智能",这个任务只能由计算机来完成。因此,机器人的控制系统必须是一个计算机控制系统,而计算机软件担负着艰巨的任务。

(4)复杂的数学模型

描述机器人状态和运动的数学模型是一个非线性模型。随着状态的不同和外

提示

机器人控制系统是一个时变、耦合、非线性的多变量控制系统，因此对经典控制理论和现代控制理论都不能照搬使用。

PPT

控制系统的基本功能与结构

力的变化，其参数也在变化，各变量之间还存在耦合。因此，仅仅利用位置闭环是不够的，还要利用速度甚至加速度闭环。系统中经常用到重力补偿、前馈、解耦或自适应等控制方法。

### 7.1.2 控制系统的基本功能

机器人控制系统的主要任务是控制工业机器人在工作空间中的运动位置、姿态和轨迹、操作顺序及动作的时间等。表 7-1 列出了其基本功能。

表 7-1 控制系统的基本功能

| 基本功能 | 描述 |
| --- | --- |
| 示教再现功能 | 机器人控制系统可实现离线编程、在线示教和间接示教。在线示教包括示教器和导引示教两种。在示教过程中，可储存作业顺序、运动路径、运动方式、运动速度和与生产工艺有关的信息。再现过程中，机器人按照示教好的加工信息执行特定的作业 |
| 坐标设置功能 | 一般的机器人控制器设置有关节坐标系、绝对坐标系、工具坐标系和用户自定义坐标系 |
| 与外围设备联系功能 | 机器人控制器设置有输入和输出接口、通信接口、网络接口和同步接口，并具有示教器、操作面板以及显示屏等人机接口。此外，还具有其他多种传感器的接口，如视觉、触觉、听觉和力觉（或力矩）传感器等多种传感器接口 |
| 位置伺服功能 | 包括机器人多轴联动、运动控制、速度和加速度控制、动态补偿等，还可以实现运行时系统状态监视、故障状态下的安全保护和故障自诊断 |

### 7.1.3 控制方式

工业机器人的控制方式到现在为止还没有一个统一的标准。常见的控制方式分类见表 7-2。

表 7-2 常见的控制方式分类

| 分类标准 | 类型 |
| --- | --- |
| 按运动坐标控制方式分类 | 关节空间轨迹规划 |
| | 笛卡儿空间轨迹规划 |
| 按控制系统对工作环境变化的适应程度分类 | 程序控制 |
| | 适应性控制 |
| | 人工智能控制 |

| 分类标准 | 类型 |
|---|---|
| 按控制的机器人数量分类 | 单控 |
| | 群控 |
| 按运动控制方式的被控对象分类 | 位置控制 |
| | 速度控制、加速度控制 |
| | 力控制、力矩控制 |

下面介绍按运动坐标控制方式分类和按运动控制方式的被控对象分类这两种分类方法。

**延伸阅读**
控制方式的其他分类方法简述

### 1. 按运动坐标控制方式分类

工业机器人中运动坐标的控制实际上就是对机器人运动轨迹的规划和生成，也就是常说的运动规划，所以轨迹规划又可以根据空间坐标系的不同分为关节空间轨迹规划和笛卡儿空间轨迹规划。

轨迹规划的目标是通过对机器人轨迹的规划，使得机器人在运动过程中能够平稳快速地完成工作任务。大多轨迹的端点是在笛卡儿空间中给出的，这样更方便观察末端执行器在运动过程中的状态。而工业机器人运动时是靠关节的转动来带动末端执行器运动的，此时又需要保证各个关节运动的平稳性，又需要通过运动学逆解求解程序进行坐标转换得到关节坐标，即在两个坐标系下都需要进行轨迹规划。

**延伸阅读**
轨迹规划中奇异解问题

（1）关节空间轨迹规划

关节空间轨迹规划主要考虑的是各个关节处运动参数的规划。所以，要对关节变量的时间函数及其二阶时间导数进行规划，使得机器人在运动过程中每个关节都是连续稳定运动的。这样可以保证在运动过程中快速无冲击地到达目标点，使路径规划的计算简单化。同时在关节空间规划时不会出现奇异解问题。只需把给定点关节角度值拟合为一个光滑的函数即可。图 7-2 所示为轨迹插值曲线示意图。可以看出轨迹 3 曲线光滑程度更高，是最合适的插值法。

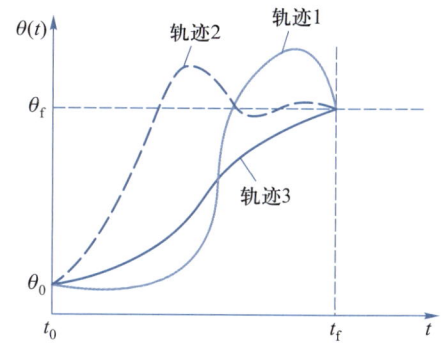

图 7-2　轨迹插值曲线示意图

在关节空间中进行轨迹规划时，需要给定机器人起始点和终止点末端执行器的位姿矩阵。对关节进行插值时，应满足一定的约束条件，例如起始点与终止点关节速度的要求。在满足所要求的约束条件下，可以选择不同类型的关节插值函数，生成不同的轨迹。关节轨迹插值的计算方法很多，包括线性插值法、三次多项式插值、过路径点的三次多项式插值以及高阶多项式插值等。它们分别应满足不同的约束条件。

**提示**
在关节空间进行轨迹规划，机械手运动路径点一般用工具坐标系相对于工作坐标系的位姿来表示。

下面介绍线性插值法，这是关节轨迹控制最基本的一种插值模式，一般适用于点到点的运动。系统给定起始点和终止点的位置、总时间，就可以生成轨迹。

通常在此种模式下，机械臂初速度为零，通过一定时间的加速、匀速、减速，至终止速度为零达到终点,在此过程中关节加速度固定。其速度与加速度曲线图如图7-3所示。

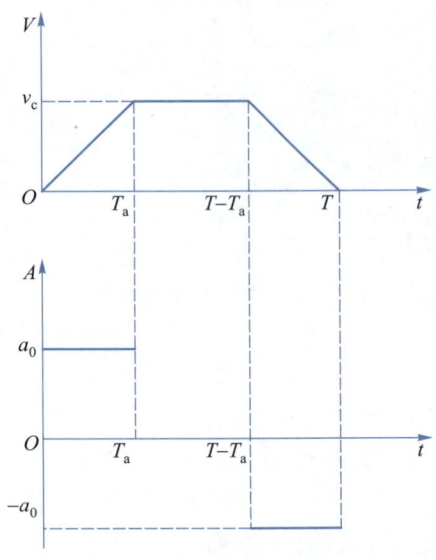

图7-3 线性插值速度与加速度曲线图

在系统对轨迹曲线要求不高的场合,通常采用梯形规划,此种插值模式的边界条件可以表示为

$$t=0 \text{ 时}, q(0)=0, \dot{q}(0)=0$$
$$t=T \text{ 时}, q(T)=\theta, \dot{q}(T)=0 \tag{7-1}$$

$q(t)$ 表示生成的轨迹曲线,初始时间为 0,终止时间为 $T$,加速度为 $a_0$,加速时间和减速时间都为 $T_a$,则匀速时间为 $T-2T_a$。由此可以推导出速度和位置为

$$\dot{q}(t)=\begin{cases} a_0 t & 0 \leqslant t \leqslant T_a \\ v_c & T_a \leqslant t \leqslant T-T_a \\ a_0(T-t) & T-T_a \leqslant t \leqslant T \end{cases} \tag{7-2}$$

$$q(t)=\begin{cases} \dfrac{1}{2}a_0 t^2 & 0 \leqslant t < T_a, t=T_a \text{时}, q(t)=\theta_a \\ v_c(t-T_a)+\dfrac{1}{2}a_0 T_a^2 & T_a \leqslant t < T-T_a, t=T-T_a \text{时}, q(t)=\theta_T-\theta \\ \theta-\dfrac{1}{2}a_0(T-t)^2 & T-T_a \leqslant t < T, t=T \text{时}, q(t)=\theta \end{cases} \tag{7-3}$$

$T_m=\dfrac{T}{2}$ 为运动时间中点,根据速度曲线的对称性质,可知对应的角位移点也是轨迹中点,记为 $\theta_m=\dfrac{\theta}{2}$。加速段结束时刻 $T_a$ 对应的角位移 $\theta_a=\dfrac{1}{2}a_c T_a^2$。其中加速度和匀速段速度可由式(7-4)求得,将 $\theta_a$ 代入式(7-4)可解出加速度与加速度时间的约束关系,如式(7-5)所示。

$$v_c=\frac{\theta_m-\theta_a}{T_m-T_a}$$

$$a_c=\frac{v_c}{T_a}=\frac{\theta_m-\theta_a}{(T_m-T_a)T_a} \tag{7-4}$$

$$T_a=\frac{T}{2}-\frac{\sqrt{a_c^2 T^2-4a_c\theta}}{2a_c} \tag{7-5}$$

根据式(7-5),对于任意给定的 $\theta$,可以通过选取合适的加速度或者加速段和减速段的时间来确定轨迹曲线。得到加速度和加减速过渡段时间后,即可代入式(7-2),求解轨迹插值。

(2)笛卡儿空间轨迹规划

笛卡儿空间轨迹规划主要是考虑对工业机器人末端执行器位姿的轨迹规划,同时根据末端执行器的位姿关于时间的函数对时间求导,就可确定末端执行器的速度和加速度。

微课

轨迹规划讲解

在笛卡儿空间中,根据工业机器人插补算法插补,得到笛卡儿坐标系下的中间点,再运用运动学逆运算进行转换,得到工业机器人各个关节在此中间点的角度值 ($\theta_1,\theta_2,\theta_3,\theta_4,\theta_5,\theta_6$),然后根据这些角度控制各个关节的转动,进而使得工业机器人按照规定轨迹运动。这个流程如图 7-4 所示。

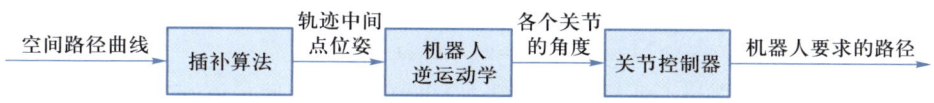

图 7-4　轨迹规划流程

与关节空间轨迹规划相比,笛卡儿空间轨迹规划的缺点是在机器人控制的实时性上不如直接使用机器人驱动关节角度来做轨迹规划来得容易;但是可以确定末端执行器的运动路径及其运动过程中的位姿变化,因此用户在控制机器人时需要选择相对合适的轨迹规划空间。

例如,工业机器人单纯的点对点运动,选关节空间轨迹规划比较合适,如点焊等;如果需要得到确定的规划路径,就选笛卡儿空间轨迹规划。如图 7-5 所示,当只要求从 $A$ 运动到 $D$ 时若不考虑路径,则应选取关节空间轨迹规划;如果要求从 $A$ 到 $D$ 时必须沿直线 $AD$,则应选笛卡儿空间轨迹规划。

下面以笛卡儿空间轨迹规划中最基本的直线轨迹规划进行说明,设工业机器人的末端执行器从 $P_1$ 点沿直线运动到 $P_2$ 点,如图 7-6 所示,$P_1$ 点的坐标为 $[x_1,y_1,z_1]$,$P_2$ 点的坐标为 $[x_2,y_2,z_2]$。

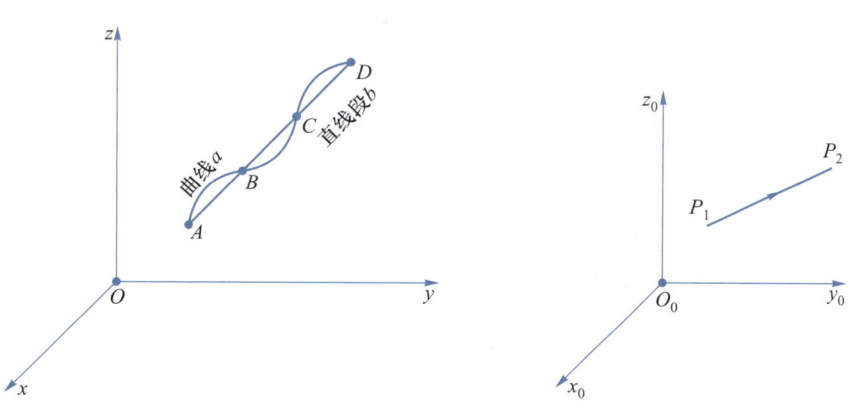

图 7-5　轨迹规划示意图　　　　图 7-6　直线轨迹规划

$P_1$ 到 $P_2$ 两点间的距离为

$$d_{12}=\sqrt{(x_2-x_1)^2+(y_2-y_1)^2+(z_2-z_1)^2} \tag{7-6}$$

用三维空间中的矢量表示 $P_1$ 点和 $P_2$ 点,即

$$\begin{cases} \boldsymbol{P}_1=x_1\boldsymbol{i}+y_1\boldsymbol{j}+z_1\boldsymbol{k} \\ \boldsymbol{P}_2=x_2\boldsymbol{i}+y_2\boldsymbol{j}+z_2\boldsymbol{k} \end{cases} \tag{7-7}$$

式中,$\boldsymbol{i}$、$\boldsymbol{j}$、$\boldsymbol{k}$ 分别是三个坐标轴的单位向量,易得

$$\boldsymbol{P}_{21}=\boldsymbol{P}_2-\boldsymbol{P}_1=(x_2-x_1)\boldsymbol{i}+(y_2-y_1)\boldsymbol{j}+(z_2-z_1)\boldsymbol{k} \tag{7-8}$$

其方向为
$$\boldsymbol{n}_{21}=\frac{P_{21}}{d_{21}} \qquad (7-9)$$

设此过程中的运动速度为 $v$，总运动时间为 $T$，$t$ 时刻工业机器人末端执行器的位置矢量为

$$\boldsymbol{P}_t=x_t\boldsymbol{i}+y_t\boldsymbol{j}+z_t\boldsymbol{k} \qquad (7-10)$$

则有
$$\boldsymbol{P}_t=\boldsymbol{P}_1+\boldsymbol{n}_{21}vt$$

$[x_t,y_t,z_t]$ 为 $t$ 时刻工业机器人末端执行器的三维空间位置。

**延伸阅读**
圆弧轨迹规划

**延伸阅读**
位置控制与速度控制

**2. 按运动控制方式的被控对象分类**

按被控对象的不同，运动控制可分为位置控制、速度控制、加速度控制、力控制、力矩控制等，而实现机器人的位置控制是工业机器人的基本控制任务。

（1）位置控制

工业机器人的很多作业的实质是控制机器人末端执行器的位姿，以实现对其运动轨迹的控制，主要分为点到点（point to point，PTP）运动和连续轨迹运动（continuous-path，CP）。点到点运动是针对点位作业机器人，如点焊、上下料，只需要描述它的起始状态和目标状态。连续轨迹运动则是针对弧焊、喷漆等机器人，此类运动不仅要起止点信息，而且有路径约束。点到点的运动是连续轨迹运动的基础，连续轨迹控制可以看作在目标轨迹中取一定数目的路径点，然后把各个点映射到关节空间做插值运算。图 7-7 所示为位置控制示意图。

**提示**
这里提到的点对点（PTP）运动与后面机器人语言中的 MOVEJ 对应，在大多数机器人语言中，都有专门的语句与其对应；而机器人语言中的直线和圆弧插补语句对应着这里的连续轨迹（CP）控制。

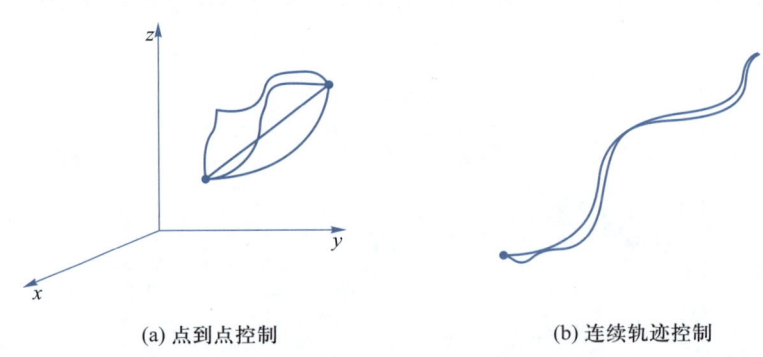

(a) 点到点控制          (b) 连续轨迹控制

图 7-7 位置控制示意图

**提示**
现在主流的机器人品牌中，关节控制器（下位机）一般为伺服驱动，主控制器一般为集成度很高的电路板。

机器人连续路径运动的实现是以点位运动为基础，通过在相邻两点之间采用满足精度要求的直线或圆弧轨迹插补运算，即可实现轨迹的连续化。机器人再现时，主控制器（上位机）从存储器中逐点取出各示教点空间位姿坐标值，通过对其进行直线或圆弧插补运算，生成相应路径规划，然后把各插补点的位姿坐标值通过运动学逆解运算转换成关节角度值，分送机器人各关节或关节控制器（下位机）。连续路径运动示意图如图 7-8 所示。

**PPT**
闭环控制和开环控制

由于绝大多数工业机器人是关节式运动形式，对于机器人末端执行器的检测较难直接进行，只能对各关节进行控制，属于半闭环系统。关节控制器（下位机）是执行计算机，负责伺服电动机的闭环控制及实现所有关节的动作协调。它在接收主控制器（上位机）送来的各关节下一步期望达到的位姿后，又做一次均匀细

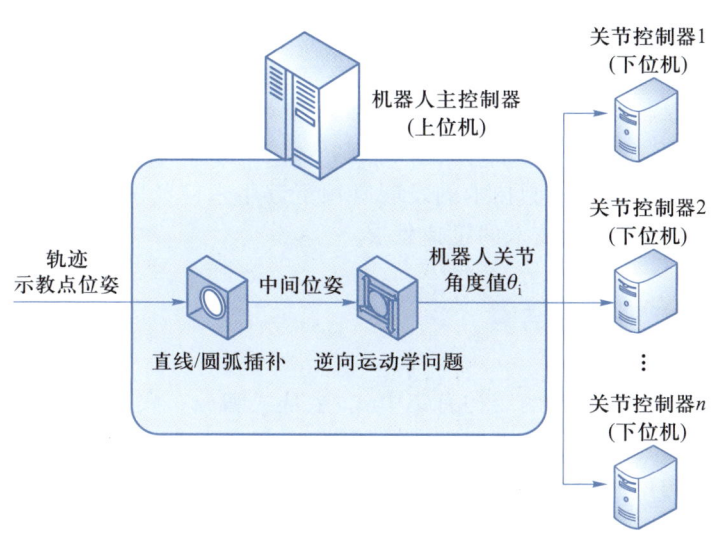

图 7-8　连续路径运动示意图

分,以使运动轨迹更为平滑。然后将关节下一部期望值逐点送给驱动电动机,同时检测光电码盘信号,直至准确到位。机器人的位置控制如图 7-9 所示。

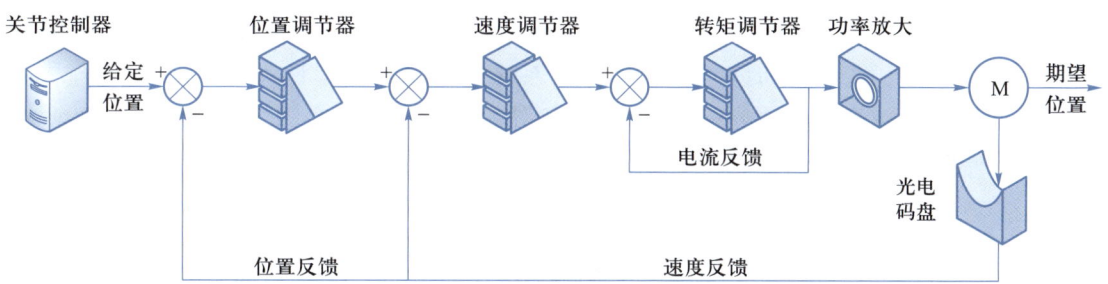

图 7-9　机器人的位置控制

（2）力/力矩控制

力/力矩控制应用于机器人末端执行器与作业对象的表面有接触的情况,如对应用于装配、加工、抛光等作业的机器人,工作过程中要求机器人手爪与作业对象接触的同时保持一定的压力。力/力矩控制是对位置控制的补充,这种方式的控制原理与位置伺服控制原理也基本相同,不过输入量和反馈量不是位置信号,而是力/力矩信号。图 7-10 给出了关节的力/力矩控制框图。由于关节力/力矩不易直接测量,而关节电动机的电流又能够较好地反映电动机的力矩,所以常采用关节电动机的电流表示关节当前的力/力矩的测量值。力控制器根据关节力/力矩的期望值与测量值之间的偏差,控制关节电动机,使机器人关节表现出作业所期望的力/力矩特性。力/力矩控制的

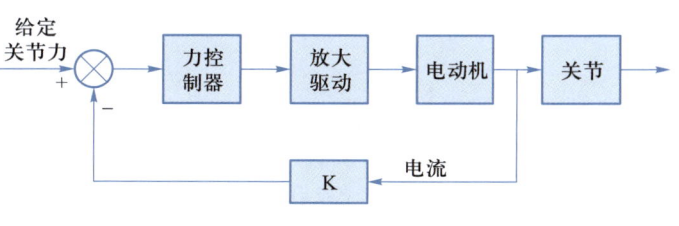

图 7-10　力/力矩控制框图

具体控制策略在单元 8 介绍。

### 3. 智能控制方式

实现智能控制的机器人可通过传感器获得周围环境的信息,并根据自身内部的知识库作出相应的决策。采用智能控制技术,可使机器人具有较强的环境适应性及自学习能力。智能控制技术的发展有赖于近年来神经网络、基因算法、遗传算法、专家系统等人工智能技术的迅速发展。

**延伸阅读**
智能机器人的发展现状和发展趋势

## 7.1.4　控制系统结构

工业机器人控制系统的结构有集中式、主从式和分布式 3 种。

### 1. 集中式

集中式结构用一台计算机实现全部控制功能,结构简单、成本低,但实时性差、难以扩展。在早期的机器人中常采用这种结构。图 7-11 为其原理框图。基于计算机的集中式控制系统里,充分利用了计算机资源开放性的特点,可以实现很好的开放性,多种控制卡、传感器设备等都可以通过标准 PCI 插槽或通过标准串口、并口集成到控制系统中。集中式控制系统的优点是:硬件成本较低,便于信息的采集和分析,易于实现系统的最优控制,整体性与协调性较好。其缺点也显而易见:系统控制缺乏灵活性,控制危险容易集中,一旦出现故障,其影响面广,后果严重;由于工业机器人的实时性要求很高,当系统进行大量数据计算时,会降低系统实时性,系统对多任务的响应能力也会与系统的实时性相冲突;此外,系统连线复杂,会降低系统的可靠性与稳定性。

**提示**
由于集中式结构的缺点突出,一般企业里很少选择这种控制方式的机器人。

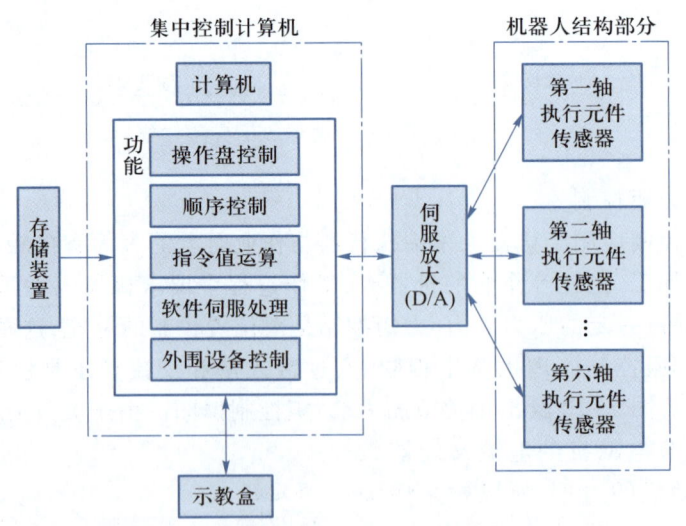

图 7-11　集中式结构原理框图

### 2. 主从式

主从式结构采用主、从两级处理器实现系统的全部控制功能。主 CPU 实现管理、坐标变换、轨迹生成和系统自诊断等;从 CPU 实现所有关节的动作控制。

图 7-12所示为其原理框图。主从控制方式系统实时性较好,适于高精度、高速度控制,但其系统扩展性较差,维修困难。

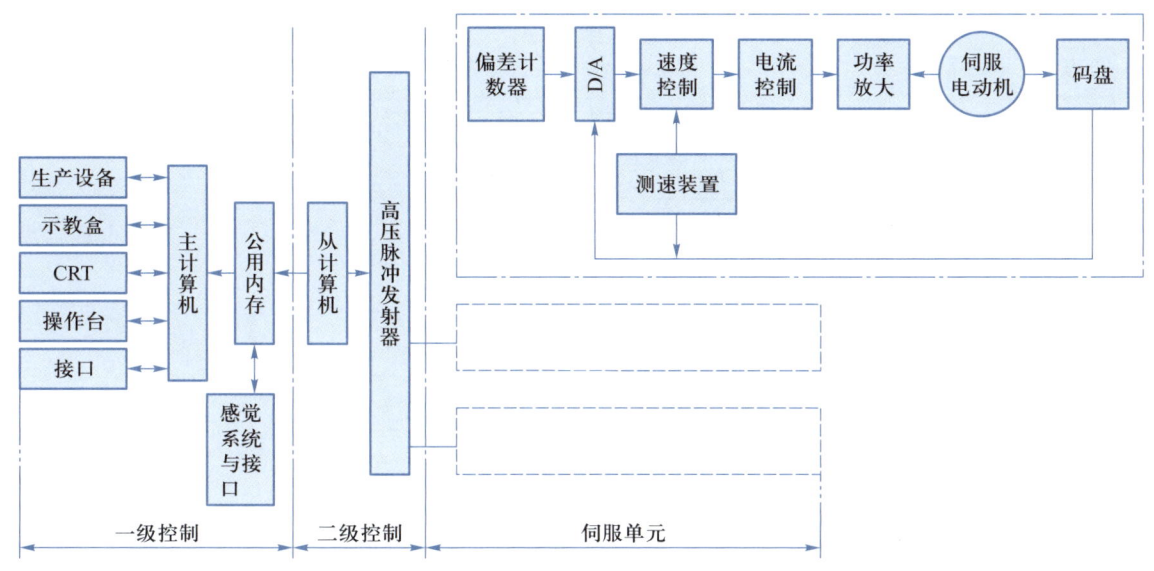

图 7-12　主从式结构原理框图

### 3. 分布式

分布式按系统的性质和方式将系统控制分成几个模块,每一个模块各有不同的控制任务和控制策略,各模式之间可以是主从关系,也可以是平等关系。这种方式实时性好,易于实现高速、高精度控制,易于扩展,可实现智能控制,是目前流行的方式。图 7-13 所示为其原理框图。其主要思想是"分散控制,集中管理",即系统对其总体目标和任务可以进行综合协调和分配,并通过子系统的协调工作来完成控制任务。整个系统在功能、逻辑和物理等方面都是分散的,所以分布式控制系统又称为集散控制系统或分散控制系统。在这种结构中,子系统由控制器和不同被控对象或设备构成,各个子系统之间通过网络等相互通信。分布式结构提供了一个开放、实时、精确的机器人控制系统。分布式控制系统中常采用两级控制方式。

**提示**

现在市场上的主流机器人品牌中,系统扩展性均比较好,可以扩展外部轴、I/O模块和通信模块等。

## 7.1.5　控制系统的硬件结构

工业机器人控制系统的硬件结构通常有 3 种方案:基于 PLC 的运动控制、基于PC 和运动控制卡的运动控制以及纯 PC 控制。下面简单介绍这 3 种方案。

### 1. 基于 PLC 的运动控制

基于 PLC 的运动控制如图 7-14 所示。

(1)利用 PLC 的某些通用输出口使用脉冲输出指令来产生脉动驱动电动机;同时使用通用 I/O 或者计数部件来实现电动机的闭环反馈控制。

(2)使用 PLC 的外部扩展的位置模块来进行电动机的闭环反馈控制。

**提示**

现阶段基于 PLC 的运动控制方法的成本较低,控制简单,所以广泛应用于机器人外部轴的控制。

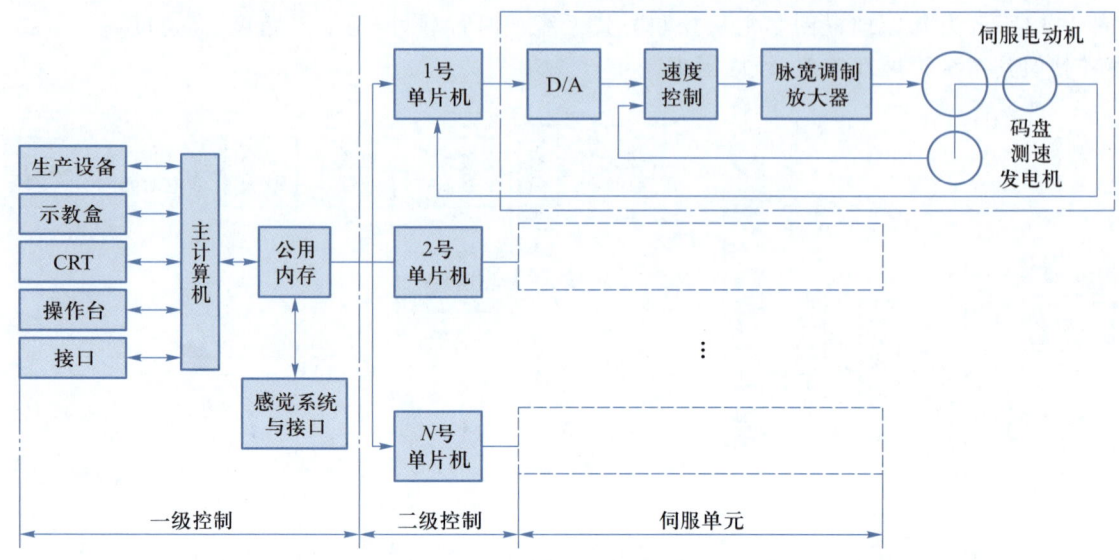

图 7-13　分布式结构原理框图

## 2. 基于 PC 和运动控制卡的运动控制

运动控制器以运动控制卡为主,工控 PC 的主要作用是提供插补运算和运算指令,速度控制和位置控制是由运动控制卡完成的,如图 7-15 所示。

## 3. 纯 PC 控制

图 7-16 所示为纯 PC 控制的机器人控制系统示意图。在高性能工业 PC 和嵌入式 PC(配备专为工业应用而开发的主板)的硬件平台上,可通过软件程序实现 PLC 和运动控制等功能,实现机器人需要的逻辑控制和运动控制。

图 7-14　基于 PLC 的运动控制

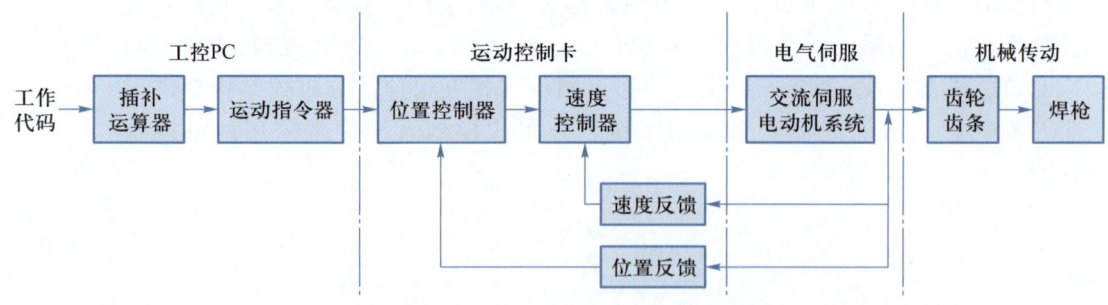

图 7-15　基于 PC 和运动控制卡的运动控制

**提示**　这种先进的结构代表了未来机器人控制结构的发展方向。

通过高速的工业总线进行 PC 与驱动器的实时通信,能显著地提高机器人的生产效率和灵活性。不过,在提供灵活的应用平台的同时,也大大提高了开发难度和延长了开发周期。

随着芯片集成技术和计算机总线技术的发展,专用运动控制芯片和运动控制卡在机器人运动控制器的领域得到了越来越多的应用。这两种形式具有控制方便灵活、成本低的优点,以通用 PC 为平台,借助 PC 的强大功能来实现机器人的运动

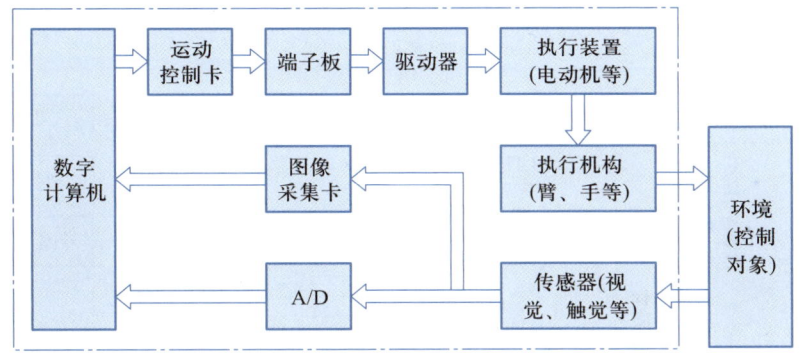

图 7-16　纯 PC 控制的机器人控制系统示意图

控制。这两种形式的运动控制器内都集成了机器人运动控制所需其他功能,指令及工作参数均可由程序自由设定,使机器人运动控制变得更简单。

# 7.2　控制系统示例

PPT
控制系统示例

## 7.2.1　FANUC 机器人控制系统

FANUC 作为日系工业机器人的主要品牌之一,其控制系统在控制原理上与其他品牌机器人大致相同,但其控制部分的组成结构有着自己的风格,体现了亚洲人的使用习惯,比较适合国内使用。作为 FANUC 6 轴机器人的典型产品,M-10iA 型机器人的控制系统主要分为硬件和软件部分。

硬件部分:控制单元、电源装置、用户接口电路、控制单元、存储电路、关节伺服驱动单元和传感单元等。

软件部分:指机器人轨迹规划算法和关节位置控制算法的程序实现以及整个系统的管理、运行和监控等功能的实现。

FANUC 品牌系列机器人的控制器内部结构根据所控制的机器人类型不同而存在一定的差异,下面介绍的是采用 FANUC Robot series R-30iA Mate 控制器的 M-10iA 型机器人。R-30iA Mate 控制器原理框图如图 7-17 所示。其控制系统采用 32 位 CPU 控制,以提高机器人运动插补运算和坐标变换的运算速度;采用 64 位数字伺服驱动单元,同步控制 6 轴运动,运动精度大大提高,最多可控制 12 轴,进一步改善了机器人动态特性;控制器内部结构相对集成化,这种集成方式具有结构简单、整机价格便宜且易维护保养等特点。

M-10iA 型机器人控制系统采用主从式控制结构,分为上、下两级控制层。

上级控制层为主板上的 32 位嵌入式微型计算机,对整个系统进行组织和控制,是整个控制系统的核心。其主要作用是通过人机交互和编译所有用 KAREL 语言编写的运动控制程序,将期望的任务转化为运动的路径轨迹或适当的操作,对坐标变换、伺服参数调整等非实时性任务做出处理,并随时检测机器人各部分的运动

延伸阅读
M-10iA 机器人软件结构

延伸阅读
R-30iA 控制器硬件组成介绍

提示
KAREL 语言是 FANUC 控制系统特有的编程语言。

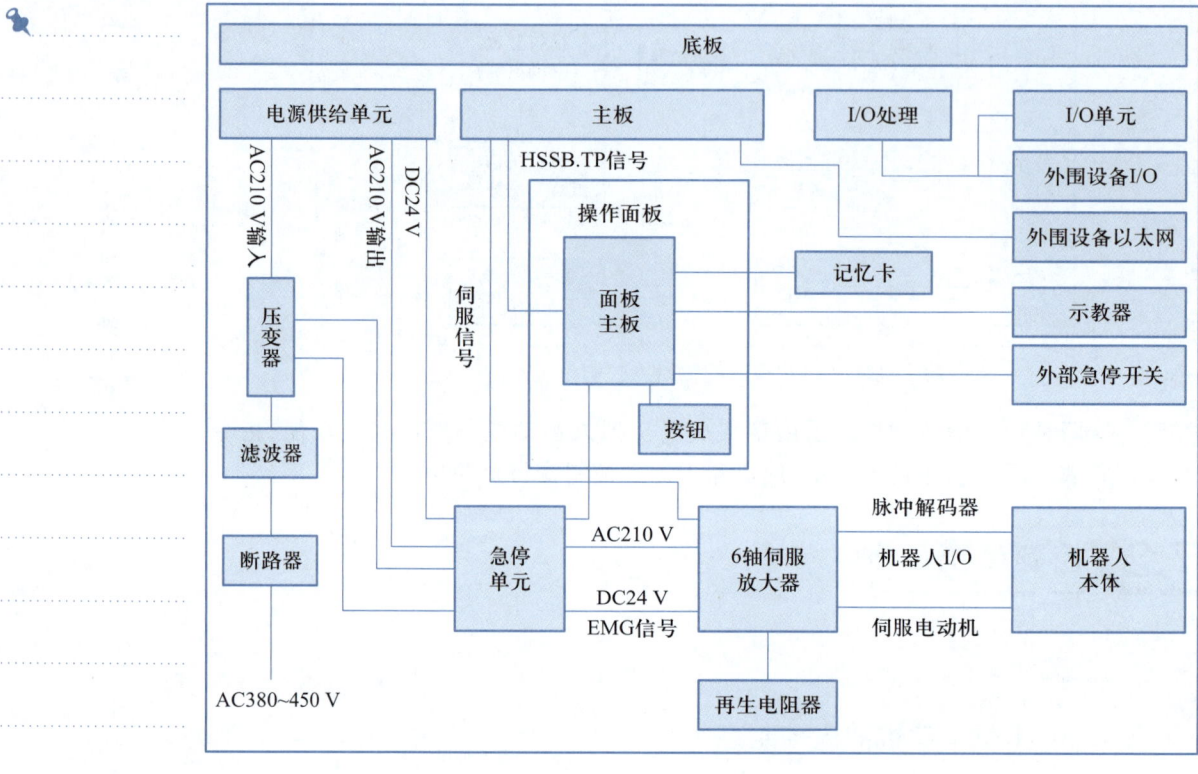

图 7-17 R-30iA Mate 控制器原理框图

及动作情况,处理意外事件。

下级控制层为实时控制,包括以数字信号处理器(digital signal processing)为核心的多轴运动控制卡和 6 轴伺服放大器,接受上级控制层的运动控制指令,根据机器人当前运动情况和关节位置传感信号、编码器位置反馈信号,综合出适当的控制命令,例如完成各个轴的误差分析、制定控制算法以及 D/A 转换等,最后将速度控制信号发送到伺服驱动器,通过伺服电动机来驱动机器人机构来完成期望的运动和操作。

控制过程:操作者通过示教器记录运动过程中各特征运动点的位姿信息,保存在以 KAREL 语言格式的运动控制程序中,主板通过编译运动控制程序,对期望的运动轨迹进行轨迹规划,将各特征点的位姿信息依次经过处理计算后转换为各关节的关节运动量,然后将各关节运动量转换为特定的信号传输给轴运动控制卡,轴运动控制卡结合内部传感器的反馈信号,将各关节运动量转换成各关节对应的伺服驱动器的速度控制命令,伺服驱动器控制伺服电动机来完成整个轨迹的运动。

延伸阅读

M-10iA 机器人
伺服电动机及其传动
装置

### 7.2.2 PUMA 560 机器人控制系统

PUMA 560 工业机器人的控制系统结构示意图如图 7-18 所示。硬件结构分为两个层次:一台 DEC LSI-11 计算机作为上层"主控"计算机输出指令到 6 个 Rockwell 6503 微处理器;下层每一个微处理器采用 PID 控制器控制一个独立关节。

PUMA 560 机器人的每一个关节安装有一个光学增量编码器,这种编码器与一个上/下计数器接口,微处理器可以读取关节的当前位置。PUMA 560 机器人上没有

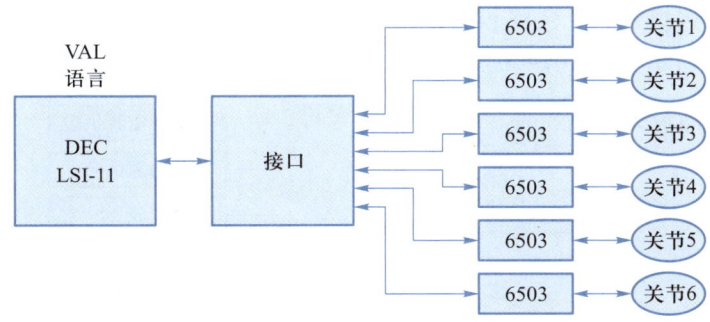

图 7-18　PUMA 560 机器人的控制系统结构示意图

转速计,而是通过对关节位置的伺服周期序列差分获得关节速度。为了控制直流力矩电动机的力矩,微处理器与一个数模转换器(DAC)接口,控制进入电流驱动器的电动机电流。按照需要通过调节电枢两端的电压控制模拟电路中的电动机电流,以保持期望的电枢电流。图 7-19 所示为 PUMA 560 机器人关节控制系统框图。

控制过程:LSI-11 计算机首先对 VAL(Unimation 机器人编程语言)程序指令逐句进行编译,与此同时,计算机还在执行必要的逆运动学计算,进行期望轨迹规划,并且每 28 ms 为关节控制器生成一组路径点轨迹,也就是说关节微处理器每隔 28 ms

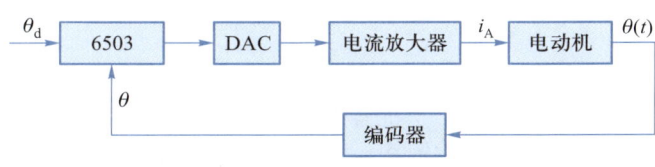

图 7-19　PUMA 560 机器人关节控制系统框图

获得计算机发送的一个新的位置指令。关节微处理器的运行周期为 0.875 ms,在这个周期内,微处理器进行期望位置定位点的插补运算,计算伺服误差,计算 PID控制律以及向电动机发送一个新的力矩值来控制电动机的运动。

### 7.2.3　ABB IRB 1400 机器人控制系统

IRB 1400 机器人作为 ABB 公司的成熟产品,其控制系统的组成包括机器人计算机系统和伺服驱动系统两大部分。

#### 1. 机器人计算机系统

IRB 1400 机器人的计算机系统由主计算机、轴控制计算机和输入/输出(I/O)接口板三部分组成。计算机系统三个部分的任务功能见表 7-3。

PPT

ABB 机器人系统简介

表 7-3　计算机系统三个部分的任务功能

| 各部分名称 | 任务功能 |
| --- | --- |
| 主计算机 | 整合整个机器人资源比如轨迹规划等 |
| 轴控制计算机 | 调整机器人各个轴的速度和扭矩 |
| I/O 接口板 | 与外围设备等连接,提供机器人的任务情况 |

机器人位姿的调整过程:期望的位姿信息经由示教器或其他设备输入主计算机中,主计算机进行编译后将数据传输到轴控制计算机,通过与当前位姿的比较和

计算,按照轨迹规划的算法将相关数据传送到驱动系统,实现所要位姿。

图 7-20 所示为 IRB 1400 机器人计算机系统示意图。

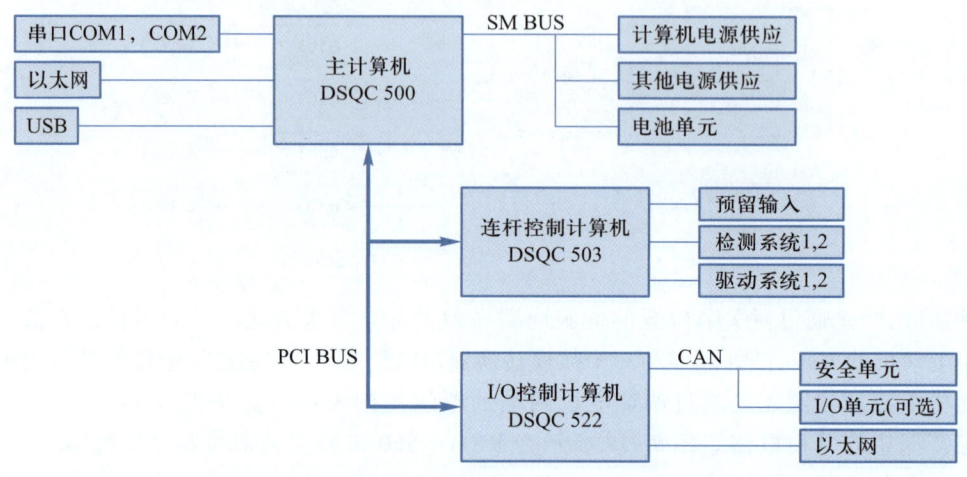

图 7-20　IRB 1400 机器人计算机系统示意图

### 2. 机器人伺服驱动系统

机器人伺服驱动系统特指交流伺服电动机系统,其控制形式主要有转矩控制、速度控制和位置控制三种。由于机器人机械手的惯性力、耦合反应力和重力负载等都随运动空间的变化而变化,因此要它进行高精度、高速、高动态品质的控制是相当复杂而困难的。

目前工业机器人上采用的控制办法与 IRB 1400 机器人基本相同,把机械臂上的每一个关节都当作一个单独的交流伺服系统,即把一个非线性的、关节间耦合的变负载系统简化为线性的非耦合单独系统,并对每一个单独的系统采用 PID 闭环控制。IRB 1400 机器人的伺服驱动系统示意图如图 7-21 所示。

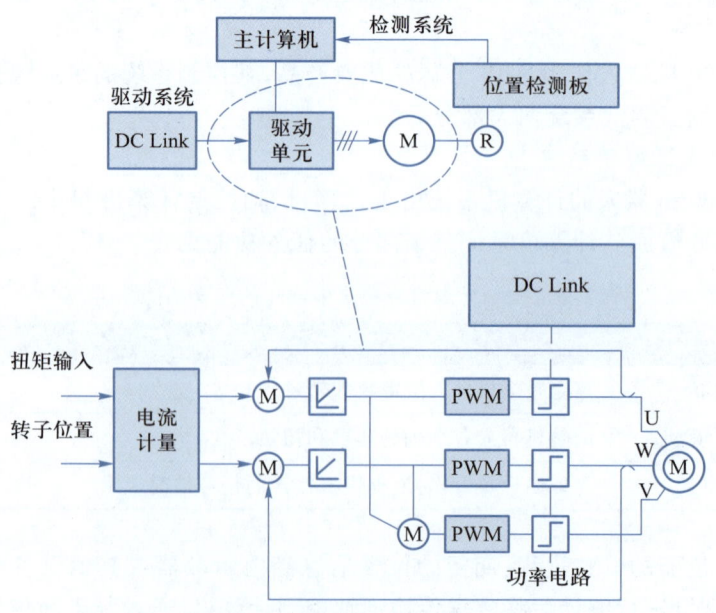

图 7-21　IRB 1400 机器人的伺服驱动系统示意图

由图 7-21 可以看出,驱动单元发出指令信号,根据扭矩输入和转子位置进行 PWM 调制,最终转化成伺服电动机的运动指令信号。

IRB 1400 机器人中的伺服系统使用的是位置控制,理想是将位置传感器直接安装在要定位的机械上,实现所谓全闭环控制。但实际上由于不便于安装,能直接安装的传感器太少,也特别担心传感器由于拖动机械的振动和变形而对位置控制系统产生不利的影响。

提示

PWM 调制即脉冲宽度调制,是一种利用微处理器的数字输出对模拟电路进行控制的一种非常有效的技术。

### 7.2.4 基于 VB 开发的 SCARA 机器人

下面介绍一款实验用 SCARA 工业机器人,其控制系统结构如图 7-22 所示,分为上位机和下位机两部分。上位机是在普通 PC 上编写的人机界面软件。下位机主要由三菱 PLC 和伺服系统组成,上、下位机通过 RS-485 总线通信。

视频

SCARA 机器人工作实例

SCARA 机器人的 4 个自由度需要由 4 个电动机驱动,而一个 PLC 最多能带动 2 个伺服驱动系统,因此配备 2 台 PLC 控制 4 个伺服系统,PC 采用相对简单、可靠而又低成本的 RS-485 总线通信方式控制两台 PLC。由于计算机主机上安装的是 RS-232 串口,所以在计算机主机上加上 RS-232/RS-485 的适配器进行通信协议的转换。驱动部分采用具有闭环控制功能的伺服系统。

整体运动控制过程如下:操作者在 PC 的人机界面中对 SCARA 工业机器人的各个关节进行离线规划,经过 PC 的处理计算后转化为运动参量,经过通信模块传入 PLC 中,PLC 对运动参量进行分析,经过具有控制逻辑自重组功能的算法进行耦合,传递运动信号至各个关节的伺服放大器,从而驱动伺服电动机进行期望动作。

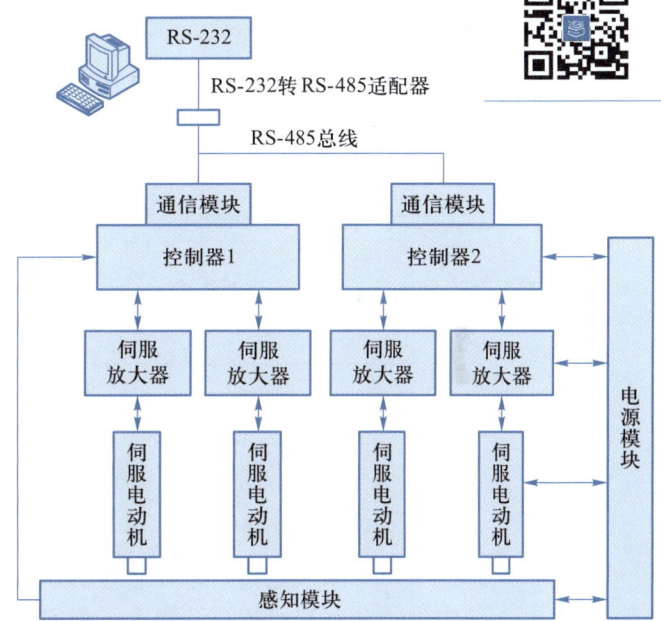

图 7-22 SCARA 机器人控制系统结构

### 7.2.5 ROS 机器人控制系统

近年来,ROS 机器人在全球广泛应用,许多人以为 ROS 是一个新产物,其实 ROS 已经发布近十年了。目前,ROS 从实验室机器人项目扩展为工业机器人。ROS 为 robot operating system 的缩写,意为机器人操作系统。ROS 系统的发展始于 2007 年,由美国斯坦福大学人工智能实验室发起。ROS 的早期版本主要针对机器人硬件的抽象,提供了机器人硬件驱动程序和底层接口。随着 ROS 的发展,其功能逐渐丰富,包括机器人操作系统应有的各种功能,如消息传递、服务、参数服务器、包、堆栈、动作、日志记录、调试工具等。ROS 的应用程序可以单独或联合使用,并且可以根据需要进行修改和扩展。ROS 在国内外机器人领域广受关注,其主要特点如下。

（1）ROS 是一种功能强劲的操作系统

操作系统是用来管理计算机硬件与软件资源,并提供一些公用的服务的系统软件。而 ROS 作为一个机器人软件平台,也提供了许多标准的操作系统服务,如底层设备控制、硬件抽象等,在此不做列举。以计算机操作系统和机器人操作系统的对比为例,如图 7-23 所示,计算机操作系统将计算机硬件封装起来,各种应用软件基于操作系统之上运行,因此大部分软件工程师不需要使用汇编语言就可以进行软件的开发工作,从而大大提高计算机应用软件的开发效率。而 ROS 则是对机器人的硬件进行了封装,不同的机器人不同的传感器,在 ROS 里可以用相同的方式表示(topic 等),供上层应用程序(运动规划等)调用。

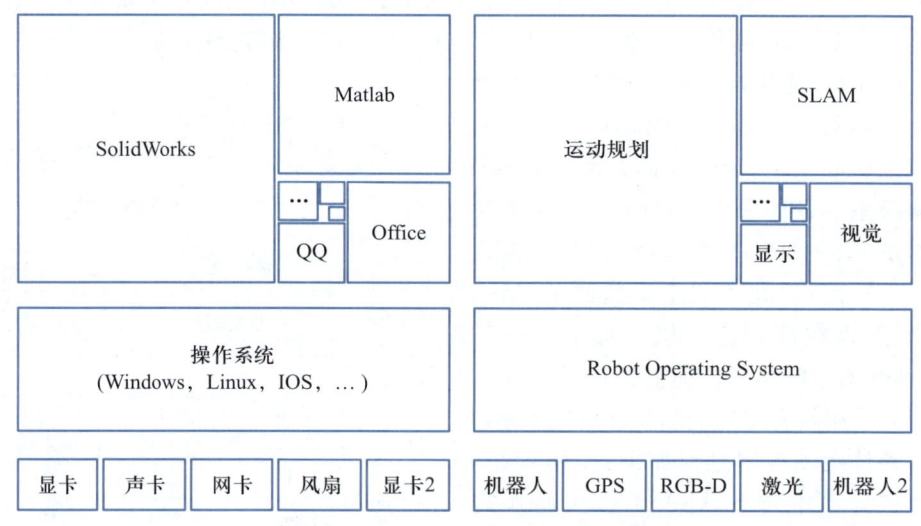

图 7-23　计算机操作系统和机器人操作系统对比示意图

（2）ROS 的点对点设计

ROS 系统包括一系列进程,这些进程存在于多个不同的主机并且在运行过程中通过端对端的拓扑结构进行联系。如果采用基于中心服务器的连接方式,当框架内的不同计算机通过不同网络连接,中心数据服务器将发生问题。而 ROS 的点对点设计,可以分散管理机器人的视觉、听觉、触觉等多种传感器发回的多种数据,减少在实时处理过程中带来的计算压力,以及机器人组网过程中产生的复杂挑战。

（3）ROS 的多语言支持以及跨平台交叉通信

ROS 用节点(node)表示可以执行运算任务的进程,不同 Node 之间通过传送事先定义好格式的消息(message)实现通信,每一个消息都是一个严格的数据结构,应当包括主题(topic)、服务(service)、动作(action)等信息。基于这种模块化的通信机制,开发者可以十分方便地替换、更新系统内的某些模块;也可以用自己编写的节点替换 ROS 的个别模块,非常适用于算法开发。

此外,为了支持交叉语言,ROS 利用了简单的接口定义语言去描述模块之间的消息传送。接口定义语言使用了简短的文本去描述每条消息的结构,每种语言的代码产生器能产生类似这种语言的目标文件,在消息传递和接收的过程中通过

ROS 自动连续并行地实现。因此，ROS 可以跨平台使用，在不同的计算机、不同的操作系统、不同的编程语言、不同的机器人上大显身手。

（4）ROS 拥有一系列实用的开源工具

ROS 不是构建一个庞大的开发和运行环境来实现机器人设计中的多种复杂任务，而是为开发者提供了一系列开源工具来编译和运行 ROS 组件。通过这种模块化的设置，可以大大提高开发效率。

Rqt_plot：可对任意语言编写的程序进行可视化处理。在机器人调试时常用 C 或 C++语言，而 C++没有简单高效的可视化库。rqt_plot 可用于实现观测数据的可视化处理，从而实现机器人关键数据的直观性描述。

Rqt_graph：可以绘制出各节点之间的连接状态和正在使用的消息等。

TF：Transform，常用于描述机器人的位姿、相对位置以及坐标变换。

Actionlib：提供动作的编程接口，提供动作执行时的查看状态、终止、抢占等一系列功能；

Rviz：3D 图形化模拟环境，可以显示机器人的模型、3D 点云和电影、物体模型、各种文字图标，也可以非常便捷地进行二次开发，例如实现机器人导航等功能，还可以十分方便地实现交互功能。

Movelt：用于移动机械臂运动规划的模块，通常使用 URDF 格式文件导入机器人数据，在 Rviz 中显示三维模型，然后使用 Movelt 完成机械臂的运动规划。

PCL：开源点云处理库，从 ROS 中发展起来，然后随着使用者群体的不断壮大（例如使用 Kinect 采集立体图像信息后，通常要使用 PCL 进行点云处理），为了让非 ROS 用户也能使用，单独分离出来的项目。

Gmapping：机器人开发过程中经常涉及机器人导航功能，Gmapping 的 ROS 节点 slam_gmapping 提供基于激光的 SLAM（同时定位和创建地图）。依靠移动机器人收集的激光雷达和位姿数据，使用 slam_gmapping 可以创建二维栅格地图。

Navigation Metapackage：移动机器人路径规划模块，一般输入为激光雷达/RGBD-camera 和里程计数据，输出为机器人在二维平面上的速度，从而在二维地图上实现机器人导航。

ROS 的开源工具不只有以上几种，而且在该技术的发展过程中，现有工具不断完善，新的开源工具不断产生。

（5）ROS 整合了大量优秀的开源机器人技术

最受关注和欢迎的开源机器人技术有 ROS、Gazebo、Jasmine、ROP、OpenROV、OpenHand 等，这些开源技术各有特点，有的擅长创建机器人的嵌入式应用程序、模拟复杂的室内外机器人测试环境，有的专注于研究机器人组网技术，还有的适用于水下勘探的特种机器人开发，特点不一。而 ROS 能在机器人技术迅速发展的今天，成为国内外研究者的关注重点，除了上述优点，ROS 还一直致力于将已有的优秀机器人开源项目纳入自己的范畴。许多在机器人领域非常有名的开源项目都在与 ROS 密切整合。

① OpenCV：经典机器视觉开源项目，ROS 提供了 cv_bridge，可以将 OpenCV 图片与 ROS 图片的格式相互转换。

② Visp：开源视觉伺服项目，已经跟 ROS 实现了完美整合。

③ OROCOS：主要侧重于机器人底层控制器的设计，包括用于计算串联机械臂运动学数值解的 KDL、贝叶斯滤波、实时控制等功能。

④ Player：优秀的二维仿真平台，可用于平面移动机器人仿真，ROS 借鉴其驱动、运动控制和仿真等功能，该平台也可在 ROS 中直接打开。

⑤ OpenRave：在 ROS 推出之前常用来做运动规划，ROS 已经将其中的 ikfast（计算串联机械臂运动学解析解）等功能吸收。

⑥ Gazebo：优秀的开源仿真平台，ROS 常用的物理仿真环境，可实现机器人动力学仿真和传感器仿真，也已被 ROS 吸收。

（6）ROS 是一个活跃的机器人开发交流平台

安卓系统的欣欣向荣得益于它开源、博采众长的特点，因此许多人认为，开源、免费和模块化使 ROS 成为活跃的机器人开发交流平台，这也正是 ROS 最重要的特点。除了 ROS 外，现在还有一些其他的项目可以代替或者部分代替 ROS 的功能，例如 OpenRave 运动规划、V-rep 仿真等。但是这些项目的社区远没有 ROS 的社区活跃。

ROS 的版本会定期更新，主要模块设有专人维护，问答区互动频繁，各 mail lists 也非常活跃、开发者都十分热衷交流分享个人的经验。

不同工业机器人的开发系统各不相同，各自的编程方法也不一致。一个能够熟练使用 Motoman 的工程师很可能并不会使用 KUKA 机器人。就算是同种机器人，由于固件版本的更新换代，也可能会造成程序的不兼容，这就大大影响了工业机器人的推广与普及。

对此，ROS 可以用统一方式来封装机器人（URDF 模型+机器人动），用户只需在 ROS 中编写应用程序，而不用关心机器人的控制方式。如果所有的机器人都采用了这种方式，那么机器人必将得到更加广泛的应用（因为这对系统集成商的要求会降低很多）。其次，现在越来越多的机器人厂商开始尝试使用 ROS，其中包括占据工业市场最多份额的机器人厂家——ARB、KUKA、FANUC、安川公司；甚至有 Rethink 的 Baxter 机器人，只能使用 ROS 控制。

Rethink Robotics 是一家美国机器人公司，成立于 2008 年，总部位于美国马萨诸塞州波士顿市。该公司致力于为制造商提供创新的自动化解决方案，主要产品包括协作机器人（Cobots）和自动化解决方案。Rethink Robotics 的技术和产品在机器人领域具有广泛的应用和影响。虽然该公司已经于 2021 年 10 月 6 日宣布破产，但其技术和产品仍然具有一定的应用前景和市场价值。

## 7.3 工业机器人的编程

机器人要实现一定的动作和功能，除了依靠可靠的硬件支持之外，还有很大部分的工作是靠编程来完成的。伴随着机器人的发展，机器人的编程技术也得到了不断完善，已成为机器人技术中重要组成部分之一。

编程就是使用某种特定的语言来描述机器人的运动轨迹，使机器人按照指定的运动和作业指令来完成操作者期望的各项工作。

机器人的机构和一般机械不同，其程序设计也更有特色，在介绍有关机器人编程之前,首先以机器人自动工作站为例说明机器人的工作过程,如图 7-24 所示。

图 7-24 表示一个假设的制造过程中用于装配的工作站,由传送带、摄像机、机器人、送料器、冲压机床和工作台等组成。整个装配过程大致如下:

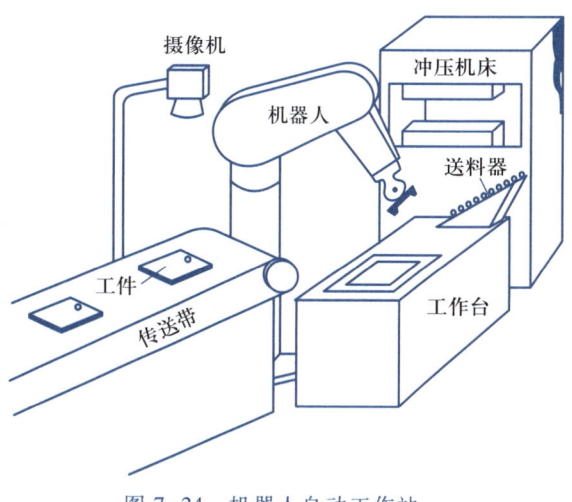

（1）发出传送带起动信号,视觉系统实时检测传送带上是否存在工件,当视觉系统检测到传送带上有工件,对其进行位置和方向的确定,并检查工件的缺陷。

（2）根据视觉系统的输出,机械手以设定的力抓取工件,如果检测到没有正确抓取,机械手移开后重新执行视觉系统的识别任务。

（3）把工件装到工作台的安装夹具内,这时,传送带再次起动,以便传输下个工件;机械手采用力控制向工件执行插入铆钉的工作,检查铆钉是否正常安装,如果判定配件是好的,那么机械手抓取工件至下一个安装夹具上并执行下一道装配工序。

图 7-24　机器人自动工作站

视频
工业机器人编程示教

（4）如果下一个安装夹具已装有工件,那么操作者得到相应的错误信号,机械手停止工作并等待操作者清除错误信号。

（5）等待上述（1）完成,并转入（2）。

这是一个现有的工业机器人可能执行的作业任务,这类应用需要一种能处理上述过程描述的机器人编程语言。下面介绍机器人的编程。

### 7.3.1　工业机器人的编程要求

目前工业机器人常用编程方法有示教编程和离线编程两种。一般在调试阶段,可以通过示教器对编译好的程序进行逐步执行、检查、修正,等程序完全调试成功后,即可正式投入使用。不管使用何种语言,机器人编程过程都要求能够通过语言进行程序的编译,能够把机器人的源程序转换成机器码,以便机器人控制系统能直接读取和执行。一般情况下,机器人的编程系统应做到以下几点:

**1. 能够建立世界坐标系及其他坐标系**

在进行机器人编程时,需要描述物体在三维空间中的运动方式。为了便于描述,需给机器人及其系统中的其他物体建立一个基础坐标系,这个坐标系称为世界坐标系。为了方便工作,有时需要建立其他坐标系并进行编程,但是这些坐标系与世界坐标系有且只有唯一的一种变换关系。也就是说,这种变换关系一般是由 6 个变量（$X$、$Y$、$Z$、$W$、$P$、$R$）来表示。机器人编程系统应具有在各种坐标系下描述物体位姿的能力。

延伸阅读
机器人中各坐标系介绍

提示
一般来说,$X$、$Y$、$Z$ 代表距离;$W$、$P$、$R$ 代表绕 $X$ 轴、$Y$ 轴、$Z$ 轴旋转的角度。

**2. 能够描述机器人作业情况**

机器人作业与其环境模型需要编程语言来描述。编程语言水平决定了描述水平。现有的机器人语言需要给出作业顺序,由语法和词法定义输入语句,并由它描述整个作业过程。例如,装配作业可描述为世界模型的一系列状态,这些状态可由工作空间内所有物体的位姿给定。这些位姿也可以利用物体间的空间关系来说明。

### 3. 能够描述机器人运动

描述机器人需要进行的运动是机器人编程语言的基本功能之一。用户能够运用语言中的运动语句,与路径规划器连接,设置用户规定路径上的点及目标点,决定是否采用点插补运动或直线运动。用户还可以控制运动速度或运动持续时间。

### 4. 允许用户规定执行流程

同一般的计算机编程语言一样,机器人编程系统允许用户规定执行流程,包括转移、循环、调用子程序、中断、程序试运行等。

### 5. 具有良好的编程环境

同计算机系统一样,一个好的编程环境有助于提高程序员的工作效率。大多数机器人编程语言含有中断功能,以便能够在程序开发和调试过程中每次只执行一条单独语句。好的编程系统应具有下列功能:

(1)在线修改和重启功能。机器人在作业时需要执行复杂的动作和花费较长的执行时间,当任务在某一阶段失败后,从头开始运行程序并不总是可行的,因此需要编程软件或系统必须有在线修改程序和随时重新启动的功能。

(2)传感器输出和程序追踪功能。因为机器人和环境之间的实时相互作用常常不能重复,因此编程系统应能随着程序追踪记录传感器的输入/输出值。

(3)仿真功能。可以在没有机器人实体和工作环境的情况下进行不同任务程序的模拟调试。

(4)人机接口和综合传感信号。在编程和作业过程中,编程系统应便于人与机器人之间进行信息交换,方便机器人出现故障时及时处理,确保安全。而且,随着机器人动作和作业环境复杂程度的增加,编程系统需要提供功能强大的人机接口。

### 7.3.2 工业机器人的示教编程

在工业机器人系统中,控制系统是其主要组成部分之一,功能类似于人的大脑。而控制系统的功能中,示教再现功能是其最基本的功能之一。示教再现控制是指控制系统可以通过示教盒或者手把手进行示教,将动作顺序、运动速度、位置等信息用一定的方法预先教给工业机器人,由工业机器人的记忆装置将所教的操作过程自动地记录在存储器中,当需要再次操作的时候,机器人重放存储器中的内容。如需更改操作内容,只需重新往存储器中存储操作过程即可。

目前,大多数工业机器人都是采用示教方式来进行编程,典型的示教过程是依靠操作人员观察机器人及其夹持工具相对于作业对象的位姿,通过对示教手柄或示教盒的操作,反复调整示教点处机器人的作业位姿、运动参数和工艺参数,然后将满足作业要求的这些数据记录下来,再转入下一个点的示教,整个示教过程结束

提示
示教完毕后就是再现过程,第一遍运行时要注意安全,防止发生机器人碰撞等问题。

后,机器人实际运行时使用这些被记录的数据,经过插补运算后,就可以再现之前记录的示教点上机器人位姿。示教编程一般可分为手把手示教编程和示教盒示教编程。

### 1. 手把手示教编程

这种示教方式主要用于喷漆、弧焊等要求实现连续轨迹控制的工业机器人示教编程中。具体的方法是人工利用示教手柄引导末端执行器经过所要求的位置,同时由传感器检测出工业机器人各个关节的坐标值并由控制系统记录、存储这些数据信息。当实际工作时,工业机器人的控制系统重复再现示教过的轨迹和操作功能。手把手示教喷涂机器人如图 7-25 所示。

手把手示教编程能实现点到点(PTP)控制,与连续轨迹(CP)控制不同的是它只记录各轨迹程序移动的两端点位置,轨迹的运动速度则按各轨迹程序段对应的功能数据输入。

MOTOMAN-ET 示教系统就是一个典型的示教再现系统,操作员通过操纵安装在机器人末端的控制手柄对机器人进行作业轨迹演示,控制手柄上的力(力矩)传感器产生相应的输出数据,从而使机器人控制器驱动机器人向期望的方向运动。其中不足的地方是无法确定机器人的最优作业姿态与路径,而且必须加入监测和刹车作为人身保护措施。

### 2. 示教器示教编程

示教器编程方式是人工利用示教器上所具有的各种功能按钮来驱动工业机器人的各个关节,按作业所需的顺序单轴运动或多关节协调运动,从而完成位置和功能的示教编程。图 7-26 所示为现场使用示教器进行示教编程。

视频
手把手示教编程实例

PPT
几大主流机器人示教器介绍

提示
　　通俗地讲,示教器就是类似于带有触摸屏的工业机器人的人机交互界面,操作者通过示教器控制机器人的运动和参数的设置等;机器人通过示教器向操作者显示当前状态、报警信息等。

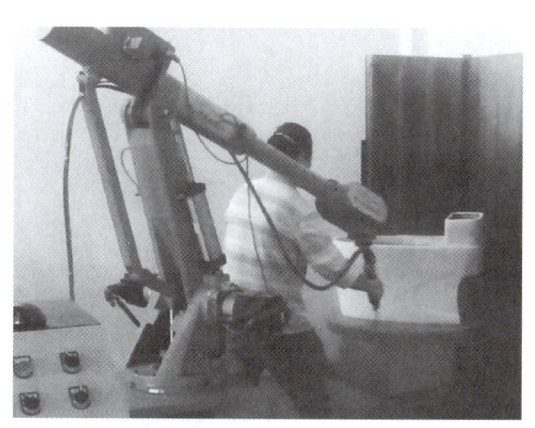

图 7-25　手把手示教喷涂机器人

图 7-26　现场使用示教器进行示教编程

示教器也称示教编程器或示教盒,在这种示教方式中是很重要的编程设备,一般具有直线、圆弧、关节插补以及能够分别在关节空间和笛卡儿空间实现对机器人的控制等功能。示教器主要由液晶屏幕和操作按键组成,可由操作者手持移动。它是机器人的人机交互接口,机器人的所有操作基本上都是通过它来完成的。示教器实际上就是一个专用的智能终端。

示教时的数据流关系如图 7-27 所示,当用户按下示教器键盘的按键时,示教器通过线缆向控制器发出相应的指令代码（S0）；此时，控制器的串口通信模块中的串口监视线程接收指令代码（S1）；然后由指令码解释模块分析判断该指令码，并进一步向相关模块发送与指令码相应的消息（S2）；驱动相关模块完成该指令码要求的具体功能（S3）；同时，为了让操作用户时刻掌握机器人的运动位置和各种状态信息，控制器的有关模块同时将状态信息（S4）从串口通信模块发送给示教器（S5），在液晶显示屏上显示，从而与用户沟通，完成数据的交换功能。

**提示**

各机器人生产厂家生产的示教器虽然外观或者操作习惯不同，但基本功能类似。

**视频**

ABB 示例程序：完成图形描绘

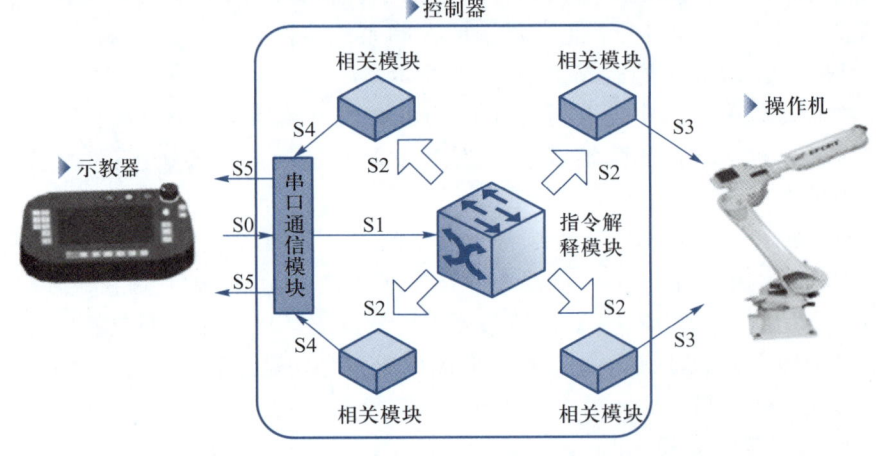

图 7-27　示教时的数据流关系

以 FANUC 的示教器为例，其采用的是按键式结构，上方有示教器有效开关和急停按钮两个基本操作按钮；中间为液晶显示屏和 USB 接口；下部为操作键盘；背面为 DEADMAN 安全开关。FANUC 示教器正面如图 7-28 所示，背面如图 7-29 所示。

**延伸阅读**

FANUC iPendant 的介绍

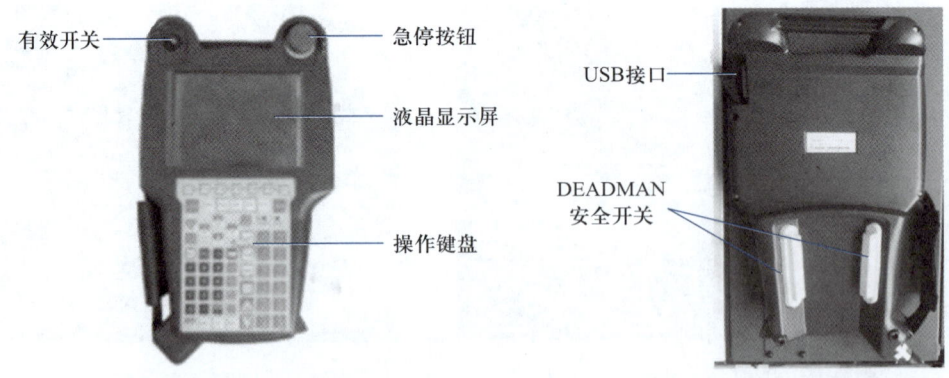

图 7-28　FANUC 示教器正面　　　　图 7-29　FANUC 示教器背面

**延伸阅读**

工业机器人语言研究现状与发展趋势

### 7.3.3　工业机器人的编程语言

#### 1. 工业机器人的语言类型

伴随着机器人的发展，机器人语言也得到了不断发展和完善。早期的机器人由于功能单一,动作简单,可采用固定程序或者示教方式来控制机器人的运动。随着机器人作业动作的多样化和作业环境的复杂化,依靠固定的程序或示教方式已经满足不了要求,必须依靠能适应作业和环境随时变化的机器人语言来完成机器人编程工作。

目前,工业机器人按照作业描述水平的高低分为动作级、对象级和任务级。

（1）动作级编程语言

动作级编程语言是最低级的机器人语言。它以机器人的运动描述为主,通常一条指令对应机器人的一个动作,表示机器人从一个位姿运动到另一个位姿。

动作级编程语言的优点是简单易学,编程容易。其缺点是功能有限,对于烦琐的数学运算无能为力,只能接受传感器的简单的开关信息,与计算机之间的通信能力较差。

美国 Unimation 公司于 1979 年推出的 VAL 语言是最典型的动作级编程语言,典型的命令语句"MOVE TO <destination>"的含义是机器人从当前位姿运动到目标位姿。

动作级编程语言又可以分为关节级编程和末端执行器级编程两种动作编程。

① 关节级编程。关节级编程是以机器人的关节为对象,编程时给出机器人一系列各关节位置的时间序列,在关节坐标系中进行的一种编程方法。对于直角坐标机器人和圆柱坐标机器人,由于直角关节和圆柱关节的表示比较简单,这种方法编程较为适用;而对于具有回转关节的关节机器人,由于关节位置的时间序列表示困难,即使一个简单的动作也要经过许多复杂的运算,故这一方法并不适用。

② 末端执行器级编程。末端执行器级编程在机器人作业空间的直角坐标系中进行。在此直角坐标系中给出机器人末端执行器一系列位姿组成位姿的时间序列,连同其他一些辅助功能（如力觉、触觉、视觉等）的时间序列,同时确定作业量、作业工具等,协调地进行机器人动作的控制。这种编程方法允许有简单的条件分支,有感知功能,可以选择和设置工具,有时还有并行功能,数据实时处理能力强。

**提示**

关节级编程可以通过简单的编程指令来实现,也可以通过示教器实现。

（2）对象级编程语言

对象级编程语言是描述操作对象即作业物体本身动作的语言。它不需要描述机器人手爪的运动,只要由编程人员用程序的形式给出作业本身顺序过程的描述和环境模型的描述,即描述操作物与操作物之间的关系,通过编译程序机器人就能知道如何动作。

对象级编程语言典型的例子有 IBM 公司的 AML、AUTOPASS 等语言。对象级编程语言是比动作级编程语言高一级的编程语言,除具有动作级编程语言的全部动作功能外,还具有以下特点。

① 较强的感知能力。除能处理复杂的传感器信息外,还可以利用传感器信息来修改、更新环境的描述和模型,也可以利用传感器信息进行控制、测试和监督。

② 良好的开放性。对象级编程语言系统为用户提供了开发平台,用户可以根据需要增加指令,扩展语言功能。

③ 较强的数字计算和数据处理能力。对象级编程语言可以处理浮点数,能与计算机进行即时通信。

**提示**
机器人结合各种条件自动进行编程工作。

（3）任务级编程语言

任务级编程语言比前两类更高级，是最理想的机器人高级语言。这类语言不需要用机器人的动作来描述作业任务，也不需要描述机器人对象物的中间状态过程，只需要按照某种规则描述机器人对象物的初始状态和最终目标状态，机器人语言系统即可利用已有的环境信息和知识库、数据库自动进行推理、计算，从而自动生成机器人详细的动作、顺序和数据。例如，一台生产线上的装配机器人欲完成轴和轴承的装配，轴承的初始位置和装配后的目标位置已知。当发出抓取轴承的命令时，机器人在初始位置处选择恰当的姿态抓取轴承，语言系统在初始位置和目标位置之间寻找路径，在复杂的作业环境中找出一条不会与周围障碍物产生碰撞的合适路径，沿此路径运动到目标位置。在此过程中，作业中间状态作业方案的设计、工序的选择、动作的前后安排等一系列问题都由计算机自动完成。

任务级编程语言的结构十分复杂，需要人工智能的理论基础和大型知识库、数据库的支持，目前还不是十分完善，是一种理想状态下的语言，有待于进一步研究。但可以相信，随着人工智能技术及数据库技术的不断发展，任务级编程语言必将取代其他语言而成为机器人语言的主流，使得机器人的编程应用变得十分简单。

**提示**
未来机器人的编程语言向着简单化、高效化、智能化发展。

**2. 机器人语言系统结构**

机器人语言实际上是一个语言系统，包括硬件、软件和被控设备。具体而言，机器人语言系统包括语言本身、机器人控制柜、机器人、作业对象、周围环境和外围设备接口等。机器人语言系统如图7-30所示，该图中的箭头表示信息的流向。机器人语言是人与机器人之间的一种记录信息或交换信息的程序语言，它作为一种专用语言，本身给出作业指示和动作指示，处理系统根据上述指示来控制机器人系统动作，提供了一种用来解决人机通信问题的方法。它不仅包含语言，实际上还包含语言的处理过程。它支持机器人编程，可以用来控制外围设备、传感器和人机接口，并且支持各种通信方式。

机器人语言操作系统包括三个基本的操作状态：监控状态、编辑状态和执行状态。

① 监控状态供操作者实现对整个系统的监督控制。在监控状态，操作者可以用示教器定义机器人在空间的位置、设置机器人的运动速度、存储或调出程序等。

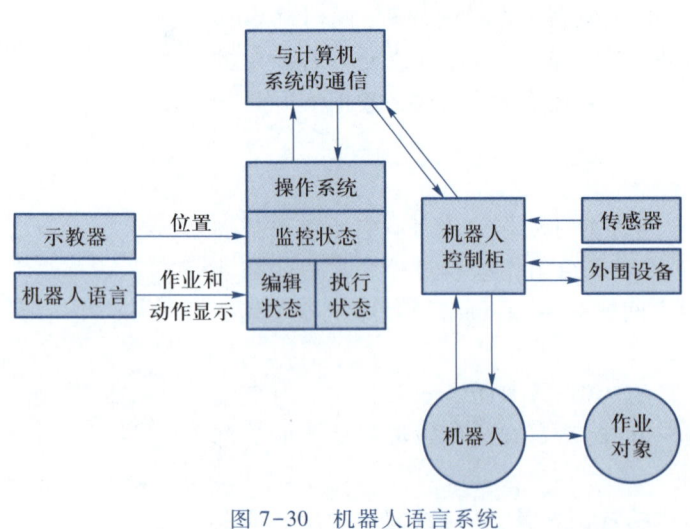

图 7-30　机器人语言系统

② 编辑状态供操作者编制程序或编辑程序。尽管不同语言的编辑操作不同，但一般均包括写入指令、修改或删去指令及插入指令等。

③ 执行状态是执行机器人程序的状态。在执行状态，机器人执行程序的每一条指令，在机器人执行程序的过程中操作者可通过调试程序来修改错误。例如，在

执行程序的过程中,某一位置关节超过限制,因此机器人不能执行,显示错误信息并停止运行,操作者可退回到编辑状态以修改程序。目前大多数机器人语言允许在程序执行的过程中,直接返回监控或编辑状态。

### 3. 机器人语言编程的基本功能

机器人语言的基本功能包括运算、决策、通信、运动、工具指令、传感数据处理等。这些基本功能都是通过机器人系统软件来实现的。

（1）运算功能

运算功能是机器人控制系统最重要的功能之一。如果机器人不装传感器,那么就可能不需要对机器人程序进行运算。但没有传感器的机器人只是一台可以编程的数控机器。装有传感器的机器人进行的最有用的运算是解析几何运算。这些运算结果能使机器人自行决定在下一步把末端执行器置于何处。

（2）决策功能

机器人系统能根据传感器的输入信息做出决策,而不用执行任何运算。这种决策能力使机器人控制系统的功能更强。通过一条简单的条件转移指令（如检验零值）就足以执行任何决策算法。

（3）通信功能

机器人系统与操作员之间的通信能力,可使机器人从操作员处获取所需信息,提示操作者下一步要做什么,并可使操作者知道机器人打算干什么。人和机器人能够通过许多不同方式通信。

（4）运动功能

机器人语言的一个最基本的功能是能描述机器人的运动。通过使用机器人语言中的运动语句,操作者可以建立轨迹规划程序和轨迹生成程序之间的联系。运动语句允许通过规定点和目标点,可以在关节空间或直角坐标空间说明定位目标,可以采用关节插补运动或直角坐标插补运动。

（5）工具指令功能

工具控制指令通常是由闭合某个开关或继电器而触发的,而开关和继电器又可能把电源接通或断开,直接控制工具运动,或送出一个小功率信号给电子控制器,让后者去控制工具。

（6）传感数据处理功能

机器人语言的一个极其重要的功能是与传感器的相互作用。语言系统能够提供一般的决策结构,如"if…then…else""case…""do…until…""while…do…",以便根据传感器的信息来控制程序的流程。

传感数据处理在许多机器人程序编制中都是十分重要而又复杂的,当采用触觉、听觉和视觉传感器时更是如此。例如,当应用视觉传感器获取视觉特征数据、辨识物体和进行机器人定位时,对视觉数据的处理工作量往往极大,而且极为费时。

### 4. 典型的机器人编程语言

（1）VAL 语言

VAL 语言是美国 Unimation 公司于 1979 年推出的一种机器人编程语言,主要配置在各种类型的 PUMA 机器人及 UNIMATE2000 和 UNIMATE4000 系列机器人

提示

与计算机语言类似,机器人语言程序可以编译,即把机器人源程序转换成机器码,以便机器人控制柜直接读取和执行编译后的程序,使机器人的运行速度大大加快。

提示

基本功能是通过具体的语句来实现的,操作者只需要用几个简单的语句就可以完成复杂的工作过程。

PPT

FANUC R – 30iA 控制系统中视觉焊缝跟踪编程实例

上,是一种专用的动作类描述语言。VAL 语言是在 BASIC 语言的基础上发展起来的,所以与 BASIC 语言的结构很相似。在 VAL 的基础上,Unimation 公司又推出了 VAL Ⅱ 语言。

VAL 语言适用于机器人两级控制系统,上级是 LAI-11/23,机器人各关节可由 6503 微处理器控制。上级还可以和用户终端、磁盘、示教器、I/O 模块、机器视觉模块等交联。在调试过程中 VAL 语言可以和 BASIC 语言及 6503 汇编语言联合使用。

在 VAL 语言中,机器人终端位姿用齐次变换表示。当精度要求较高时,通常用精确点的位姿来表示终端位姿。VAL 语言命令简单,清晰易懂,实时功能强,适用于多种计算机控制的机器人,可与操作者交互地在线修改程序和生成程序;VAL 语言包含一些子程序库,通过调用各种不同的子程序可很快组合出复杂操作控制。

VAL 语言作为典型的动作级编程语言,其指令可分为两类:程序指令和监控指令,见表 7-4。

表 7-4    VAL 语言的指令

| 种类 | 具体指令 |
|---|---|
| 程序指令 | 运动指令,包括 GO, MOVEMOVEI, MOVES, DRAW, APPRO, DRIVE, READY, OPEN, RELAX, DELAY 等 |
| | 机器人位姿控制指令,包括 RIGHTY, LEFTY, ABOVE, BELOW, FLIP, NOFLIP 等 |
| | 赋值指令,包括 SETL, TYPEI, HERE, SET, SHIFT, TOOL, INVERSE, FRAME 等 |
| | 控制指令,包括 GOTO, GOSUB, RETURN, IF, IFSIG, REACT, IGNORE, SIGNAL, WAIT, PAUSE, STOP 等 |
| | 开关量赋值指令,包括 SPEED, COARSE, FINE, NONULL, NULL, INTOFF, INTON 等 |
| | 其他指令,包括 REMARK, TYPE 等 |
| 监控指令 | 定义位姿的指令,包括 POINT, DPOINT, HERE, WHERE, BASE, TOOLI 等 |
| | 程序编辑指令,用 EDIT 指令进入编辑状态后,可以使用 C、D、E、I、L、P、R、S、T 等编辑指令字 |
| | 列表指令,包括 DIRECTORY, LISTL, LISTP 等 |
| | 存储指令,包括 FORMAT, STOPEP, STOPEL, LISTF, LOADL, LOADP, DELETE, COMPRESS, ERASE 等 |
| | 控制程序执行指令,包括 ABORT, DO, EXECUTE, NEXT, PROEED, SPEED 等 |
| | 系统状态控制指令,包括 CALIB, STATUS, FREE, ENABLE, ZERO, DONE 等 |

下面列举几个具体的语句示例。

示例 1:HERE PLACK

定义变量 PLACK 等于当前机器人的位置。

示例 2:BASE 300,-50,30

重新定义基准坐标系的位置,从初始位置向 x 轴方向移动 300,沿 z 轴负方向移动 50,再绕 z 轴旋转 30°。

示例 3:MOVE #PICK!

表示机器人由关节插值运动到精确点 PICK 所定义的位置,"!"表示位置变量已有自己的值。

示例 4:POINT #PARK

准备定义或修改精确点 PARK。

(2) MOTOMAN 机器人的编程语言

MOTOMAN 机器人采用的编程语言为 INFORMII,是一种动作级编程语言,该语言以机器人的动作行为为描述中心,由一系列命令组成,一般一个命令对应一个动作,语言简单,易于编程,其缺点是不能进行复杂的数学计算。

在这种编程语言中,机器人一般采用插补的方式进行运动控制,主要有关节插补、直线插补、圆弧插补和自由曲线插补,其语言命令及说明见表 7-5。

表 7-5  主要的插补语言命令及说明

| 语言命令 | 说明 |
|---|---|
| MOVJ | 关节插补。在机器人未规定以何种轨迹运动时,使用关节插补,以最高速度的百分比来表示再现速度。关节插补的效率最高 |
| MOVL | 直线插补。机器人以直线轨迹运动,单位为 cm/min。直线插补常被应用在焊接等工作中,机器人在运动过程中可自行改变末端执行器的姿态 |
| MOVC | 圆弧插补。机器人沿着用圆弧插补示教的三个过程点执行圆弧轨迹运动,再现速度与直线插补相同 |
| MOVS | 自由曲线插补。对于不同规则形状的曲线,使用自由曲线插补,再现速度的设置与直线插补相同 |

视频
机器人焊接工作

示例:移动机器人焊枪完成简单的焊接工作,如表 7-6 所示。

表 7-6  移动机器人焊枪命令

| 行 | 命令 | 内容说明 |
|---|---|---|
| 0000 | NOP | 程序开始 |
| 0001 | MOVJ VJ=25.00 | 移到待机位置 |
| 0002 | MOVJ VJ=25.00 | 移到焊接开始位置附近 |
| 0003 | MOVJ VJ=12.5 | 移到焊接开始位置 |
| 0004 | ARCON | 焊接开始 |
| 0005 | MOVL V=50 | 移到焊接结束位置 |
| 0006 | ARCOFF | 焊接结束 |
| 0007 | MOVJ VJ=25.00 | 移到不碰触工件和夹具的位置 |
| 0008 | MOVJ VJ=25.00 | 移到待机位置 |
| 0009 | END | 程序结束 |

提示
待机位置就是在编程过程中常说的安全点,程序的开头和结尾一般都会设置安全点。

（3）ABB 机器人的编程语言

瑞士 ABB 公司于 1974 年制造了第一台机器人，到 20 世纪 80 年代末逐步形成自己独特的机器人编程语言——RAPID。该语言具有一般计算机高级语言的特点，可读性很强。语言中包括了机器人工作过程中的所有状态，具有逻辑判断、循环等功能。该语言还有许多内部函数可供选择，也可将机器人经常重复进行的一些动作编制成子函数供调用。

RAPID 语言的数据构成类型中常用的是基本数据类型和组合数据类型。

① 基本数据类型。作为最基本的数据类型，其分为以下三种。

a. 数字型数据。如机器人位姿型 o_robtarget、机器人象限值 orient 等。数字型数据的定义标志是 num。

b. 字符型数据。设置一些个性化的名称，如子程序的名称、变量的名称等。字符型数据的定义标志是 string。

示例：VAR string text；　　　　　定义变量 text 为字符型变量
　　　text：="start welding pipe 1"；　给 text 赋值
　　　TPWrite text；　　　　　　在示教面板上显示 start welding pipe 1

**提示**

布尔型数据的两个值为二进制数字 0 和 1，分别表示 false 和 true。

c. 布尔型数据。在逻辑判断时必须使用布尔型数据，它只有两个值，即 false 和 true。布尔型数据的定义标志是 bool。

示例：VAR bool highvalue；　　　　定义 highvalue 为布尔型变量
　　　VAR num reg1；　　　　　　定义数字型变量 reg1
　　　highvalue：=reg1>100；　　　给 highvalue 赋值，当 reg1>100 时其值
　　　　　　　　　　　　　　　　为 true，反之为 false

② 组合数据类型。组合数据类型是由多个基本数据类型组成新类型，也可以由多个基本数据类型和多个组合数据类型组成。以下三种数据类型是非常重要的。

a. 位置型数据（pos）。表示机器人的末端执行器的关于世界坐标系的坐标，由三个数字型数据组合而成，各个坐标值可以单独运算，这也是组合型数据的共同特点。

示例：VAR pos position1；　　　　　定义变量 position1 为位置型变量
　　　position1：=[320,180,400]；　　赋 position1 的值 $x$ 坐标为 320；$y$ 坐标为
　　　　　　　　　　　　　　　　180；$z$ 坐标为 400；
　　　positiona1.x：=position1.x+50；　将位置变量 position1 的 $x$ 坐标值加 50。

**延伸阅读**

RAPID 中方向型数据详解

b. 方向型数据类型。定义原点坐标的角度关系，由四个数字数据组合而成。它规定了机器人工具坐标系所在的象限，使得在轨迹运算中不会产生多解的情况。

c. 速度型数据。这个数据是专门用来表示机器人以及外部轴运动速度的数据，包括以下元素。

v_tcp：末端执行器的线速度，以 mm/s 为单位。

v_ori：末端执行器的角速度，以°/s 为单位。

v_leax：外部轴的线速度，以 mm/s 为单位。

v_reax：外部轴的角速度，以°/s 为单位。

示例：VAR speeddata dia：＝［1000，30，200，15］；　　定义一个速度型变量 dia

dia.v_tcp：＝900；　　　　　　　　　　将 dia 的 v_tcp 值改变为 900

RAPID 语言与其他高级语言在执行结构上基本相同，归纳起来就是顺序、条件和循环三种最基本的执行方式。按照其语言功能可将机器人指令分为以下三种。

① 动作指令：这类指令使机器人执行一些动作，最常见的是 MoveJ（关节运动）、MoveL（直线运动）、MoveC（圆弧运动），这几个指令作用和上文中 MOTOMAN 机器人编程语言中提到的 MOVEJ、MOVEL、MOVEC 语句基本相同。

动作指令中还包括输出信号指令：指令为 Set，主要是将信号赋值为 1，与该指令相反的是 Reset。

提示

reset 指令是将信号赋值为 0。

示例：Set do1；　将 do1 赋值为 1，在与 do1 相应的 I/O 板上相应信号端口输出直流 24V 电压（do1 为一个输出信号变量）

类似的指令还有输出脉冲信号。

示例：PulseDO do1；　在相应的端口输出一个宽度为 0.2 s 的脉冲信号。

② 程序控制指令：这类指令控制着程序的执行方向，包括条件语句、循环语句等，与其他编程语言结构基本相同。

示例 1：条件语句 If-Then-End If。下面这段程序主要是判断数字类型变量是否大于 5，如果满足该条件则将输出端口 do1 和 do2 置 1，否则置 0。

If reg1>5 Then

Set do1；

Set do2；

Else

Reset do1；

Reset do2；

Endif

示例 2：循环语句 While-Do-Endwhile。下面这段程序是一个循环典型的计算累加的过程，当 reg1 <100 为真的时候，程序循环执行，直到 reg1 ＝100 时跳出循环体。

While reg1 <100 DO

…

reg1：＝reg1 + 1；

Endwhile

③ 机器人停止指令。主要分为两种，Exit 是机器人软停止指令，表示当前指令停止运行，并且复位整个运动程序。程序的运行指针移至主程序的第一行，机器人程序必须从头开始运行。几乎每个程序（或者机器人任务）都有 Exit 指令；Stop 是临时停止指令，多用于调试中，与之类似的还有 Break 指令。

RAPID 语言系统相当庞大，而其函数系统是 RAPID 语言的一大特点，具有强大的运算功能，还提供一些机器人专用的函数库供用户使用。

示例 1：AOutput( )是采样输入/输出端口模拟信号大小的函数，在编程焊接作

提示

模拟信号一般指信息参数在给定范围内表现为连续的信号，比如模拟信号 0~10 代表焊接电流 100~500 A，那么模拟信号 5 代表焊接电流 300 A。

业时,可能要用到焊接参数,如焊接电流大小,这种情况下就会用到这类函数。与该函数对应的输入/输出端口数字信号的函数是 DOutput( )。下面这段程序表示当 ao1 端口的输出模拟量大于 5 时,执行机器人的运动。

If AOutput(ao1) >5 Then;

MoveJ p1, vmax, z30, tool2;

Endif

示例 2:GetTaskName( )是读取当前机器人工作的任务名称。

VAR string mytaskname;

VAR num mytaskno;

mytaskname: = GetTaskName( \TaskNo: = mytaskno);

示例 3:off( )是计算机器人运动的偏移量。下面这条语句是机器人将 $p_2$ 点在 $z$ 轴方向上移动 10 mm。

MoveL Offs( p2,0,0,10), v1000, z50, tool;

延伸阅读
ABB IRB 1400 机器人程序实例

# 7.4 仿真和离线编程

PPT
仿真和离线编程

## 7.4.1 机器人仿真技术概述

虚拟仿真(virtual simulation)是智能制造领域的一门新兴技术,该技术在计算机上通过 CAD/CAM/CAE 等技术将产品信息集成到计算机提供的可视化虚拟环境,在实际产品制造之前实现产品的仿真、分析与优化过程。随着机器人研究的不断深入和机器人领域的不断发展,机器人仿真系统作为机器人设计和研究过程中安全可靠、灵活方便的工具,发挥着越来越重要的作用。通过仿真试验来研究机器人的各种性能和特点,已经是机器人理论研究必备方法之一。同时,仿真试验结果也为制造机器人提供了有效的参考依据。近年来国内外已有许多功能齐全的、商品化的机器人设计和研究仿真软件问世。机器人仿真技术在理论和实践方面的价值和意义是显而易见的。

延伸阅读
国内外离线编程的研究现状

机器人仿真主要应用在两方面:一是机器人本身的设计和研究,这里的机器人本身包括机器人的机械结构以及机器人的控制系统。它们主要包括机器人的运动学和动力学分析,各种规划和控制方法的研究等。机器人仿真系统可为这些研究提供灵活和方便的研究工具,它的用户主要是从事机器人设计和研究的部门和高等学校。机器人仿真应用的第二个方面是那些以机器人为主体的自动化生产线,它包括机器人工作站的设计、机器人的选型、离线编程、碰撞检测等。机器人可为此提供既经济又安全的设计和试验的手段,它的用户主要是那些使用机器人的产业部门。目前最常见的机器人仿真系统是 DELMIA 和 ROBCAD。

下面以机器人离线编程为例来说明机器人仿真系统的应用。机器人是一种通用机械,通过重新编程,它可以完成不同的工作任务,当机器人改变工作任务时,通常需中断机器人的当前工作,先对机器人进行示教编程,然后机器人按照新的程序执行新的工作。若借助于机器人仿真系统,就可首先在仿真系统上进行离线编程,然后将编好的程序装到机器人中,机器人便可按照新的程序执行新的工作,因此机器人可不必中断当前的工作,从而提高生产效率。这种方法既经济又安全。

**提示**

利用机器人仿真系统进行离线编程在国外已普遍,它是机器人仿真系统应用的典型例子。

## 7.4.2 离线编程系统的整体结构

离线编程系统主要由人机接口、三维建模、机器人语言、标定、运动仿真、轨迹规划、状态监测以及通信接口共 8 个部分组成,其框架示意图如图 7-31 所示。

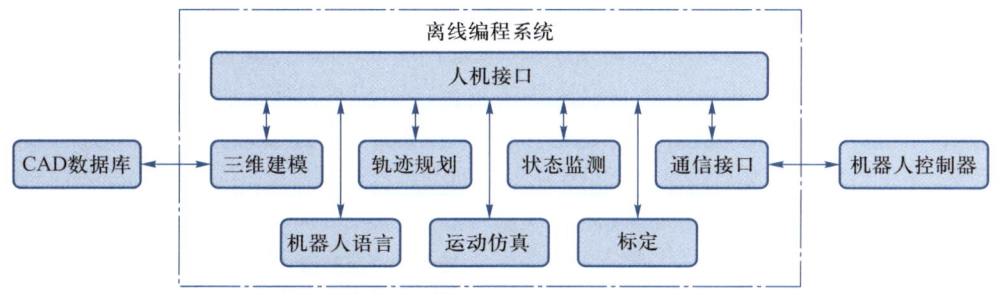

图 7-31 离线编程系统框架示意图

下面介绍离线编程系统中的几个重要模块。

(1)三维建模模块

三维建模是机器人离线编程系统的一个重要模块,直观的图形显示能给用户带来更多的便利性,计算机图形的绘制与显示主要通过两种途径实现:直接通过计算机编程语言实现和以商品化的图形软件作为图形支撑来实现。由于后者的开发周期较短,较容易掌握,开发成本相对较低,一般都以商品化的图形软件作为图形支撑的方法,其不足之处是系统的运行速度比通过计算机编程语言实现的方法慢。

**延伸阅读**

建模概述和常用建模软件

Open GL(open graphics library)是一个操作简单,功能强大的专业图形接口,自1992 年诞生以来,已经成为行业支持最为广泛的图形软件,是一个跨编程语言、跨平台的图形程序接口。在硬件、窗口、操作系统几个方面则是完全独立的。在点、线和多边形三种基本几何图元的基础上能够轻松地完成二维、三维图形的渲染,但建模功能不强,一般需要借助专业的三维造型软件完成复杂图形的构建。图 7-32所示为 OpenGL 的基本功能示意图。

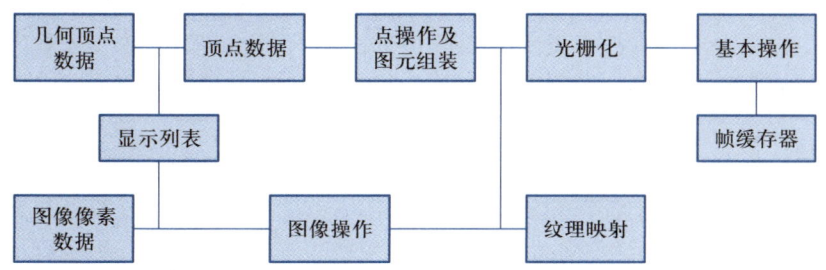

图 7-32 OpenGL 的基本功能示意图

下面介绍常见的三维图形文件格式——3DS。3DS 格式文件是由 Autodesk 公司的图形设计软件 3D Studio Max(简称 3ds Max 或 MAX)生成为一种三维格式文件,内容包括三维图形的点信息数据、材质纹理信息数据、面信息数据和光照信息数据等。同时 3DS 格式文件是一种采用块(Chunk)结构进行存储的文件,块也是构成 3DS 格式文件的基本单位,图 7-33 给出了 3DS 块的结构。

| 索引(ID) | 块长(Next Chunk Position) | 数据(Data) |
|---|---|---|

图 7-33　3DS 块的结构

块头部需要占用 6 字节,其中 2 字节用来存储 ID 号,另外 4 字节则用来存储块长度;块体则用来存储块对应的数据,数据的存储方式为低位在前,高位在后。3DS 文件中的块都是由一个块头部跟块体两部分组成。3DS 文件中块结构采用树形结构存放数据,块中还可以有子块。图 7-34 所示为某台机器人的模型文件格式定义,图 7-35 所示为其模型在 OpenGL 中的显示。

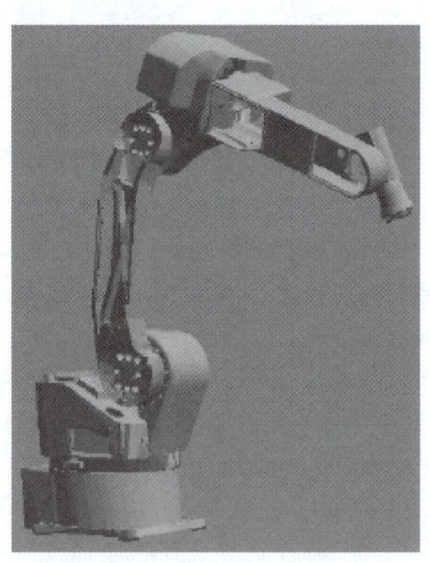

```
[robot]                        //机器人信息标签
Type=1                         //机器人结构类型
robotName=URP100               //机器人名称
eleNum=7                       //机器人组成部件数量
NB_axe=6                       //机器人关节数量
Robot_install_angle=0.0        //机器人安装角度
currentPoint. x=0.0            //机器人安装位置x轴分量
currentPoint. y=0.0            //机器人安装位置y轴分量
currentPoint. z=0.0            //机器人安装位置z轴分量
[element0]                     //部件0标签
MaxiAxe=0                      //最大旋转角度
MiniAxe=0                      //最小旋转角度
Type_axe=0                     //关节类型
Valeur_axe=0                   //关节变量值
Vecteur. x=0                   //轴线向量x分量
Vecteur. y=0                   //轴线向量y分量
Vecteur. z=0                   //轴线向量z分量
Name=dizuo                     //关节名称
Origine. x=0                   //部件位置x轴分量
Origine. y=0                   //部件位置y轴分量
Origine. z=-30                 //部件位置z轴分量
File=end0.3ds                  //三维图形文件名
[element1]                     //部件1标签,下同
    ......
```

图 7-34　某台机器人的模型文件格式定义　　图 7-35　某台机器人模型在 OpenGL 中的显示

**(2)运动仿真模块**

机器人运动仿真模块的重点在于保证仿真环境的有效性,即要对被仿真的工业机器人的位置及姿态进行正确无误的仿真,主要依靠机器人的运动学和逆运动学模型来实现运动仿真。机器人的运动学模型与逆运动学模型的关系如图 7-36 所示。

机器人的运动学模型计算是根据给定的机器人的 6 个关节变量 $\theta_1 \sim \theta_6$ 的值,结合机器人的连杆参数进行计算,得到机器人末端位姿的过程;逆运动学模型计算则是根据机器人末端的 6 个位姿值 $x$、$y$、$z$、$\alpha$、$\beta$、$\gamma$ 对变换矩阵进行求逆解,从而得出机器人在该位姿时相应的 6 个关节变量值的过程。

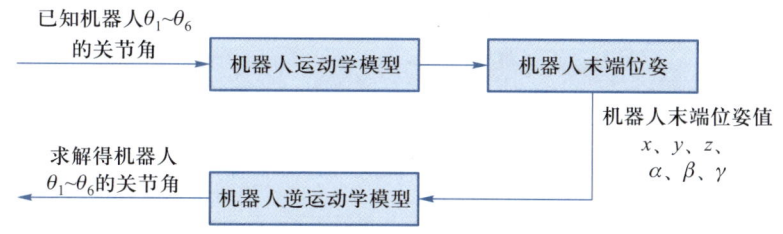

图 7-36　机器人运动学模型与逆运动学模型的关系

（3）轨迹规划模块

轨迹规划模块是机器人离线编程系统中的基本模块,关系到机器人能否在空间运动过程中实现轨迹的精确仿真。轨迹规划算法以机器人在三维空间中的期望运动为目标,允许用户通过简单的方式来描述机器人的期望运动,然后离线编程系统可以通过轨迹规划算法来详细地计算生成机器人的运动路径,获得机器人具体的运动轨迹点。其规划算法和实际机器人控制系统中的轨迹规划方法基本相同,即轨迹规划方法可分为两种:关节空间轨迹规划和笛卡儿空间轨迹规划。

（4）标定模块

标定模块是实现机器人离线编程系统实用化性能的关键技术之一,任何计算机模型与实际环境都存在不可避免的不准确性,为了使离线编程系统开发的程序满足实际应用的需求,则必须将工序标定模块集成到离线编程系统中。离线编程系统中的标定模块主要是为了实现标定和误差补偿的功能,在标定模块中用户把由实际环境中标定算法测量得到的数据按格式要求输入到离线编程系统中进行补偿和校正,实际环境中的标定算法由机器人控制系统提供。

按照机器人所标定对象的不同,可以将机器人标定大致分为三类:

① 机器人本体中各杆件坐标系与坐标系的关系标定;

② 机器人与其他设备（如变位机）的关系标定;

③ 机器人作业任务中的标定（如工具参数标定、工件参数标定）

（5）通信接口模块

通信接口模块主要是将离线编程系统中计算机内部生成的机器人运动程序按照一定的格式要求进行转换,使其成为机器人控制柜可以识别的代码,其作用相当于在离线编程系统与机器人控制柜之间架起可以互相沟通的桥梁,使得离线编程系统输出的程序可以直接应用于机器人控制柜中,驱动机器人按程序要求运动以完成作业任务。通信接口模块是与机器人编程语言紧密结合在一起的,通信接口模块中需要将机器人笛卡儿空间的各个插值点的位姿值转换为该点处的 6 个关节变量值进行保存,再将其与机器人运动控制指令相结合,输出机器人控制柜可以识别的代码,最终驱动机器人按照用户要求完成作业任务。

### 7.4.3　离线编程的特点

随着机器人应用范围的扩大、任务复杂程度的增加,在线示教编程已很难满足要求。因此离线编程得到了越来越多的应用。表 7-7 为两种编程方式的比较。

提示

这里的轨迹规划和机器人中的规划过程是基本相同的,这样才能做到运动轨迹的统一性。

提示

机器人中用到最多的是末端执行器的坐标系与机器人坐标系的标定,即工具坐标系的标定;在很多功能如视觉功能中,坐标系的标定也是必不可少的步骤。

表 7-7　在线示教编程和离线编程的比较

| 在线示教编程 | 离线编程 |
| --- | --- |
| 需要实际机器人系统和工作环境 | 需要机器人系统和工作环境的三维模型 |
| 编程时机器人停止生产工作 | 编程不影响机器人系统的正常生产 |
| 在实际系统中检验程序 | 通过模拟仿真检验程序 |
| 编程质量取决于编程者的经验 | 用 CAD 办法进行最佳轨迹规划 |
| 很难实现复杂的机器人运动轨迹 | 可以实现复杂的机器人运动轨迹 |

与在线示教编程相比,离线编程系统具有下列优点。

① 可减少机器人非工作时间,当对下一个任务进行编程时,机器人仍可在线工作;

② 使编程者远离危险的工作环境;

③ 适用范围广,可以对各种机器人进行编程;

④ 便于和 CAD、CAM 系统结合,做到 CAD、CAM 和机器人一体化;

⑤ 可使用高级计算机编程语言对复杂任务进行编程;

⑥ 便于修改机器人程序。

### 7.4.4　离线编程的基本步骤

下面举例介绍离线编程的基本步骤,用 ABB 的 IRB1600 焊接机器人工作站来完成对工件的焊接。

图 7-37(a)所示为机器人工作站,图 7-37(b)所示为待焊工件。

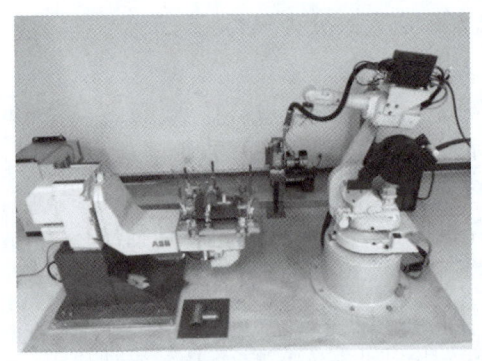

(a) 机器人工作站　　　　　　　　　　　　　(b) 待焊工件

图 7-37　机器人焊接工作站实物和待焊工件

提示
现阶段受多种因素影响,离线编程的普及率不高,大多数还是使用示教编程,因此学习机器人的过程中,应夯实示教编程的基础。

由图 7-37 分析其离线编程的必要性。观察待焊工件,可以发现焊缝形式由直线焊缝和相贯线焊缝组成,由于焊接工艺的要求,在焊接相贯线时,焊枪姿态较为复杂且时刻在变化,加上工作站中带有可协调运动的变位机,编程时可能会用到机器人与变位机的协调运动,所以此编程任务比较复杂,示教编程的方法对于编程者尤其是初学者来说难度较大,适合用离线编程的方法。

#### 1. 离线仿真软件简介

常用离线编程软件,可按不同标准分类。例如,可以按国内与国外分类,也可以按通用离线编程软件与厂家专用离线编程软件。按国内与国外分类,可以分为以下两大阵营:国内主要有 RobotArt,国外主要有 DELMIA、RobotCAD、RobotMaster、RobotWorks、Robomove、RobotStudio 和 RoboGuide 等;按通用离线编程与厂家专用离线编程,又可分为以下两大阵营:通用型的有 DELMIA、RobotCAD、RobotMaster、RobotArt、Robomove,厂家专用型的有 ABB 公司的 RobotStudio、FANUC 公司的 RoboGuide 及 KUKA 公司的 KUKASim。

视频
仿真中 FANUC 机器人视觉功能工作过程

这里使用的是瑞士 ABB 公司配套的离线仿真软件 RobotStudio,是机器人厂商中软件做得最好的一款。RobotStudio 支持机器人的整个生命周期,使用图形化编程、编辑和调试机器人系统来创建机器人的运行,并模拟优化现有的机器人程序。其特点在于仿真,根据几何模型自动生成轨迹能力差,而且只支持 ABB 自家机器人。图 7-38 所示为 RobotStudio 软件界面。

延伸阅读
其他离线仿真软件介绍

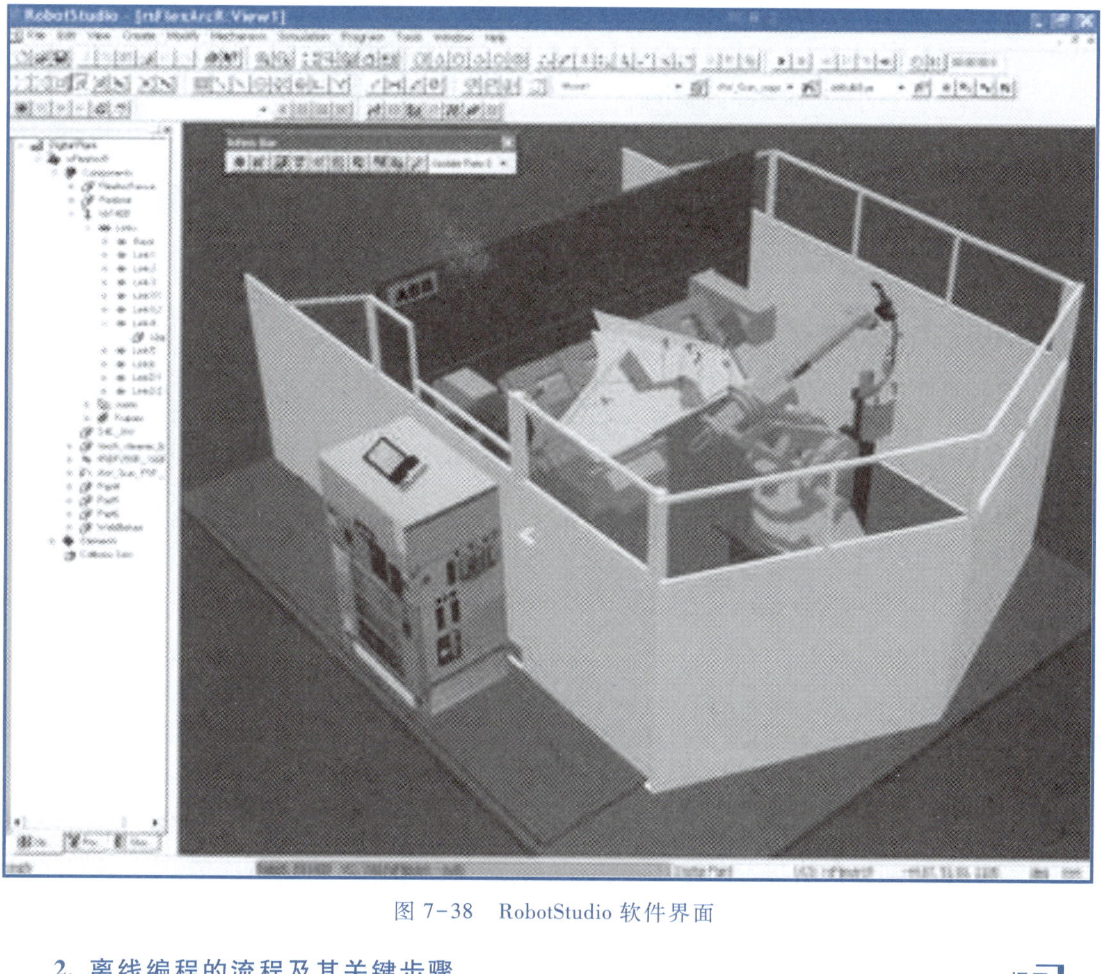

图 7-38　RobotStudio 软件界面

## 2. 离线编程的流程及其关键步骤

图 7-39 所示为离线编程的一般流程示意图。

和在线示教编程的流程基本类似,离线编程也主要有模拟示教和再现两大部分,从仿真的角度还可以分为前期方案设计、中期方案验证和后期再现修正这三个基本步骤。下面针对离线编程中的关键步骤结合实际进行讲解。

提示
在离线编程仿真中,再现过程很重要。

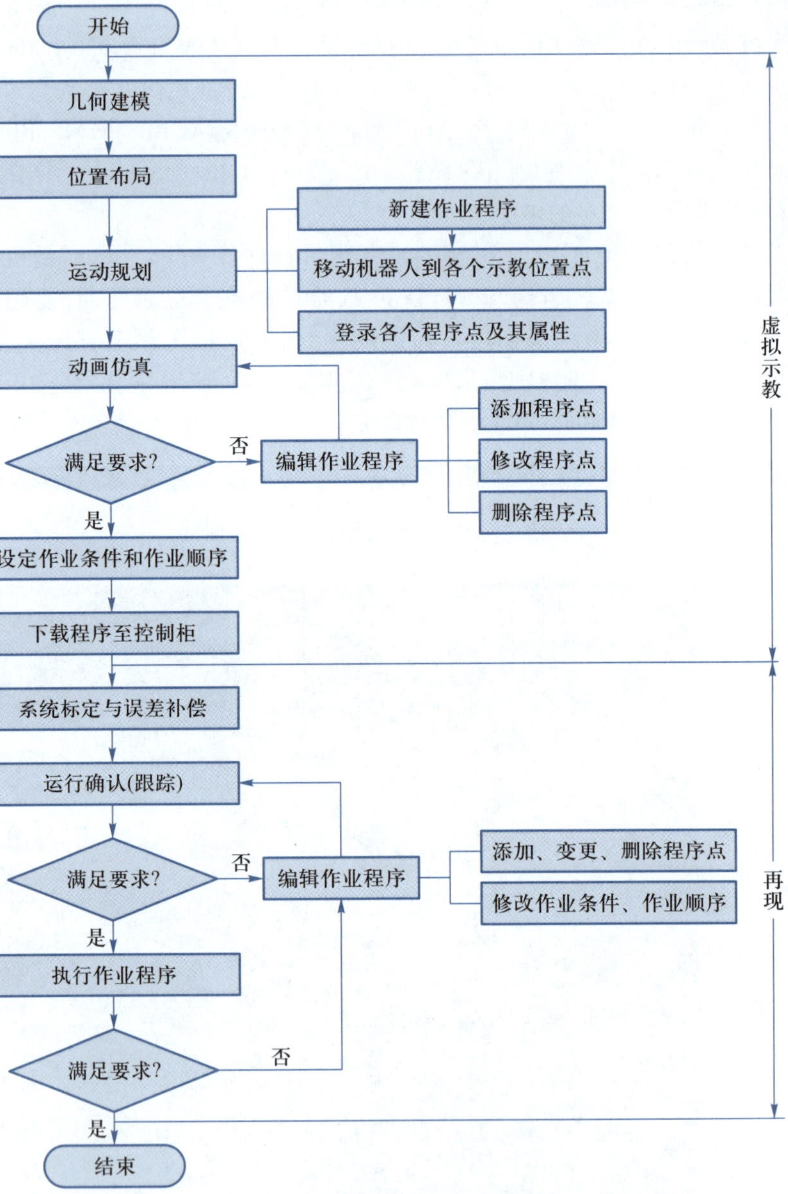

图 7-39　离线编程的一般流程示意图

（1）几何建模

离线编程的首要任务是对工业机器人及其工作单元的图形进行描述，即三维几何建模。对于各机器人厂家推出的离线编程软件而言，为方便使用者，一般都将本品牌的标准变位机、地轨等外围设备的模型加入软件的模型库，图 7-40 所示的工件模型由 SolidWorks 软件绘制，而变位机模型直接在软件的模型库中选择。

（2）空间布局

离线编程软件的一个重要作用是离线调试程序，而离线调试最直观有效的方法是在不接触机器人及其工作环境的情况下，利用图形仿真技术模拟机器人的作

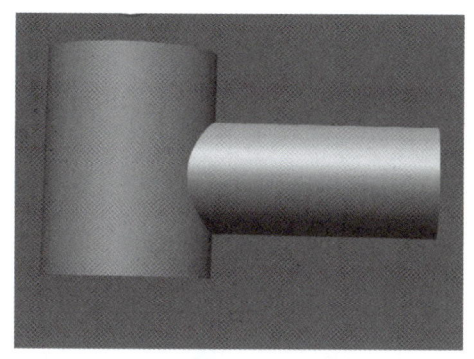

(a) 待焊工件模型

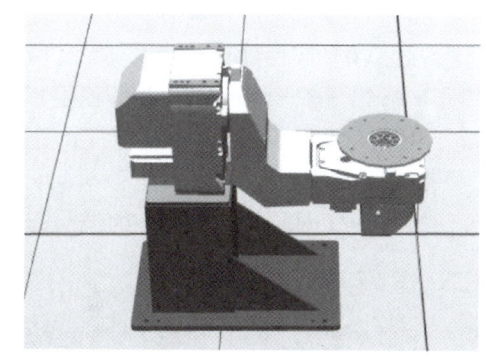

(b) 变位机模型

图 7-40　待焊工件与变位机模型

业过程,即提供一个与机器人进行交互的虚拟环境。这就需要把整个机器人系统(包括本体、工件及周边设备等)的模型按照实际的装配和安装情况在仿真环境中进行布局。图 7-41 所示为焊接工作站实物与工作站模型布局对比。

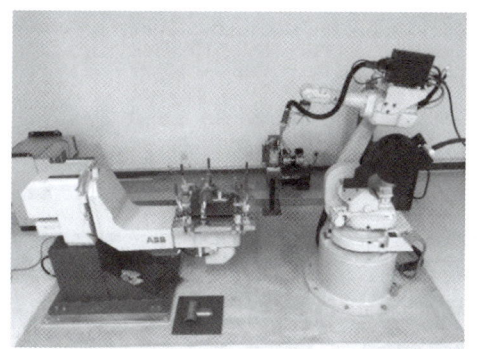

(a) 工作站外观

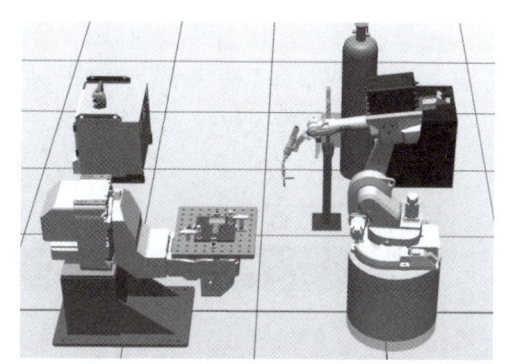

(b) 工作站模型布局

图 7-41　焊接工作站实物与工作站模型布局对比

（3）运动规划

用户新建编程任务后,根据需求定义期望点,离线编程系统通过轨迹规划算法详细地计算生成机器人的运动路径,获得机器人具体的运动轨迹点,生成运动轨迹。

（4）动画仿真

在仿真模块中,系统对运动规划的结果进行三维图形动画仿真,模拟整个作业情况,检查末端工具发生碰撞的可能性及机器人的运动轨迹是否合理,并计算机器人的每个工作步骤的操作时间和整个工作过程的循环时间,为离线编程结果的可行性提供参考。在本例中,完成机器人作业过程的模拟仿真时应注意:焊枪姿态合理且没有碰撞,运动轨迹合理,可以生成实际作业所需的代码。作业仿真过程如图 7-42 所示。

（5）程序生成及传输

要实现实体工业机器人动作,需要把离线编制的源程序编译成被加载机器人可识别的目标程序。当作业程序的仿真结果完全达到作业的要求后,将该作业程序转换成机器人的控制程序和数据,并通过通信接口下载到机器人控制柜,驱动机

延伸阅读

焊接机器人离线编程工件标定

提示

离线编程仿真的作用不仅仅是模拟轨迹,在估算生产节拍等方面也有重要的意义。

**提示**

弧焊等工作对轨迹精度要求高,在离线编程完成后一定要确认实际运动轨迹。

**视频**

带双轴变位机的弧焊工作站仿真

器人执行指定的作业任务。

(6)运行确认与施焊

出于安全考虑,离线编程生成的目标作业程序在自动运转前需跟踪试运行。经确认无误后,即可再现施焊作业。在程序试运行的过程中,操作者要确认焊枪姿态是否合理,运动轨迹是否与实际焊缝位置相符合。如果不符合,需手动修改轨迹。图7-43所示为实际的试运行过程。

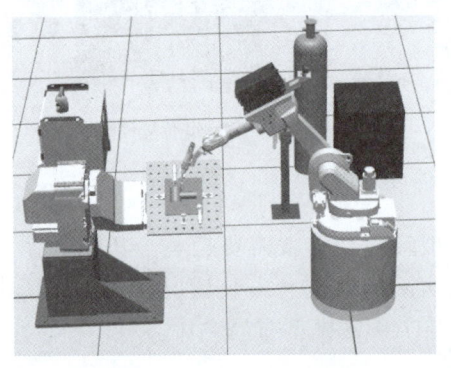

图7-42　作业过程仿真

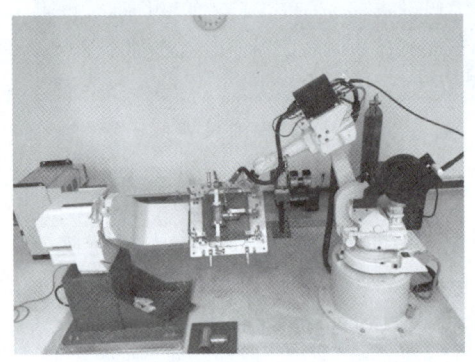

图7-43　实际的试运行过程

至此,机器人焊接工件的离线作业过程结束。

## 学习评分表

| 序号 | 学习目标 | 知识技能点 | 评估结果 | 评分 |
|------|----------|------------|----------|------|
| 1 | 掌握工业机器人控制系统的特点、功能及分类(20分) | • 工业机器人控制系统的特点<br>• 工业机器人控制系统的功能<br>• 工业机器人控制系统常见的分类方式 | □ 掌握<br>□ 初步掌握<br>□ 未掌握 | |
| 2 | 掌握运动轨迹规划的推导过程(20分) | • 关节空间轨迹规划的推导过程<br>• 笛卡儿空间轨迹规划中的直线轨迹规划 | □ 掌握<br>□ 初步掌握<br>□ 未掌握 | |
| 3 | 熟悉对运动控制进行结构和面向不同对象的分类(20分) | • 按运动控制方式的被控对象分类的方法<br>• 机器人控制系统的三种结构 | □ 掌握<br>□ 初步掌握<br>□ 未掌握 | |
| 4 | 掌握示教编程和机器人语言编程的方法(20分) | • 工业机器人语言类型及基本功能<br>• VAL、MOTOMAN、RAPID 三种机器人编程语言 | □ 掌握<br>□ 初步掌握<br>□ 未掌握 | |
| 5 | 熟悉简单的仿真与离线编程(20分) | • 离线仿真系统的组成及特点<br>• 仿真与离线编程的基本步骤 | □ 掌握<br>□ 初步掌握<br>□ 未掌握 | |
| | | 合计 | | |

## ✍ 学习体会

_____

_____

_____

_____

_____

习题答案
单元 7 习题答案

## 单元练习题

1. 简述控制系统特点和基本功能,并从某一特征进行分类。

2. 简述工业机器人控制系统的结构,并举出一个控制系统的实例来分析其运动控制的过程。

3. 完成图 7-44 中的示教编程,并思考如果重复运行的话,怎样修改程序点才能提高工作效率。

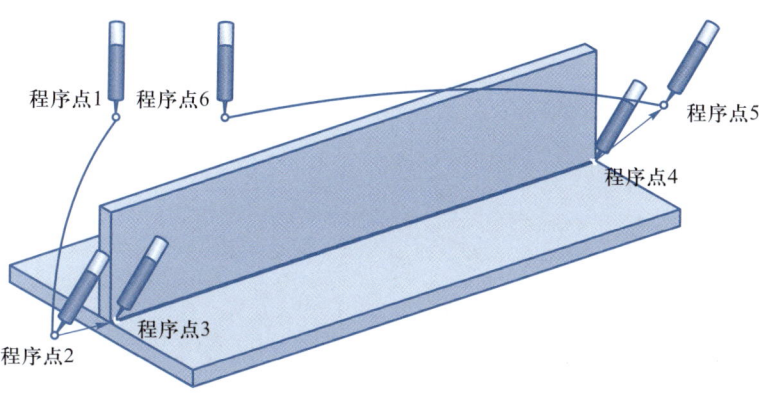

图 7-44

4. 简述离线编程的基本步骤。

5. 以某品牌典型的机器人为例,解释其控制结构并写出其机器人程序。

# 工业机器人的关键技术

近年来,工业机器人逐渐向轻量化、高速化、高精化和智能化发展,制造业也面临着向高端设备的转型,加快工业机器人的技术研发与生产是能否转型成功的关键。然而,随着工业自动化水平的提高,对工业机器人的要求也越来越高。在机器人的实际使用中存在着一系列的关键技术问题,对于机器人的发展起着至关重要的作用。

## 学习目标

### 知识目标
- 掌握力控制技术的分类及原理。
- 掌握多传感器融合的原理,掌握多传感器融合的结构。
- 熟悉多传感器融合的发展趋势。
- 掌握不同方式快速示教技术的原理。
- 掌握常用的总线通信及工业以太网协议。

### 能力目标
- 能够认识力控制技术的应用。
- 能够认识多传感器融合技术的应用。
- 能够了解快速示教技术的应用。
- 能够了解常用的通信技术。

### 素养目标
- 学习力控制技术后按需选择控制方式,培养工程实践能力。
- 掌握多传感融合后理解传感器协同,为作业优化提供支撑。
- 熟悉相关技术后完成编程与原理理解,培养现场调试技能。

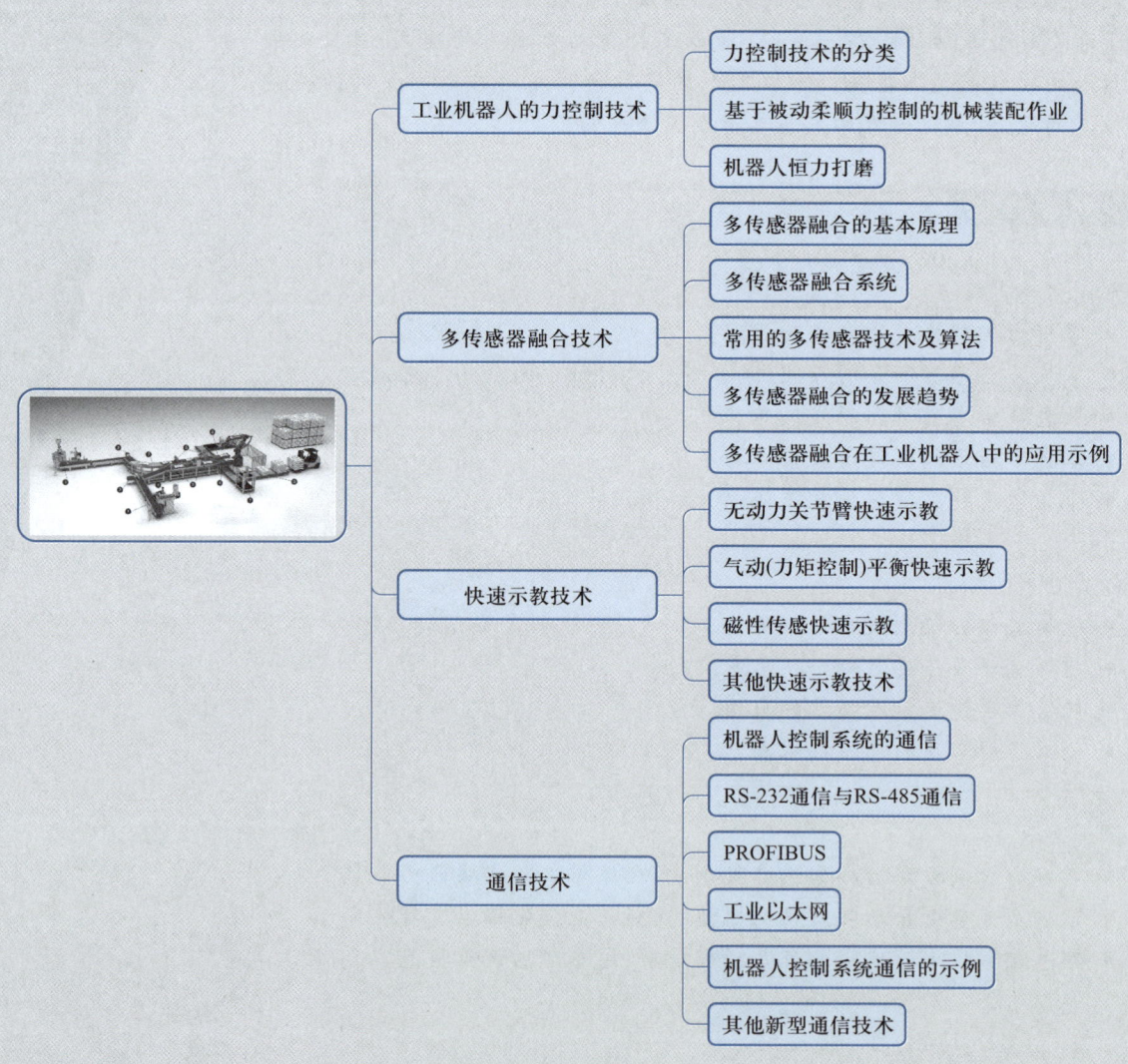

工业机器人的力控制技术
- 力控制技术的分类
- 基于被动柔顺力控制的机械装配作业
- 机器人恒力打磨

多传感器融合技术
- 多传感器融合的基本原理
- 多传感器融合系统
- 常用的多传感器技术及算法
- 多传感器融合的发展趋势
- 多传感器融合在工业机器人中的应用示例

快速示教技术
- 无动力关节臂快速示教
- 气动(力矩控制)平衡快速示教
- 磁性传感快速示教
- 其他快速示教技术

通信技术
- 机器人控制系统的通信
- RS-232通信与RS-485通信
- PROFIBUS
- 工业以太网
- 机器人控制系统通信的示例
- 其他新型通信技术

## 8.1 工业机器人的力控制技术

### 8.1.1 力控制技术的分类

随着机器人在各个领域应用的日益广泛,许多场合要求机器人具有接触力的感知和控制能力。机器人能够对接触环境顺从的能力称为柔顺性。机器人进行精密装配、修刮或工件表面磨削、抛光和擦洗等任务需要机械手与环境接触的同时产生相对运动,并且需要对接触表面施加一定的期望力。完成这些作业任务,必须具备从自由空间到约束空间的对力的柔顺控制能力,即力控制技术。下面介绍力控制技术。

力控制技术的分类见表 8-1。

表 8-1    力控制技术的分类

| 力控制方式 | | 特点 |
|---|---|---|
| 主动柔顺 | 阻抗控制 | 力反馈信号同时转换为位置和速度的修正量 |
| | 力位混合控制 | 位置环和力环之间耦合,控制方式实时转换 |
| 被动柔顺 | 不可调节被动柔顺 | 利用机器人本体弹性控制机器人末端与环境间的接触力 |
| | 可调节被动柔顺 | 采用具有柔性的特殊机械装置实现机器人末端的弹性特性 |

力控制技术主要分为主动柔顺力控制和被动柔顺力控制两类。

主动柔顺力控制是机器人根据力反馈信号,采取一定的控制策略对机器人和环境之间的作用力进行主动控制。随着机器人、传感器、计算机和控制技术等的发展,主动柔顺力控制成为机器人领域一个重要的研究方向。

从机器人实现依从运动的特点来看,主动柔顺力控制一般可归结为两类:阻抗控制和力位混合控制。阻抗控制和力位混合控制是机器人力控制研究领域中最典型的两种力控制策略。

被动柔顺力控制是指利用一些可使机器人与环境作用时能够吸收或储存能量的机械器件(如弹簧、阻尼等组成的机构),使机器人与环境相接触时对外部作用力有一定的自然顺从控制能力。

#### 1. 阻抗控制

阻抗控制的特点是不直接对机器人与环境的作用力进行控制,而是根据机器人末端位置(或速度)执行器作用力之间的关系,通过调速反馈位置误差、速度误差或刚度,从而达到控制接触力的目的。这类力控制主要是基于位置和速度的两种基本形式,力反馈信号转换为位置调整量,这种方式称为刚度控制;也可把力的反馈信号转换为速度修正量,这种方式称为阻尼控制;而把力的反馈信号同时转换为位置和速度的修正量时,即为阻抗控制,其结构示意图如图 8-1 所示。

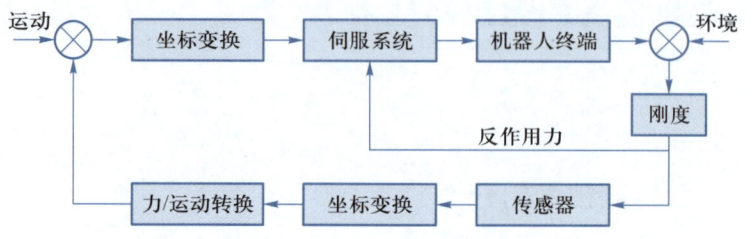

图 8-1　阻抗控制结构示意图

阻抗控制结构的核心为力/运动转换矩阵 $K$ 设计,运动修正矩阵 $W_X$ 为

$$W_X = KF$$

### 2. 力位混合控制

机器人力控制的最佳方案是以独立的形式同时控制力和位置。理论上机器人力自由空间和位置自由空间是两个互补正交子空间,在力自由空间进行力控制,而在剩余的正交方向上进行位置控制。此时的约束环境被当作不变形的几何问题考虑,因而也狭义地把力位混合控制称为约束运动控制。

图 8-2 所示的力位混合控制系统有两个主要的闭环控制系统,即位置环和力环,两者之间耦合,重要的是控制过程中根据控制需要实时对控制方式进行转换,从而更加加大了控制系统设计难度,同时对稳定性的分析也变得复杂。目前主动柔顺机器人实现商业化的有库卡公司的 LBR IIWA 机器人,如图 8-3 所示,该机器人有 7 个关节,实现人类与机器人之间的直接合作,完成高灵敏度需求的任务。由于使用主动柔顺算法和集成 6 维力传感器,LBR IIWA 机器人无须防护便可与人类进行交互。

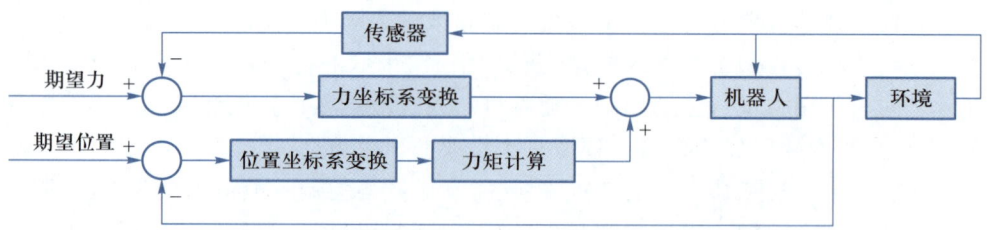

图 8-2　力位混合控制系统

力控制技术也是实现快速示教和人机协作的必要方法。以 LBR IIWA 机器人为例,在所有 7 个轴上都集成了敏感的扭矩传感器,从而使得轻型机器人具有触感探测能力和可编程的随动性。它掌控着受力控制的连接操作及连续路径操作,在这些应用中必须灵敏地确定物体的位置。每一个关节中都包含了电动机、伺服驱动、谐波减速器、电动机端编码器、关节端位置传感器和力矩传感器,电动机和减速器采用直连。整个一体式关节在机器人内部的布局如图 8-4 所示。

实现一体化关节,存在着一系列关键性的问题。首先是机器人本体必须做到轻质,因此碳纤维等复合材料的大量使用是必不可少的。其次一体化关节要实现电动机驱动部分(电源、驱动单元和控制单元)与电动机本体的高度集成,散热和走

**提示**

从力控制角度,希望 $K$ 矩阵中元素越大越好,则系统柔一些;从位控来看,希望 $K$ 矩阵中元素越小越好,则系统刚一些。从而也体现了机器人刚柔相济的要求,但也给机器人力控制带来了极大的困难。

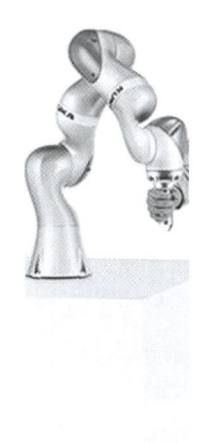

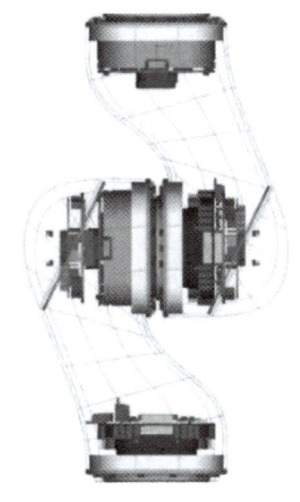

图 8-3　LBR IIWA 机器人　　图 8-4　一体式关节在机器人内部的布局

视频

库卡 LBR IIWA 机器人帮助福特生产线升级工业 4.0 水平

线是关键问题。一体化关节中的电动机是特种空心杯电动机,高功率密度和安全性是关键。最后,一体化关节力位混合控制,灵敏度的关键在于力传感器,同时机器人使用寿命和机械薄弱环节也是需要解决的关键问题。

**3. 被动柔顺力控制**

当机器人作用于环境时,安装在机器人末端的柔顺的力传感元件能够发挥被动柔顺力控制的作用。但是柔顺的力传感器制约了力动态响应和末端位置的精度。被动柔顺力控制单元分为不可调节被动柔顺力控制和可调节被动柔顺力控制,其中不可调节被动柔顺力控制主要特点是由机器人本体机械结构固有弹性实现机器人力/位置控制,其主要依据是假设机器人关节的弹性系数已知,且弹性系数足够小,以致在机器人与环境接触过程中机器人本体弹性占主导地位,即利用机器人本体弹性控制机器人末端与环境间的接触力。而实际的商用工业机器人在设计时为提高位置控制精度,其机械结构刚度与一般作业环境相比非常大。因此,利用机器人本体固有弹性特性实现机器人与环境间力/位置控制只是在理论上可行。有研究提出,通过设计特殊的具有柔性的机械装置实现机器人末端与环境接触时表现出期望的弹性特性,其优点是用户可根据具体任务要求设计具有期望弹性的装置。被动力/位置控制在机器人与环境相互作用时补偿位置误差、吸收振动能量、增加加工柔顺性等方面起着重要作用。

## 8.1.2　基于被动柔顺力控制的机械装配作业

基于力传感器被动柔顺力控制的装配作业广泛应用于工厂生产中,包括圆柱形轴插入孔的精密配合作业、齿轮装配作业及汽车离合器的装配作业等。

**1. 零件的精密配合作业**

面对圆轴插入孔的作业,仅仅是工件与孔的位置不确定就会使得示教非常困

提示

采用力控制技术的机器人,其优点是可以使机器人精度不受影响,安全且与人共存;但是也存在着负载小、速度低、动态性能差(刚度低)及结构复杂的问题,其使用的可靠性和耐用度还有待验证。

难,如果是精密装配,轴与孔之间的间隙只有数十微米,示教很难做到。为实现这类作业,需要在腕力传感器的应用中配以附件,即可在机器人末端安装 RCC(remote center compliance)装置,即顺应中心式手腕,构成被动柔性手腕来满足作业需求。

采用这种手腕的手部机构,在进行精密装配时,能根据装配时的位置和倾角偏差产生的附加力,使腕部产生一个微小形变,从而实现自动纠正并减小位置与倾角偏差,使工件能顺利地插入到相应孔中。

RCC 采用纯机械制成,可以设计成多种结构形式,如图 8-5 所示为其中一种。它是采用了具有弹性变形功能的板簧及杆簧,利用板簧及杆簧的变形来获得合成运动的中心,即柔顺中心,从而实现自动找正中心,并顺利地进行装配作业。

图 8-6 所示为插入过程中力传感器检测到的力和力矩曲线。如果工件存在姿态误差,工件插入孔时就会产生力矩。工件姿态控制的目标就是让该力矩值为 0,姿态误差被消除后,即可顺畅地完成插入装配。

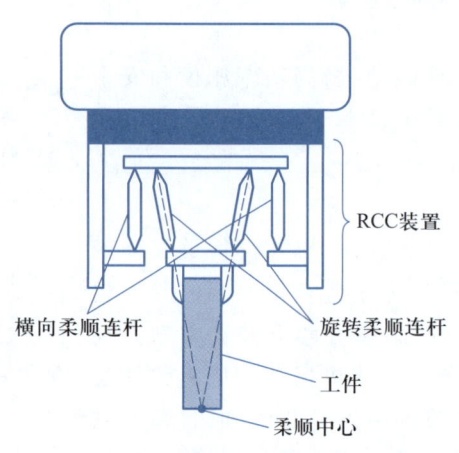

图 8-5　RCC 结构原理

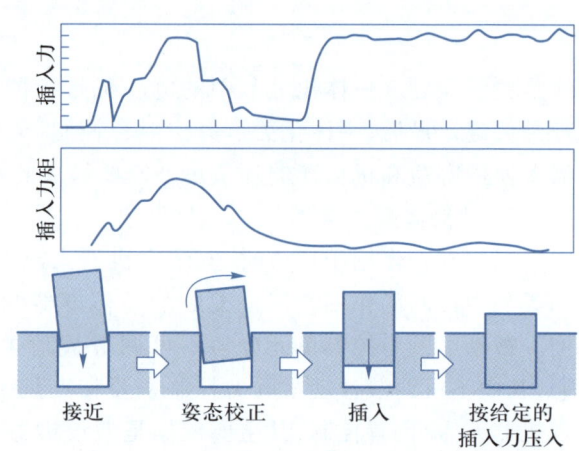

图 8-6　插入过程中力传感器所受到的力和力矩曲线

该方式具有以下优点:

① 可实现仅有数微米到数十微米的配合间隙的精密配合装配作业;

② 可以由软件来改变柔顺中心及力控制的响应性能,不用更换专用工具即可适应多种类型工件的装配;

③ 可实现横向和倾向配合作业。

### 2. 齿轮装配

齿轮装配往往需要掌握配合时的微小力度。图 8-7 所示为行星齿轮的装配作业,其难度是必须一边让太阳轮齿和行星轮齿啮合,一边同时完成装配。

为了完成齿轮装配,在对正角度的同时还必须施加适当的压入力。如果压入力过小,即使角度对的很正也无法插入;相反,若压入力过大,又会发生两个齿轮同时旋转的问题。采用力控制,就能够既施加不伤害齿轮的压入力,又能对正角度。

### 3. 离合器单元装配

在汽车制造生产线中,机器人广泛应用于焊接、喷涂等作业。发动机和变速器的装配因为作业的复杂程度高,一度完全依赖于人工。直到 20 世纪 90 年代后半期才逐渐出现自动装配的实例。

离合器单元由离合器组件和离合器从动盘毂组成。如图 8-8 所示,离合器组件内有 3~7 片切有内齿的摩擦片,离合器从动盘毂的外圆面则被切成外齿,装配时应该保持齿与齿之间的啮合,同时将离合器从动盘毂插入离合器组件内。为了让离合器摩擦片在 $xOy$ 坐标平面内能运动,装配时应满足平面内的位置和齿的角度同时对正的要求。实际上,离合器摩擦片的位置是不确定的,因此往往需要在 $xOy$ 坐标平面内经过多次尝试;否则就无法插入。

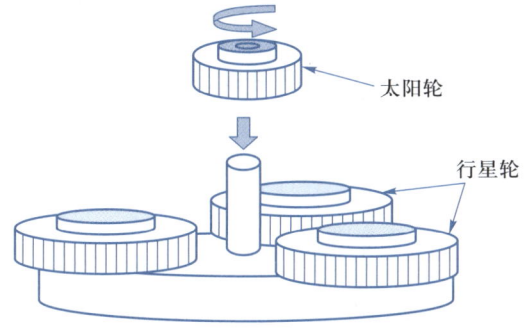

图 8-7 行星齿轮的装配作业

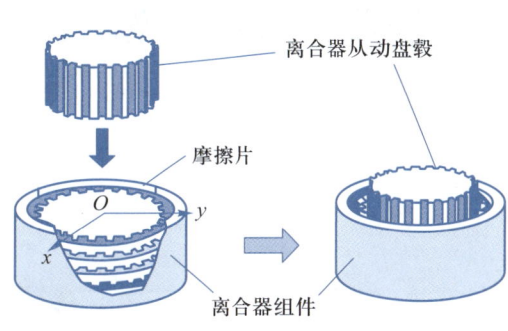

图 8-8 离合器单元的装配

借助于力传感器可以同时控制插入力的方向和绕插入轴的力矩,消除以力和力矩为目标进行的位置和姿态调整,就可以在装配中避免工件的损伤,实现装配作业的自动化,同时提高生产效率和产品的可靠性。

### 8.1.3 机器人恒力打磨

打磨是一种表面改性的工艺技术,其应用广泛。常规的打磨方案采用人工打磨,生产效率低,工作周期长,而且精度不高,产品均一性差。尤其是打磨现场的噪声和粉尘污染对工人的伤害特别大。

打磨机器人能够实现高效率、高质量的自动化打磨,为代替人工打磨提供了一种有效的解决方案。打磨机器人的核心为力控制技术,通过控制加工轨迹和打磨工具末端的力保证打磨质量,即对机器人的位置和力这两方面都要进行控制。

打磨机器人系统由工业机器人本体、控制柜、路径规划计算机、打磨工具、力传感器及工作台等组成,如图 8-9 所示。其中,力传感器属于 6 维力-力矩传感器,安装在机器人 6 轴末端法兰盘上,用来测量在传感器坐标系下 $x$、$y$、$z$ 3 个方向所受力和力矩大小。打磨工具通过连接件安装在力-力矩传感器的测量面。路径规划计算机用来规划打磨工具在待加工工件上的打磨路径,其输出和控制柜相连。打磨机器人的加工过程为:先用路径规划计算机对打磨工具在工件上的打磨路径进行规划,并将规划完的机器人位置信息传递给控制器,控制器驱动机器人到达相应位置开始打磨,力-力矩传感器测量打磨工具和加工件之间的力大小;再将测量的信

息传递给力传感器，用力传感器对机器人进行调节，以保持打磨工具和加工件之间的力相对恒定，从而保证打磨的效果。

图 8-9　打磨机器人系统

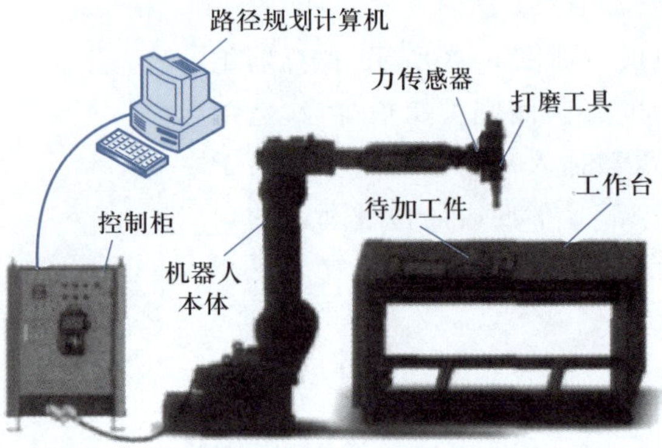

对于不同型号的工件或多种工件同时作业，还可以通过视觉相机与力传感器系统的结合，实现不同工件间打磨的自动切换。如图 8-10 所示为采用视觉相机及力传感器结合的打磨工作站，可进行两种工件的打磨作业。当作业开始时，首先通过视觉相机确定一种工件的位置，然后更换带有恒力装置的打磨头进行打磨作业。当进行第二类工件作业时，更换视觉相机拍照确定工件位置后再进行打磨作业。

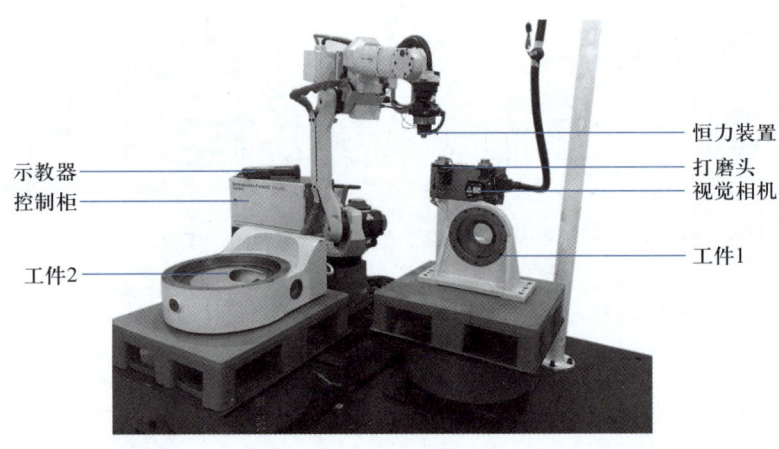

图 8-10　采用视觉相机及力传感器结合的打磨工作站

视频
力传感器及视觉相机去毛刺系统

## 8.2 多传感器融合技术

PPT
多传感器融合技术

机器人要能够理解环境、适应环境、准确自如地进行作业，需要高性能传感器以及各种传感器之间的协调工作。由于每一种传感器的功能上往往专用的，所以单一传感器获取的信息很难完整。因此，智能机器人身上一般都同时有多个传感器，以满足机器人对完整数据采集的需要。这样就会涉及如何综合处理来自多个传感器提供的数据，消除数据的不确定性，产生更可靠、更准确或更精确的信息的问题。多传感器融合技术能够消除多传感器信息之间可能存在的冗余和矛盾，并找到信息之间的内在联系，形成对环境相对一致的感知描述。目前，多传感器融合技术已成为智能机器人研究领域的关键技术之一。

### 8.2.1 多传感器融合的基本原理

多传感器融合是一个复杂的不确定的信息处理过程，是对多种信息的获取、表示及其内在联系进行综合处理和优化的技术,它是将多个传感器所获得的空间或时间上互补和冗余的观测信息,依据某种优化原则加以自动分析、综合的信息处理过程。即对多种传感器的信息进行复合、集成、融合、联想等处理,实现单一传感器所不具备的功能。

多传感器融合是自然界生物系统中常见的一种基本功能,是一个综合信息处理的过程。如人类能够运用人体的各个感觉器官(眼睛、鼻子、耳朵、舌头、皮肤等)探测外界信息(图像、味道、声音、气味、触觉等),并结合先验知识进行综合分析处理,从而感知、理解周围环境正在发生的事件。多传感器融合技术与人脑综合处理信息非常类似。图8-11所示为多传感融合示意图。其最终目标就是利用多传感器共同联合操作的优势,提高传感系统的精确度、可信度及系统的容错能力。与传统的信号采集与处理方法相比,多传感器融合技术能够处理更复杂的数据,能够在不同的信息层次(一般分为数据层、特征层和证据层)上进行处理,而且信息处理速度快,容错性好,互补性强,信息获取成本低,系统精度高。

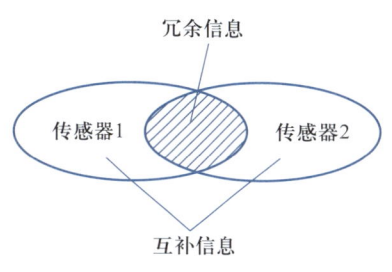

图8-11　多传感融合示意图

### 8.2.2　多传感器融合系统

多传感器融合系统的性能是反映智能机器人智能水平的一个重要指标。机器人的传感器系统是智能系统的硬件基础,而多传感器融合系统则是使智能系统高效运行的软件。多传感器融合系统的主要任务是将处于不同位置、不同状态的传感器获取的局部的、不完整信息加以综合处理,消除多传感器信息之间可能存在的冗余或矛盾,降低其不确定性,以形成对外界环境相对完整的描述,从而有效提高智能系统的决策和规划能力,同时降低其决策风险。在一个多传感器融合系统中,多传感器是信息融合的物质基础,传感器信息是信息融合加工的对象,协调优化处理是信息融合的核心思想。多传感器融合的优化处理非常的重要,是系统性能好坏的决定因素。多传感器融合系统的一般结构如图8-12所示。

多传感器融合可以是多层次、多方式的,一般在信息融合中心中完成。多传感器信息融合拓扑结构主要有集中型、分散型、混合型和分级型,如图8-13所示。在这四种结构中,集中型和分散型是两种比较常用的融合结构。集中型结构简单,精度高,但只有接收到所有传感器的信息后才进行信息融合,因此各信息融合中心计算和通信负担较重,可能造成系统融合速度慢、容错性差。在分散型结构中每个传感节点都具有估计全局信息的能力,不必维护较大的集中数据库,通信负担轻,融合

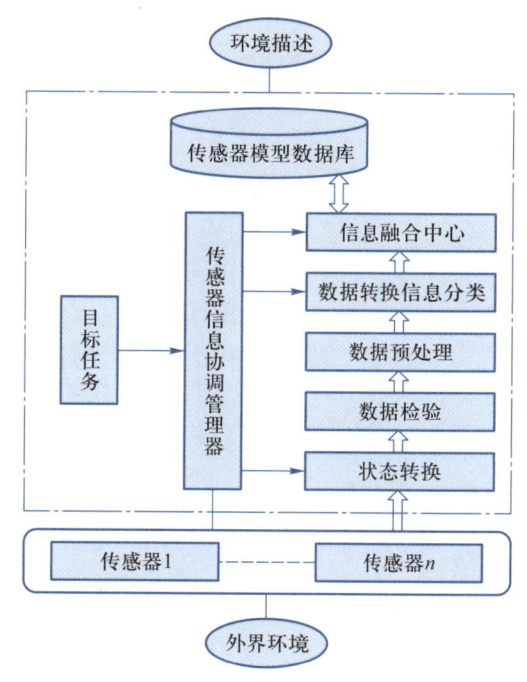

图8-12　多传感器融合系统的一般结构

速度快,不会因为某个传感节点失效而影响整个系统正常工作,具有较高的可靠性和容错性,但融合精度没有集中型高。混合型结构保留了集中型和分散型的优点,但是在计算和通信上都要付出昂贵的代价。分级型又可分为有反馈结构和无反馈结构,分级型结构中各局部节点可以同时或分别是集中型、分散型或混合型的,其计算和通信负担介于集中型结构和分散型结构之间。从多传感器融合技术被提出开始,其融合结构就在不断地改进。

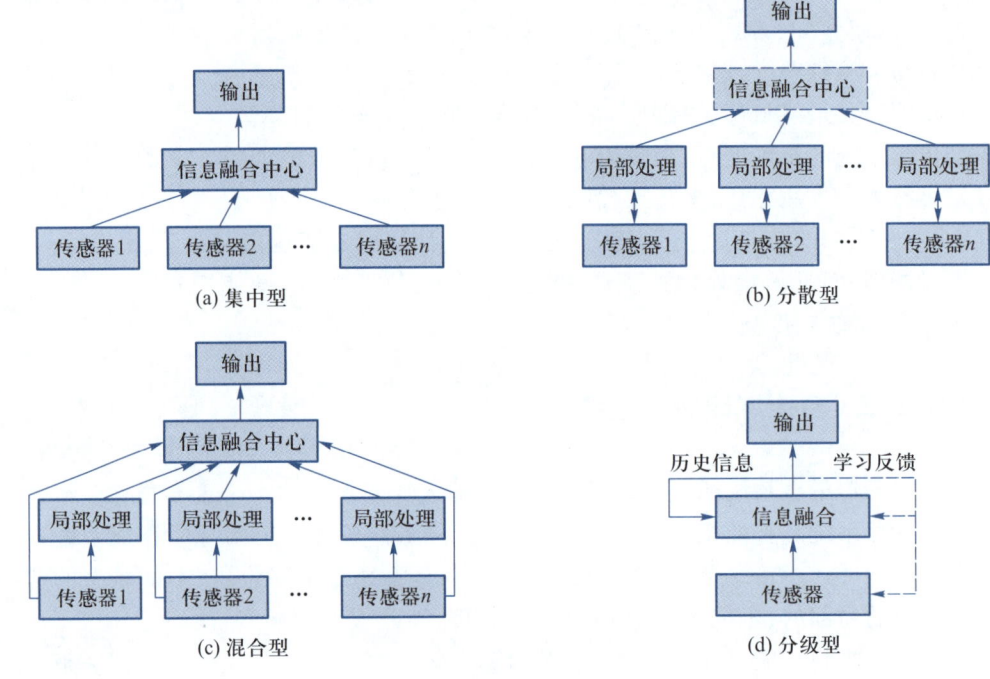

图 8-13　多传感器信息融合拓扑结构

### 8.2.3　常用的多传感器融合技术及算法

一个完善的信息融合业务流程可能会涉及多个处理过程,这其中每一个处理过程可能又会涉及一个或多个融合算法。经过几十年的理论研究和实践检验,人们梳理出了上百种较为成熟的信息融合算法,常用的有加权平均法、贝叶斯网络、卡尔曼滤波、统计决策理论、D-S 证据理论、聚类分析、表决法、模板法、神经网络及模糊集理论等。

### 8.2.4　多传感器融合的发展趋势

#### 1. 微型化和智能化机器人的传感器

传感器是机器人的五官,也是机器人多传感器融合技术的硬件基础,一台智能化程度较高的机器人通常配有几十只乃至上百只传感器。随着 MEMS(微机电系统)技术和精加工技术飞速地发展,使得微型传感器的研发和生产成为可能。为进

**提示**
信息融合可综合运用多种算法,将模糊数学、神经网络、进化计算、粗糙集理论、小波变换、专家系统等智能技术结合起来,也是重要的发展趋势。

一步减小机器人的体积和提高传感器的性能,机器人传感器将向着信息转换、处理、传输为一体的智能化发展。

信息融合的各种算法分别适用于不同的感知环境、传感器类型、抽象层次以及任务要求等,在具体使用时需要根据实际情况灵活选取。

### 2. 多传感器融合算法的改进

现有的多传感器融合算法有着自身的缺陷和局限性。目前主要采用几种算法共同使用的方法来对其进行弥补。如模糊神经网络算法弥补了模糊逻辑自适用能力差的缺点也提高了神经网络算法的鲁棒性。目前,将模糊逻辑、神经网络、进化计算、小波变换等智能计算方法有机地结合起来,是一个重要的发展趋势。多种信息融合算法的综合运用虽然能够弥补单一算法的缺陷,但同时增加了系统的计算量,降低了系统的反应速度。因此,对机器人多传感器融合算法的改进和创新是迫切需要的。

### 3. 综合化多传感器管理的研究

信息融合技术发展至今,迅速地与机器人各种多源或多传感器相结合,构成从上而下层次性的机器人多传感器信息融合系统。这种机器人多传感器信息融合系统能够在同一时刻或同一时间段实现多种任务功能,且不同时间周期,系统的作用任务可能不同,任务的性能要求也可能不同。这就需要通过多传感器管理实时进行控制,以满足融合系统的需求,并实现自适应信息融合,使多传感器信息融合系统朝着智能化、综合化方向发展。

## 8.2.5 多传感器融合在工业机器人中的应用示例

随着工业机器人的不断发展,多传感器融合的应用越来越广泛。例如,在自动生产线上,被装配的工件初始位置时刻在运动,属于环境不确定的情况,机器人进行工件抓取或装配时使用力和位置的混合控制是不可行的,而一般使用位置、力反馈和视觉融合的控制来完成。

案例
多传感器融合技术在智能机器人系统中的应用

多传感器信息融合装配系统由 CCD 视觉传感器、超声波传感器、柔顺腕力传感器及相应的信号处理单元等构成。CCD 视觉传感器安装在末端执行器上,构成手眼视觉;超声波传感器的接收和发送探头也固定在机器人末端执行器上,由 CCD 视觉传感器获取待识别和抓取物体的二维图像,并引导超声波传感器获取深度信息;柔顺腕力传感器安装于机器人的腕部。多传感器信息融合装配系统结构如图 8-14 所示。

图像处理主要完成对物体外形的准确描述,包括图像边缘提取、周线跟踪、特征点提取、曲线分割及分段匹配、

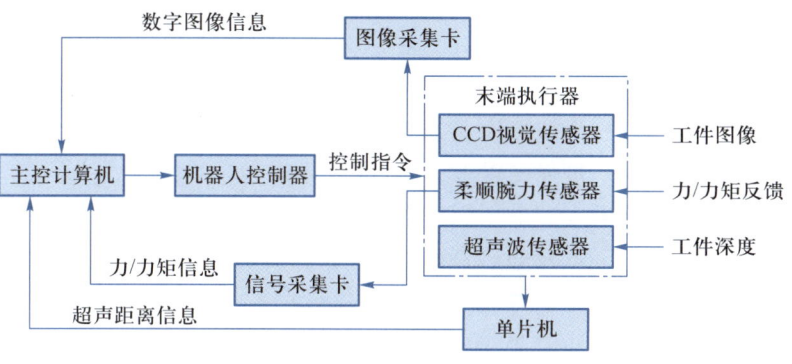

图 8-14 多传感器信息融合装配系统结构

图形描述与识别。CCD 视觉传感器获取的物体图像经处理后,可提取对象的某些特征,如物体的形心坐标、面积、曲率、边缘、角点、短轴方向等,根据这些特征信息,可得到对物体形状的基本描述。

由于 CCD 视觉传感器获取的图像不能反映工件的深度信息,因此对于二维图形相同,仅高度略有差异的工件,只用视觉信息不能正确识别。在图像处理的基础上,由视觉信息引导超声波传感器对待测点的深度进行测量,获取物体的深度(高度)信息,或沿工件的待测面移动,超声波传感器不断采集距离信息,扫描得到距离曲线,根据距离曲线分析出工件的边缘或外形。计算机将视觉信息和深度信息融合推断后,进行图像匹配、识别,并控制机械手以合适的位姿准确地抓取物体。

安装在机器人末端执行器上的超声波传感器由发射和接收探头构成,根据声波反射的原理,检测由待测点反射回的声波信号,经处理后得到工件的深度信息。为了提高检测精度,在接收单元电路中,采用可变阈值检测、峰值检测、温度补偿、相位补偿等技术,可获得较高的检测精度。

柔顺腕力传感器测试末端执行器所受力/力矩的大小和方向,从而确定末端执行器的运动方向。

## 8.3 快速示教技术

随着机器人的快速发展,在一些标准化程度较低的行业中的应用也逐渐出现,而对于这些行业的应用,由于零件工艺、尺寸的种类及变化较多,在使用过程中会带来大量的示教工作,给机器人的应用带来一定障碍。因此,需要研究一种快速示教和编程技术来解决传统示教带来的不便。目前,快速示教和编程技术及实现方式也是各机器人生产厂家研究的热点,除了前述的基于力传感器的力位混合控制技术外,还有其他几种实现途径:无动力关节臂、气动(力矩控制)平衡技术、磁性传感器技术、红外相机与视觉定位技术及惯性传感器技术等,下面对这几种技术进行简要介绍。

### 8.3.1 无动力关节臂快速示教

无动力关节臂在喷釉行业应用的实例——喷釉示教臂系统如图 8-15 所示。示教关节臂是喷釉示教臂系统的核心部分,人工拖动关节臂来进行轨迹的示教。为使操作者方便灵活地驱动关节臂,示教臂应满足示教空间要求,且结构紧凑;满足强度要求,且质量轻巧。

采用无动力关节臂进行示教属于间接示教的一种方法。采用一个专门用于示教的机器人手臂,操纵它的手部沿着设定的路径运动,同时将该手臂在运动中的位置和姿态信息存储起来,再根据记忆的数据对机器人进行示教,其工作流程如图 8-16 所示。

(1)首先对喷釉路径进行规划,以保证喷釉时涂层的均匀性,同时轨迹规划能提高机械手的工作效率。

（2）人工驱动示教关节臂上的喷枪对工件喷釉,记录关节臂上的传感器的读数。

（3）根据角度传感器上的数据和运动学公式,可以得到喷枪的运动轨迹。

（4）将示教运动轨迹自动转换成机器人的运动程序,并通过以太网发送给机器人。

（5）机器人再现示教轨迹,实现机器人喷釉。

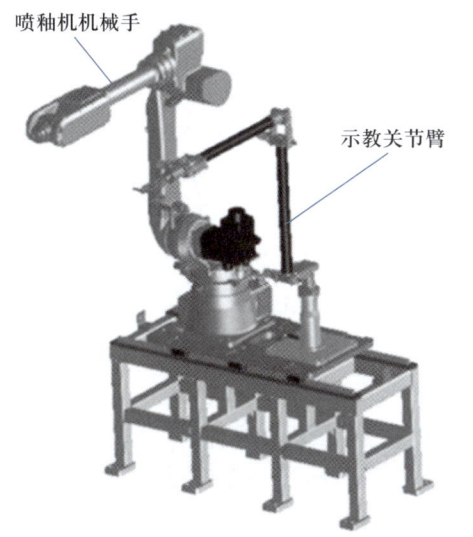

图 8-15　喷釉示教臂系统

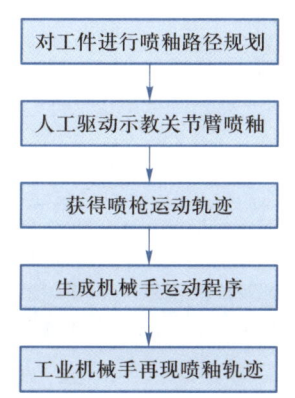

图 8-16　喷釉示教关节臂工作流程

视频

无动力臂示教机器人写字

喷釉示教臂系统内部数据的处理流程如图 8-17 所示。

（1）示教操作时获得的关节转角信息经过运动学正向解析后可以得到喷枪的轨迹。

（2）喷枪的轨迹经过运动学逆向解析后获得喷釉机械手的运动参数,这些参数可以编译成机械手运动程序。

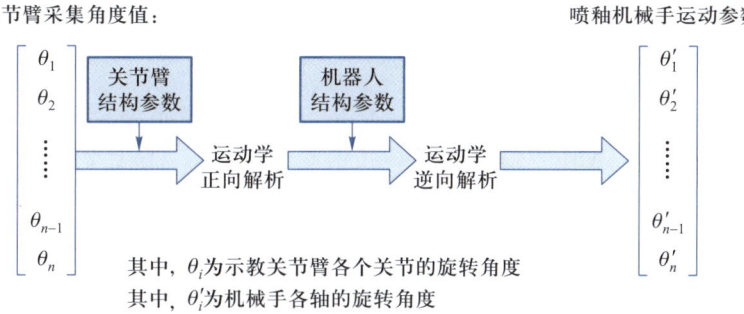

图 8-17　喷釉示教臂系统内部数据的处理流程

采用这种方法,结构简单,不影响机器人性能,成本低,使用方面,可靠性高。但是,必须明确实际作业机器人和模型机器人与各自作业对象之间的相对位置关

提示

进一步扩展无关节动力臂快速示教方法,可以演变成不用模型机器人,而借助类似于光笔的操纵杆或示教器,根据摄像机或超声波传感器等监视设备从作业环境获得的位置和姿态信息,对机器人进行示教,这种方法目前还处于研究阶段。

系,还必须正确把握作业机器人和模型机器人的形状、尺寸等几何参数,并对示教数据进行适当补偿或修正。

### 8.3.2  气动(力矩控制)平衡快速示教

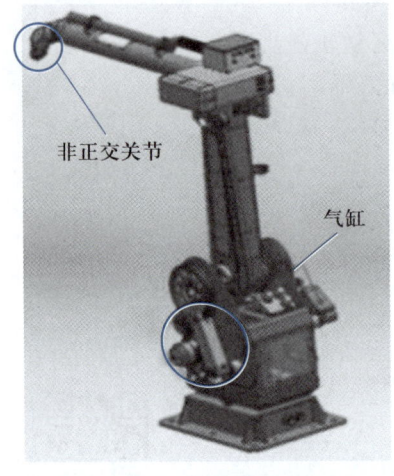

非正交关节

气缸

图 8-18  气动平衡快速示教

采用气动(力矩控制)平衡技术进行快速示教,这种方式属于直接示教法的一种,即让机器人手臂处于自由状态,用人力直接移动机器人。还有另外的一种间接示教法,即由示教者操作安装在机器人手部上的操作装置,间接驱动机器人手臂的间接移动方式。

气动平衡快速示教主要可对喷漆机器人进行示教,或者对小型装配机器人进行示教,如图 8-18 所示。采用这种示教方式时,为方便人力移动机器人的手臂,需要给机器人设计补偿手臂重力力矩的平衡机构,或者通过操作离合器将手臂与各个驱动器脱离,或者采用力矩平衡技术,目前主要的实现方式有三种,如表 8-2 所示。

表 8-2  自由手臂实现方式及其优缺点

| 序号 | 实现方式 | 优点 | 缺点 |
|------|----------|------|------|
| 1 | 离合器+气动平衡+常规减速器、电动机 | 电动机及驱动成本较低,动态性能影响小 | 结构复杂,成本高 |
| 2 | 气动平衡+小速比减速器+大功率电动机 | 传动机构简单,精度较高 | 电动机及驱动成本高,动态性能较差 |
| 3 | 基于重力学模型的电动机力矩平衡技术 | 成本低,精度高,系统精度及动态响应得到保证 | 控制算法复杂,稳定性、安全性待验证 |

### 8.3.3  磁性传感器快速示教

磁性传感器技术是 ABB 公司针对木质、塑料材质及小型金属件的喷涂应用提出的快速示教技术,ABB 公司提出这项技术有三个目标:① 让不懂得 ABB 机器人编程语言的人也能进行机器人编程;② 使得机器人控制系统更好地了解人的意图,哪里需要喷,哪里需要快速通过;③ 作为一种机器人编程外设可以与现有的 ABB Robview5 和 ABB RobotStudio 完全兼容,这是对离线编程的有益补充。磁性传感器技术的应用场景如图 8-19 所示。

磁性传感器示教系统结构包括机器人示教手柄(硬件)、机器人三维空间跟踪软件、机器人编程和显示系统(HMI)插件,如图 8-20 所示。利用人工示教手柄进行示教如图 8-21 所示。如图 8-22 所示,通过磁性传感器检测两级磁场的变化,利

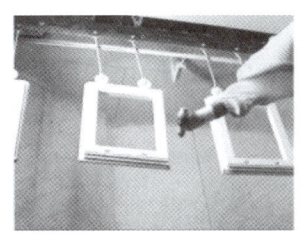
(a)喷木质平板

(b)喷三维木质、塑料工件

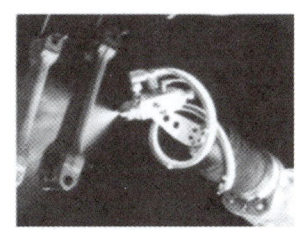
(c)喷小型金属件

图 8-19　磁性传感器技术的应用场景

提示

磁性传感信号输出稳定,但由于磁性自身的因素,只能应用于木质、塑料材质及小型金属件。

用专用的数字电路快速计算出目标点的位置和姿态信息。通过机器人编程和显示系统实现机器人动作的再现。

　　采用这种方式进行示教作业时,其测量精度随着两级距离的增加会急剧降低。磁性传感技术相对于惯性传感器,可以测量六维信息,惯性传感器只能测量三维信息,且精度高于惯性传感器。相对于机械手持示教,不需要改变机器人的结构,不影响机器人的动静态性能。相对于红外和视觉传感器,磁性传感器不受环境光源、热源的影响,信号输出稳定,没有延时和超调现象。但其应用对于木质、塑料材质无影响,但大尺寸的金属件会影响磁性传感器的性能,因此,只能应用于木质、塑料材质及小型金属件。另外,其使用还要受到动力源的影响,需要增加磁场追踪系统,目前成本较高。

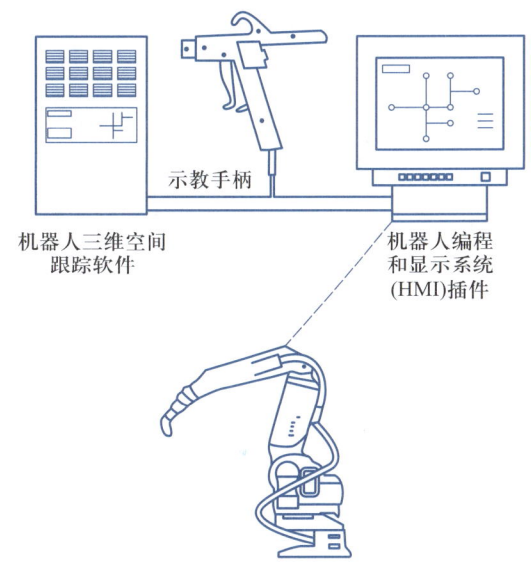

图 8-20　示教系统基本结构

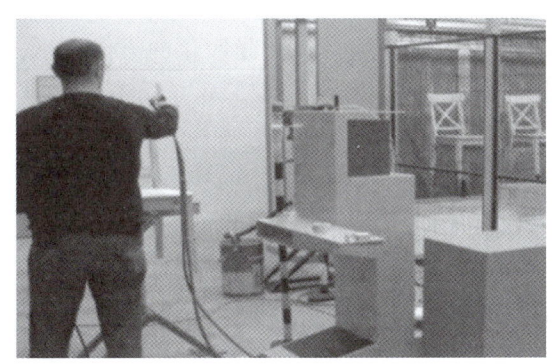
图 8-21　利用人工示教手柄进行示教

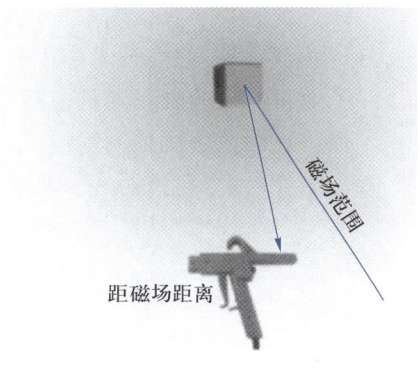
图 8-22　磁性传感器检测两级磁场的变化

## 8.3.4　其他快速示教技术

　　目前研究较多的快速示教技术还有红外相机与视觉定位技术及惯性传感器技

术。红外相机与视觉定位技术是利用红外视觉技术,识别和获取机器人运动轨迹。惯性传感器,俗称陀螺仪(Gyroscope),是一种基于牛顿力学原理的机械导航装置,主要是检测和测量加速度、倾斜、冲击、振动、旋转和多自由度运动,广泛应用于导弹,航天器,无人机导航,自平衡小车,手机,游戏机,机器人姿态控制等领域。利用惯性传感器进行快速示教,如图 8-23 所示。需要至少含有 6 个惯性传感器,其中 3 个线性加速度计,3 个角加速度计。采用这种方式,可以保证机器人精度不受影响,系统架构简单,操作直观,但是,也存在着一些缺点,如示教轨迹的精度差,只能通过人工调节,灵敏度差,只能记录位姿信息,无法获得速度信息。这些问题的存在制约着惯性传感器的广泛使用,还需要在以后逐步解决。

图 8-23  利用惯性传感器进行示教

为了解决编程困难,达到快速高效编程的效果,各机器人生产厂家的快速示教技术已经得到了较快的发展。虽然实现的方式各有不同,但快速示教的实现可满足不同应用的特定工作场景,解决机器人编程的问题。

# 8.4  通信技术

随着信息技术的快速发展,智慧工厂到智能生产,智能工业机器人扮演着重要的角色。其中控制系统是工业机器人的核心部分,直接决定了工业机器人的性能。而传统的数字式控制系统已经无法满足现代控制系统的需求。随着嵌入式技术、传感器技术、网络技术的发展,控制系统向着智能化、网络化、分散化的方向发展,工业机器人的现场通信总线技术朝着网络化不断进步,网络控制系统将有可能取代传统的数字式控制系统。

如今,工业机器人控制系统越来越复杂,开放程度越来越高,对工业机器人的通信总线技术提出了更高的要求。例如在装配、切割、焊接等对轮廓跟踪精度和算法重复性要求极高的领域,对控制系统的通信总线技术在控制节点、传输距离、实时性等方面提出了更高的要求。传统的工业现场通信总线因存在各总线标准兼容性差、数据容量小、与信息管理系统集成难、实时同步性差等缺陷,已经不能满足上述控制系统的要求。

为了实现控制系统的智能化、网络化、分散化,各国都对控制系统的现场通信总线技术进行研究,成功地将以太网技术引入到现场通信总线技术中,发展并形成了工业以太网,不断完善和标准化,弥补了传统现场通信总线的缺陷。随着控制系统实时性要求的不断提高,国外研究机构提出了实时工业以太网技术,该技术已成为当前工业机器人技术的一个重要发展方向。

### 8.4.1 机器人控制系统中的通信

对于机器人来说,控制系统显得尤为重要,它预先将一些指令如运动轨迹、动作顺序、运动速度或是动作的时间节奏等都存储在其内存中,而后向各个执行元器件发出指令从而达到控制的目的。必要时,控制系统还能监视自身行为,一旦发现自己有越轨或其他异常行为,则会自检并排查、分析原因,并及时做出报警提示。

工业机器人控制系统的通信如图 8-24 所示,ABB IRB 1400 机器人就是类似这种通信方式。

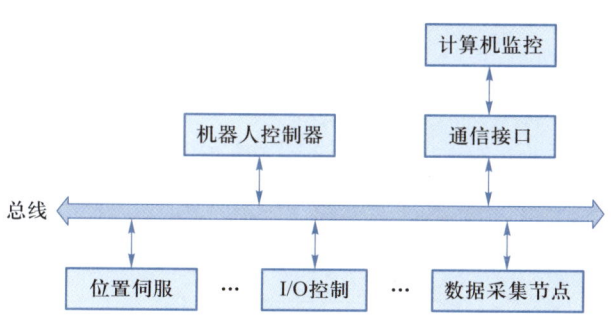

图 8-24  工业机器人控制系统的通信

在计算机对控制系统下达各种操作指令时,数据传输会发生不稳定或错误的现象,如果通信系统不稳定,则会对生产带来巨大的损失。之所以有指令传输不稳定的现象发生,是因为数据传输时,对数据的采样出错,导致信号的完整性出现了问题,所以数据的采样,数据的信号的完整一直都是工业机器人控制系统中的重要解决问题。

近年来机器人研究领域的不断深入,其技术已涉及传感器技术、控制技术、信息处理技术、人工智能和网络通信技术等方面,其功能日益强大,结构日趋复杂和完善。通信协议是在设计机器人通信时要首先考虑的,因为协议是数据传输的准则。通信协议按照三个级别来建立:物理级、连接级和应用级。下面简单介绍常见的通信协议。

### 8.4.2  RS-232 通信与 RS-485 通信

#### 1. RS-232 通信

网络间的数据通信分为两种形式:串行通信和并行通信。串行通信是网络通信技术的基础,在 20 世纪 60 年代后,国际上推出了第一个串行通信标准,即 RS-232 标准,出现了至今仍广泛应用的 RS-232 串行总线。按 RS-232 的最简单应用模式(即远距离通信模式),用三根导线可进行全双工串行通信,用两根导线可进行半双工串行通信。全双工即信息的接收和发送可以同时进行,半双工则指的是既可接收,也可发送,但二者不能同时进行。完整的 RS-232 应用模式要用到一系列的握手信号线及电源线。与并行通信相比,串行通信需要对信号进行一系列的规定,称为串行通信协议,这比并行通信只需对引线端加以简单的定义和说明要复杂得多。

RS-232 通信端口一般是机器人上的标准配置,最早的串行端口是计算机中专门用来连接调制解调器的,因此它的引脚定义和调制解调器有关。只要合理利用各个引脚,机器人就可以方便地和各设备进行数据传输。常见的 9 针串口 RS-232 引脚

提示
GND 引脚一般在连接时容易被忽略,应特别注意。

定义见表 8-3。

表 8-3　RS-232 引脚定义

| 引脚 | 简写 | 功能意义 | 引脚 | 简写 | 功能意义 |
|---|---|---|---|---|---|
| Pin1 | CD | 载波检查 | Pin6 | DSR | 数据就绪 |
| Pin2 | RXD | 接收字符 | Pin7 | RTS | 要求传送 |
| Pin3 | TXD | 传送字符 | Pin8 | CTS | 消除传送 |
| Pin4 | DTR | 数据端就绪 | Pin9 | RI | 响铃检测 |
| Pin5 | GND | 地线 | | | |

图 8-25 所示为 ProFace 触摸屏连接 FANUC 机器人 A 控制柜的 RS-232 接线示意图。需要注意,FANUC 机器人 A 控制柜中由于集成度较高,多为 20 针或 25 针的接口,在制作接头时应严格按照连接图进行制作;否则会连接不上。

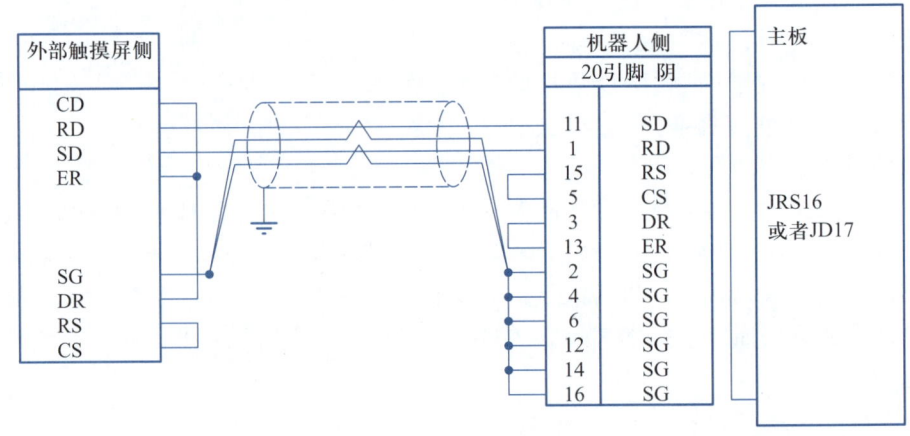

图 8-25　ProFace 触摸屏连接 FANUC 机器人 A 控制柜接线示意图

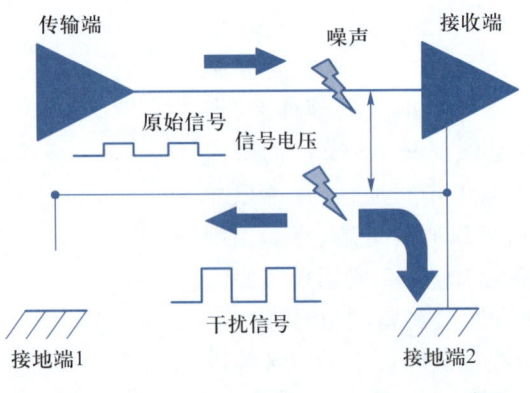

图 8-26　RS-232 信号传输时产生噪声的示意图

由于串行通信的简单实用,在工业上广泛使用,可是工业环境通常会有噪声干扰传输线路。图 8-26 所示为 RS-232 信号传输时产生噪声的示意图。RS-232 的信号标准是参考地线来的,传输端参考接地端来传送数据;接收端则参考接地端来还原出传输端的信号。在两个接地端同电位的情况下,传输端和接收端的信号会呈现出相同的结果,如果有噪声进入到传输线路的话,可能会产生干扰。干扰信号在地线和信号上都会产生影响,原始信号在加上干扰信号后依然传送到接收端;而地线的信号则被干扰信号抵消了,因此信号发生了扭曲,传输过程中出错。此外 RS-232 通信的最大距离在不加缓冲器的情况下只有 15 m。为了解决上述问题,RS-485通信方式应运而生。

## 2. RS-485 通信

RS-485 的信号传输方式与 RS-232 不同,如图 8-27 所示。

RS-485 通信信号在传送出去之前先分解成正负的两条线路,当到达接收端后,再将信号相减还原成原来的信号。如果将原来的信号标注为(DT),而被分解后的信号分别标注为(D+)和(D-),则原始信号与分解后的信号在传输端传送出去时的运算关系为

$$(DT) = (D+) - (D-)$$

同样地,接收端在接收到信号后,也按上述的关系将信号还原为原来的样子。如果线路受到干扰,其情况可能如图 8-28 所示。

提示

RS-485 一般分为两线制和四线制两种,现阶段使用两线制的 RS-485 通信较多。

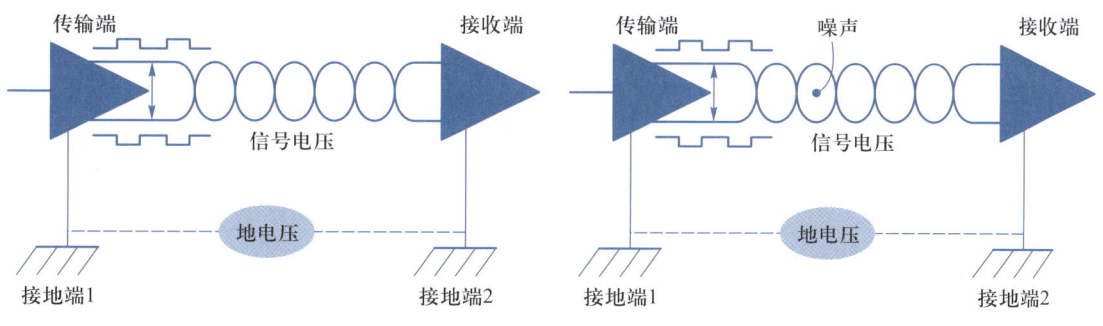

图 8-27　RS-485 信号传输方式　　　图 8-28　RS-485 信号与噪声

这时候两条传输线上的信号也会分别称为(D+)+Noise(噪声)和(D-)+Noise,如果接收端接收此信号,它必须按照一定的方式将其合成,合成的方程式如下:

$$(DT) = [(D+) + Noise] - [(D-) + Noise]$$

此方程式与前一方程式的结果是一样的。所以使用 RS-485 网络可以有效地防止噪声干扰,工业上使用这种串行传输方式的设备也比较多。

提示

如果传输距离过长,可以在数据传输过程中增添通信模块进行辅助传输。

### 8.4.3　PROFIBUS

PROFIBUS 是过程现场总线(process field bus)的缩写,于 1989 年正式成为现场总线的国际标准。在多种自动化的领域中占据主导地位,全世界的设备节点数已经超过 2 000 万。PROFIBUS 主要由三部分组成:PROFIBUS-DP(decentralized periphery,分布式外围设备)、PROFIBUS-PA(process automation,过程自动化)和 PROFIBUS-FMS(fieldbus message specification,现场总线报文规范)。

图 8-29 所示为 PROFIBUS 协议结构图,PROFIBUS 采用混合的总线存取控制方式。它包括主站(Master)之间的令牌(Token)传递方式和主站与从站(Slave)之间的主-从方式。DP 主站与 DP 从站间的通信基于主-从原理,DP 主站按轮询表依次访问 DP 从站,主站与从站间周期性地交换用户数据。DP 主站与 DP 从站间的一个报文循环由 DP 主站发出的请求帧(轮询报文)和由 DP 从站返回的有关应答或响应帧组成。

PROFIBUS-DP 是目前欧洲乃至全球应用最广泛的总线系统，安装简单、拓扑结构多样、易于实现冗余、通信实时可靠、功能比较完善，卓越的性能使得它适用于各种工业自动化领域。在工业机器人领域中，如遇到机器人与外围设备进行 PROFIBUS 总线通信时多数情况下使用 PROFIBUS-DP。

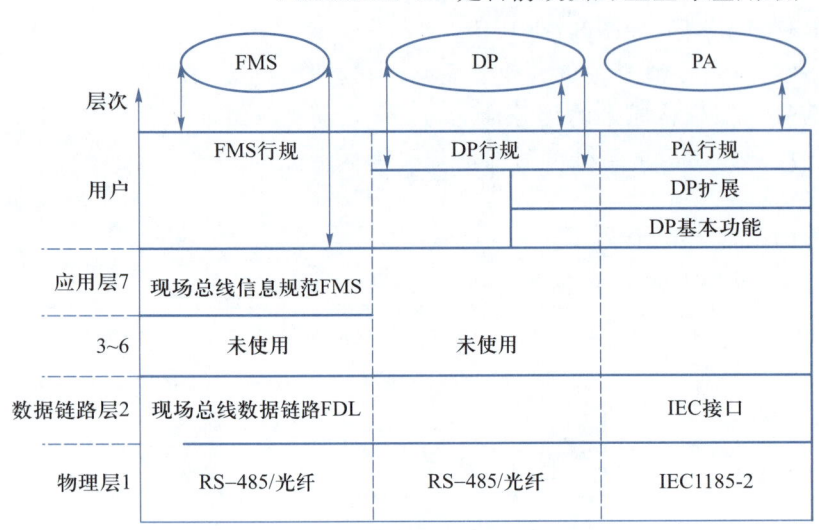

图 8-29　PROFIBUS 协议结构图

PROFIBUS-DP 用于自动化系统中分布式 I/O 与单元级控制设备的通信。PROFIBUS-DP 使用第 1 层、第 2 层和用户接口层，第 3～7 层未使用，这种精简的结构确保了高速数据传输。直接数据链路映像程序 (DDLM)提供对第 2 层的访问。用户接口规定了设备的应用功能、PROFIBUS-DP 和设备的行为特性。PROFIBUS-DP 特别适合于 PLC 与现场级分布式 I/O 设备之间的通信。主站之间的通信使用令牌方式，主从站之间使用主从方式。西门子公司旗下的产品大多支持 PROFIBUS(近几年开发的工业以太网之一的 PROFINET 也被西门子广泛应用在产品中)。西门子 S7-300/400 系列 PLC 有的配备有集成的 PROFIBUS-DP 接口，S7-300/400 系列 PLC 也可以通过通信处理器(CP)连接到 PROFIBUS-DP。无特殊说明外，以下提到的 PLC 均为西门子产品。

PROFIBUS-DP 设备可以分为以下三种不同类型的设备。

### 1. 1 类 DP 主站

1 类 DP 主站(DPM1)是系统的中央控制器，DPM1 在预定的周期内与分布式的站(例如 DP 从站)循环地交换信息，并对总线通信进行控制和管理。DPM1 可以发送参数给从站，读取从站的诊断信息，用全局控制命令将它的运行状态告知给各从站。此外，还可以将控制命令发送给个别从站或从站组，以实现输出数据和输入数据的同步。下列设备可以做 1 类 DP 从站：

(1) 集成了 DP 接口的 PLC，例如 CPU 315-2DP、CPU 313C-2DP。

(2) 没有集成 DP 接口的 CPU 加上支持 DP 主站功能的通信处理器(CP)。

(3) 插有 PROFIBUS 网卡的 PC，例如 WinAC 控制器。用软件功能选择 PC 做 1 类 DP 主站或是做编程监控的 2 类 DP 主站，可以使用 CP 5411、CP5511、CP5611 等网卡。

(4) IE/PB 链路模块。

(5) ET 200S/ET 200X 的主站模块。

### 2. 2 类 DP 主站

2 类 DP 主站(DPM2)是 DP 网络中的编程、诊断和管理设备。DPM2 除了具有 1 类主站的功能外，在与 1 类 DP 主站进行数据通信的同时，可以读取 DP 从站的输

提示

传输介质为屏蔽/非屏蔽双绞线或光纤，用光纤时最大传输长度为 90 km。

入/输出数据和当前的组态数据,可以给 DP 从站分配新的总线地址。以计算机为硬件平台的 2 类主站和操作员面板/触摸屏(OP/TP)可以做 DPM2。

### 3. DP 从站

DP 从站是进行输入信息采集和输出信息发送的外围设备,它只与组态它的 DP 主站交换用户数据,可以向该主站报告本地诊断中断和过程中断。可以做 DP 从站的设备有很多,分布式 I/O、PLC 智能 DP 从站和具有 PROFIBUS-DP 接口的其他现场设备均可以做从站。ET 200 是西门子的分布式 I/O,其中 ET 200M/B/L/X/S/is/eco/R 等都有 PROFIBUS-DP 通信接口,可以做 DP 从站。

**提示**

其他公司的支持 DP 接口的输入/输出、传感器、执行器或其他智能设备,也可以接入 PROFIBUS-DP 网络。

下面介绍奇瑞汽车股份有限公司的自动冲压控制系统,该系统以 KUKA 机器人为基础,基于 PROFIBUS 的模块化设计,在西门子 PLC 编程软件 STEP-7 中进行网络组态,最终达到系统稳定及节约成本的目的。自动冲压控制系统结构如图 8-30 所示。

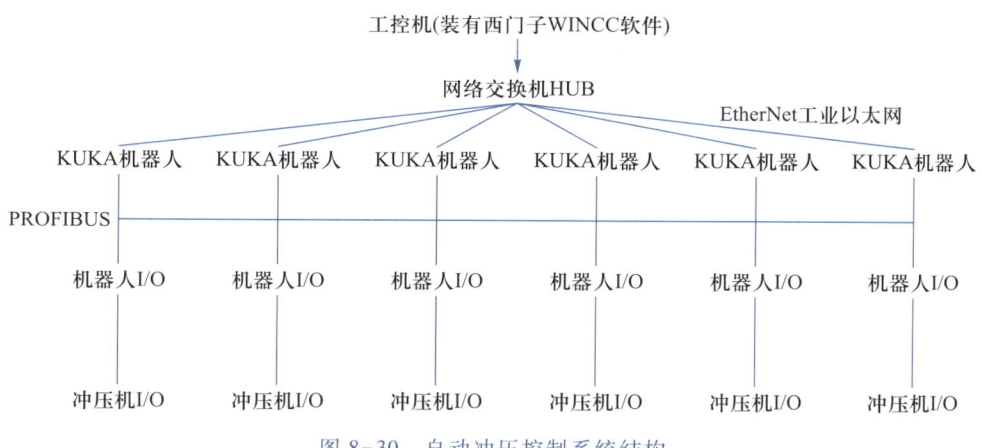

图 8-30 自动冲压控制系统结构

机器人可以直接通过其带 PCI 插槽的 PROFIBUS 总线卡与周边设备通信,完成信号的传递以及 I/O 的处理。对于每台机器人,系统采用两级 PROFIBUS 总线系统。在主回路中,以每台机器人控制器为中心,包括与冲压机的通信、操作站的通信以及周边设备的通信,构成了一个总线回路。

在从回路中,其中一台机器人作为整个回路的主站,其余的全部作为从站,这样所有机器人又形成了一个总线回路,机器人与机器人之间信号的通信、互锁以及工件工序的记忆便可以在这个回路中完成。

**提示**

互锁是回路间利用某一辅助触点去控制对方的回路,进行状态保持或功能限制。

中央控制系统与所有机器人的通信是通过工业以太网实现的,每个机器人通过以太网接口,由网络交换机与中央控制计算机进行连接。由于 KUKA 机器人操作系统是基于 PC 的 Windows 操作系统,所以以太网的连接非常方便,网络通信速度快,能够更好地进行整个网络的实时控制。

整个系统用 PROFIBUS 贯穿,使得控制系统结构一目了然,并且在各个控制工位,采用了分布式 I/O,大大简化了系统的线体布置结构,为后期的维护、改造工作带来了极大的方便。

### 8.4.4　工业以太网

传统的现场总线通信技术是安装在制造和过程区域的现场装置与自动化控制装置之间的数字串行多点通信技术。自 IEC 在 1984 年提出制定现场总线技术标准后,经过几十年的发展,各国大企业和研究机构制订了几十种现场总线。由于各自的利益冲突等原因,传统的现场总线技术还没有形成统一的国际标准,且不同总线技术的通信协议存在很大的差异,使得不同总线产品的互连存在很大困难,同时与上层管理信息系统的通信协议不兼容,难于集成。这时以太网技术由此开始进入工业自动化领域,并称之为工业以太网。

**延伸阅读**
工业以太网的发展与现状

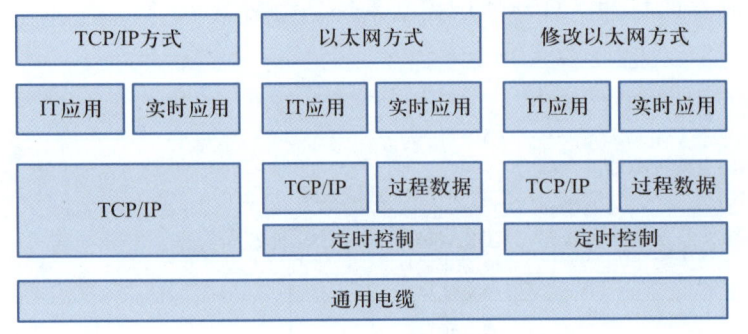

图 8-31　工业以太网通信方式

目前国际上各种标准机构和各大企业都提出了自己的工业以太网协议,其主要有三种实现方式,即 TCP/IP 方式、以太网方式和修改以太网方式,如图 8-31 所示。

通信协议是在设计机器人通信时首先要考虑的,因为协议是数据传输的准则,通信协议按照三个级别来建立:物理级、连接级和应用级。由三种以太网方式实现的协议有很多种:

**提示**
机器人与外围设备进行以太网相连时,使用 TCP/IP 的协议比较多,因为调试较为简单,但实时性不一定能满足要求。

基于 TCP/IP 实现的协议有 Modbus 和 Ethernet/IP,采用传统的 TCP/IP 协议栈通信,通过上层的合理控制减少数据传输过程中的不确定因素,主要应用于实时性要求不高的工业应用场景。

基于以太网实现的协议有 Profinet RT、Powerlink 和 EPA 等,不使用标准的 TCP/IP 协议而采用特殊的传输协议,但仍使用传统的以太网通信硬件,响应时间为 1 ms。

基于修改以太网实现的协议有 SERCOS-Ⅲ、Profinet IRT 和 EtherCAT 等,采用"集总帧"的通信方式,通过修改以太网帧结构并在物理层使用总线拓扑结构提升以太网实时性能,而且从站使用专门的硬件,响应时间小于 1 ms。

#### 1. 几个较为常用的协议

EtherNet/IP 是一个开放的工业标准。EtherNet/IP 可以在标准的以太网硬件上运行,可使用 TCP/IP 和 UDP/IP 传输数据,通过 CIP 协议来实现非实时数据和实时数据的传输。

Modbus 协议由一根信号线实现半双工应答通信,支持 RS-232 和 RS-485 接口通信,两者最快通信速度分别为 250 kbit/s 和 115.2 kbit/s,采用 ASCII 和 RTU 两种传输方式,数据帧在寻址到设备时需要一个查询回应周期,包括 16 位 CRC 检测,但不允许独立终端设备间的数据通信。

PROFINET IRT 是国际组织 PI(PROFIBUS International)提出的工业以太网 PROFINET 的同步实时通信版本,采用时间片处理机制,将时间片分成实时通道和 TCP/IP 通道。实时通道用于传输实时 I/O 数据;TCP/IP 通道用于传输非周期的开放性数据。

### 2. EtherCAT 通信简介

EtherCAT 是德国倍福自动化公司提出的实时工业以太网技术。主站在周期内向所有节点发送一个数据帧,采用环型拓扑结构传输,并同时采集节点响应数据,最后回到主站。在传输过程中,数据被提取或插入,数据包不会在从站协议栈停留,从而减少了从站协议对实时性的影响。EtherCAT 通过特殊的寻址方式,在帧内有 32 位地址空间,可以搭载 65 535 个节点。EtherCAT 较其他实时工业以太网具有明显的优势,它突破了传统的总线数据交换的速度限制,可以采用多种联网方式,将因特网技术嵌入到简单设备中,并且其协议对外开放,便于第三方产品开发。EtherCAT 具有拓扑灵活、成本低廉、安全性高、效率高、性能卓越、交互便捷等特点。EtherCAT 处理帧的独特方式使得它成为最快的工业以太网技术。EtherCAT 在网络拓扑方面没有任何限制,几乎无限数量的节点可以组成线型、星型、数型拓扑及任何拓扑的组合,而且 EtherCAT 布线简单,维护方便,且成本易实现。基于这些特点,EtherCAT 在工业机器人领域得到了越来越多的应用。

EtherCAT 系统由两部分构成,即主站和从站,使用标准的以太网介质访问控制,支持以太网的全双工特性。EtherCAT 的工作原理关键在于从站处理以太网数据帧的方式:在数据帧向下游传输的过程中,每个节点读取寻址到该节点的数据,并将它的反馈数据写入数据帧中,然后转发到下一节点。

EtherCAT 的从站需要同时实现数据通信和过程控制两部分功能,数据通信可以采用专门的控制芯片 ESC(EtherCAT slave controller)实现,主要负责 EtherCAT 数据帧的收发和数据交换,过程控制由其他的微处理器来实现。

EtherCAT 主要通过以下两种措施来提高通信效率和实时性。一是简化以太网协议,MAC 层协议的解析全由纯硬件完成,其他协议由软件进行解析,避免 CPU 的负载在不同时段的不确定性导致相应的处理时间偏差加大,提高数据的处理速度,使时间更加精确。二是修改以太网协议,即将现有的以太网帧中的数据区域设置为 EtherCAT 的数据报文区,并将数据报文区分割为若干个子报文区,其中每一个子报文区可与从站设备或者从站的某一地址区域一一对应。这种帧结构满足了工业机器人应用中每次通信的数据量小和实时要求高的特点,充分发挥数据帧的带宽利用率,为主站控制各从站提供了更大的灵活性。

EtherCAT 具有灵活的拓扑结构,支持所有的拓扑结构,如图 8-32 所示。这使得带有成百上千个节点的纯总线型或线性拓扑结构成为可能,而不受限于物理设备的限制。整个 EtherCAT 网络可以连接多达 65 535 个设备,网络容量几乎没有限制,由此可以将模块化的 I/O 设备设计为每个 I/O 片都是一个独立的 EtherCAT 从站。

(1) 运行原理

以线性拓扑结构为例,EtherCAT 网络通信原理如图 8-33 所示。主站发送一个报文,报文经过所有从站。从站设备直接处理接收到的数据帧,读取寻址到该节点的数据,并将它的反馈数据写入数据帧,再向下游从站转发数据帧,数据帧遍历所有从站后返回,由第一个从站传递数据帧给主站。这主要是利用了以太网的全双工原理。对比其他工业以太网,EtherCAT 最大的特点是在接收以太网数据的同时不用进行解码,只是在物理层进行解析,进行数据交换,然后直接将数据包转发到下一个节点。

视频
EtherCAT 通信连接伺服电动机的演示

提示
与其他任何以太网一样,Ether CAT 不需要通过交换机就可以建立通信。

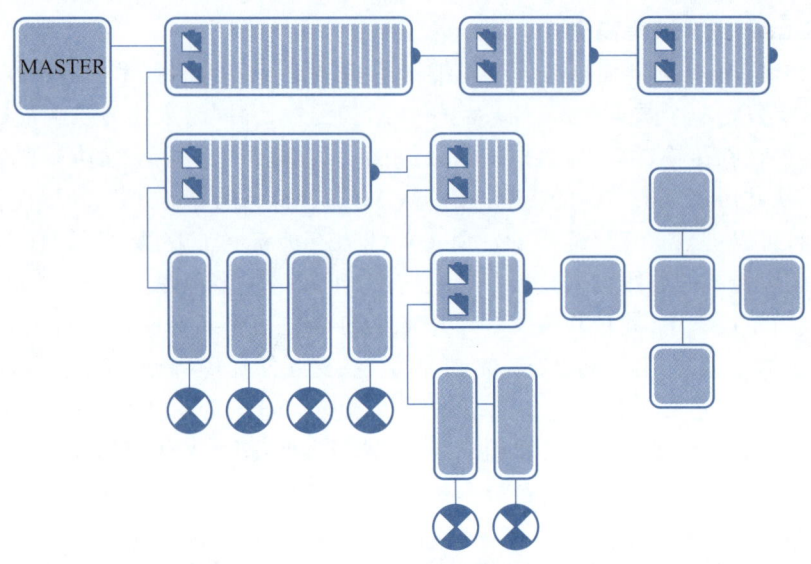

图 8-32　EtherCAT 拓扑结构

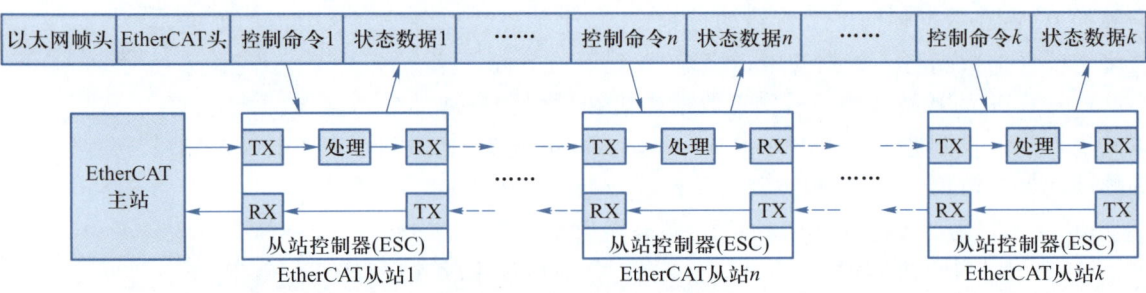

图 8-33　EtherCAT 网络通信原理

主站采用标准的以太网介质访问控制技术,可以发出最大有效长度为 1 498 字节的数据帧,该以太网帧压缩了大量的设备过程数据,可用数据率可达 90% 以上。由于采用全双工特性,有效数据利用率可达 100 Mbit/s。

（2）数据帧

EtherCAT 协议规定在以太网数据帧的数据区域定义 EtherCAT 数据报文格式,并以多个子报文的方式传输数据,最后形成标准的以太网数据帧,这便于遵循其他以太网协议的数据帧在同一个网络中传输,数据帧结构如图 8-34 和表 8-4 所示。

提示

全双工制是指信息能够同时双向传送。

表 8-4　EtherCAT 数据帧结构

| 名称 | 含义 |
| --- | --- |
| 目的地址 | 接收方 MAC 地址 |
| 源地址 | 发送方 MAC 地址 |
| 帧类型 | 0x88A4 |
| EtherCAT 头（数据长度） | 即所有字报文长度总和 |
| EtherCAT 数据（类型） | 1:表示与从站通信;其余保留 |
| FCS（frame check sequence） | 帧校验序列 |

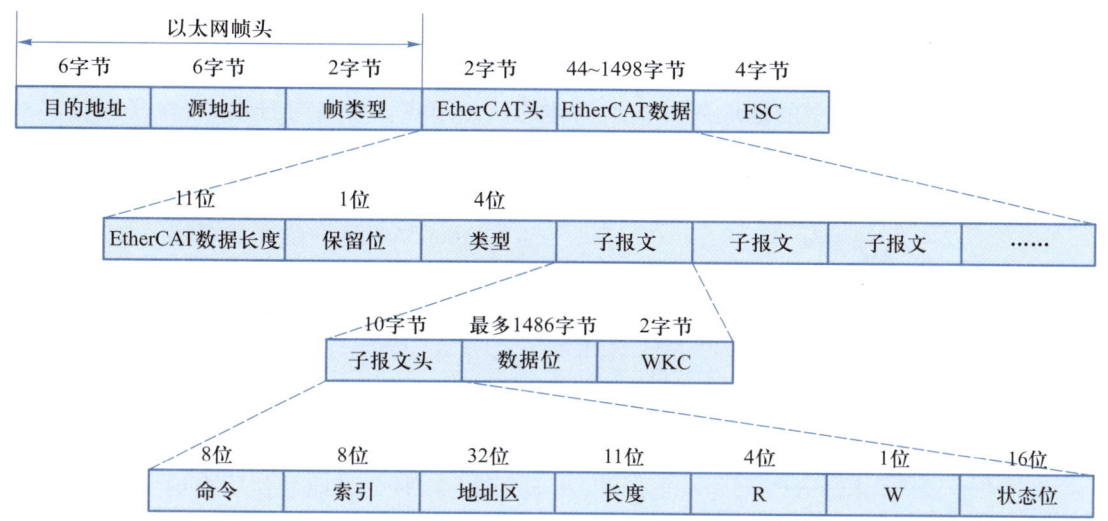

图 8-34　EtherCAT 数据帧结构

以太网帧头部分 2 字节的帧类型主要用于区分该数据帧是否是 EtherCAT 数据帧。EtherCAT 数据帧包含帧头和数据两部分,帧头记录了 EtherCAT 数据帧的长度和 EtherCAT 数据帧的类型,该类型表示是否进行从站通信。EtherCAT 数据部分由一个或多个子报文组成,每个单元拥有自己独立的子报文头,子报文头包含一个 32 位的地址,该地址可以对应一个独立的设备或者一个从站,或者从站的某一存储区域。

如图 8-34 和表 8-5 所示,EtherCAT 子报文包定义了一个 2 字节的工作计数器(WKC,working counter),该工作计数器主要是主站用来判断子报文是否被从站正确处理。主站发送数据帧,定义计数器初始值为 0,当报文经过节点且被正确处理后,计数器值进行相应的改变,在报文返回到主站后,主站根据实际的计数器值和预期的值进行比较,如果计数器值不相同则子报文没有被某些节点正确处理。

表 8-5　EtherCAT 字报文结构定义

| 名称 | 含义 |
| --- | --- |
| 命令 | 寻址方式及读写方式 |
| 索引 | 帧编码 |
| 长度 | 报文数据区长度 |
| 数据位 | 子报文数据结构,用户定义 |
| R | 保留位 |
| M | 后续报文标志 |
| 状态位 | 中断到来标志 |
| 地址区 | 从站地址 |
| WKC | 工作计数器 |

提示
保证数据的正确处理,提高通信效率。

(3)网络寻址

EtherCAT 通信主要表现在从站的数据交换,主站发送带有读、写或者读写命令的数据帧给从站,每个从站根据相关命令对寻址到该节点的数据进行相应的读写操作,从站根据不同的命令和不同的寻址方式进行不同的通信服务。

如图 8-35 所示,EtherCAT 根据以太网数据帧头的目的地址找到相应的网段,再根据子报文中的地址数据找到具体的从站节点。设备寻址时,每个子报文只寻址唯一的一个从站,逻辑寻址主要以多播方式实现,同一个子报文可以被多个从站节点进行读写。

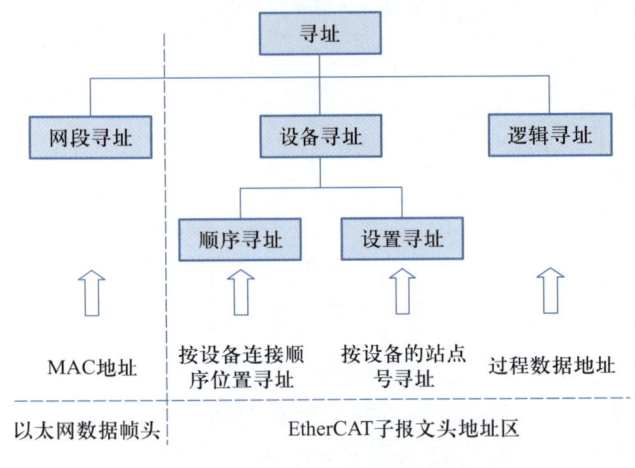

图 8-35　EtherCAT 寻址模式

EtherCAT 网络在进行顺序寻址时,通常用负数来表示其地址信息,并由其在网络中的链接顺序决定。主站在启动阶段,需要对各个从站节点进行配置,主要发送顺序寻址数据帧,数据帧遍历所有从站节点,每通过一个从站节点,数据帧的子报文头中的地址为进行加 1,那么当地址位为 0 时,就表明寻址到了该节点的报文。

当在进行设置寻址时,从站的地址可以通过主站配置或者从自己的配置数据存储区装载。主站发送顺序寻址数据帧获取从站的设置地址,供后续使用。

从站节点的现场总线内存管理单元(FMMU,fieldbus memory management unit)是实现逻辑寻址的核心,它将本地的物理地址与子报文中的 32 位逻辑地址一一对应,如图 8-36 所示。对内存管理单元的配置在数据链路启动过程中完成,最后传递给各个从站的节点。

**提示**
报文处理完全在硬件中进行。

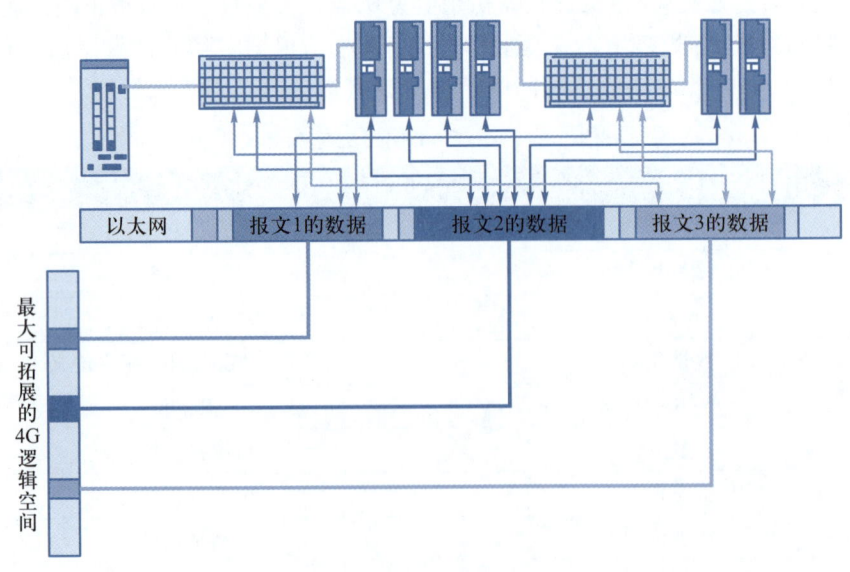

图 8-36　FMMU 原理图

图 8-37 是表示逻辑地址映射到从站设备内存地址的 FMMU 映射举例,逻辑地址区是从 0x15231 第 4 位开始的 6 位地址,而从站设备内存地址是从 0x0D02 第 1 位开始的 6 位地址,从逻辑地址读取数据到从站设备内存地址。FMMU 的配置信

息如表 8-6 所示。

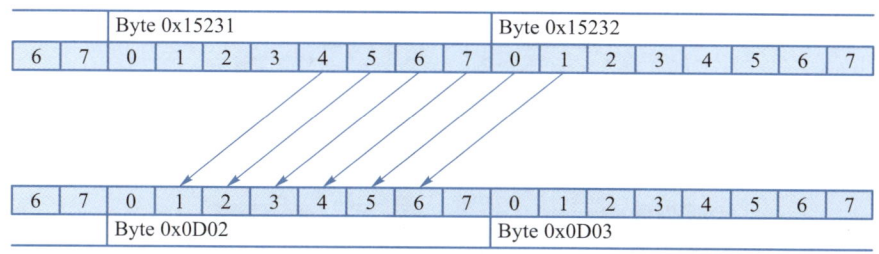

图 8-37 FMMU 映射举例

表 8-6 FMMU 的配置信息

| FMMU 配置寄存器 | 数值 |
|---|---|
| 数据逻辑起始地址 | 0x15231 |
| 数据长度(字节数,按跨字节计算) | 2 |
| 数据逻辑起始位 | 4 |
| 数据逻辑终止位 | 1 |
| 从站物理内存起始地址 | 0x0D02 |
| 物理内存起始位 | 1 |
| 操作类型(1:只读,2:只写,3:读写) | 1 |
| 激活(使能) | 1 |

提示

0x0D02 是一个开关量输出设备。

当主站发送逻辑寻址的 EtherCAT 报文经过从站节点时,从站节点需要查询子报文中的地址区是否与自己 FMMU 寄存器中逻辑起始地址一致。如果一致,就根据操作类型把映射到本地内存的数据写入数据帧,或者从数据帧读取数据到映射的本地内存中。这种寻址方式主要应用于周期性地交换过程数据,同时使控制系统更加的灵活,使系统结构更加优化。网络启动阶段,在全局地址空间中,为每个从站分配一个或多个地址,如果多个从站设备被分配到了相同的地址域,那么可通过单个报文对其寻址。由于报文中包含了所有访问数据相关信息,因此主站可决定何时对哪些数据进行访问。

延伸阅读

EtherCAT 通信协议其他介绍

### 3. PROFINET 通信简介

PROFINET 是新一代基于工业以太网技术的自动化总线技术,为自动化通信领域提供一个完整的网络解决方案,包括诸如工业以太网、运动控制、分布式自动化、故障安全以及网络安全等当前自动化领域的研究热点。作为跨供应商的技术,可以完全实现与传统的工业现场总线技术实现无缝连接,从而保护现有投资。目前,该标准由 PI 这一全球最大的现场总线组织推出并提供技术支持,如今全球已有 28 个 PROFINET 应用中心,共同努力为用户解答各种 PROFINET 相关问题。目前 PROFINET 在各个领域内的应用如图 8-38 所示。

提示

注意 PROFIBUS 和 PROFINET 的区别和联系。

视频

PROFINET 技术

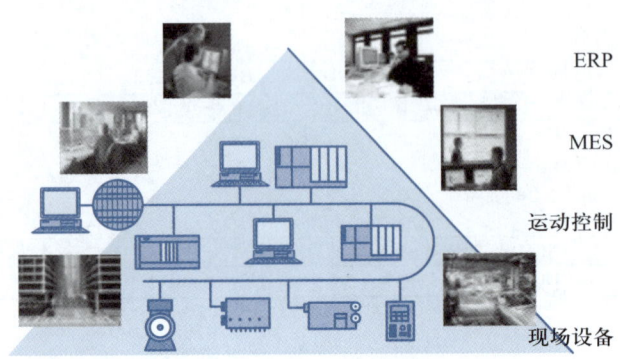

ERP

MES

运动控制

现场设备

图 8-38　PROFINET 在各个领域中的应用

延伸阅读

PROFINET 国内外发展现状

PROFINET 是一个完整的通信标准,可以满足在工控行业中对于网络通信的所有要求。与 ISO/OSI 七层模型之间的对应关系如图 8-39 所示。

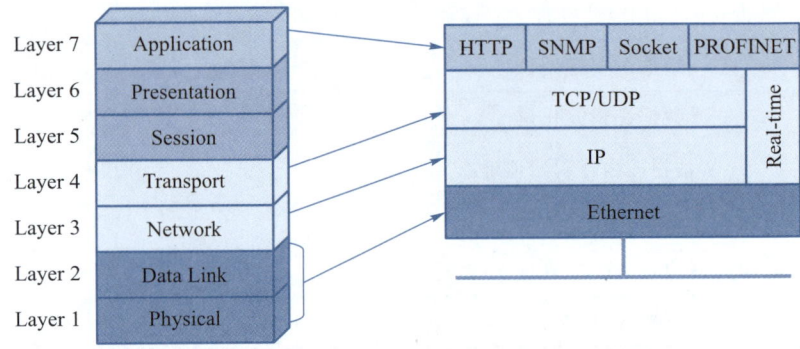

图 8-39　PROFINET 与 ISO/OSI 七层模型之间的对应关系

其中,PROFINET 的 Ethernet 层相当于 OSI 模型的 Data Link 层和 Physical 层,通信标准采用 IEEE802.3 协议;IP 层通信相当于网络层,主要是用于大量的数据传送,建立网络连接和为上层提供服务;TCP/UDP 层相当于 Transport 层,主要用于传输对时间要求不苛刻的数据;HTTP/SNMP/Socket/PROFINET 等 IT 应用相当于 OSI 模型的 Application 层,主要应用于应用程序。PROFINET 各层的应用模型如图 8-40 所示。

为了给不同类型的应用提供最佳支持,并满足不同的使用特点和应用领域,PROFINET 提供

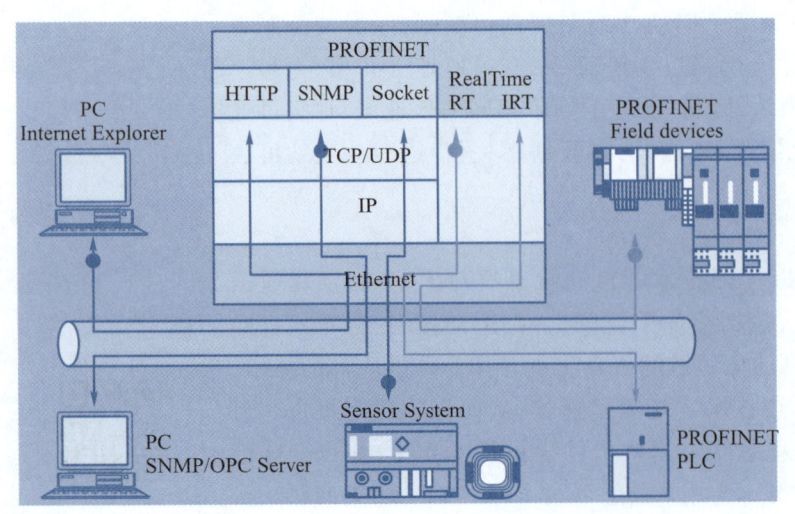

图 8-40　PROFINET 各层的应用模型

了两种技术解决方案:PROFINET 支持用以太网通信的简单分散式现场设备和苛求时间的应用的集成 PROFINET IO,以及基于组件的分布式自动化系统的集成 PROFINET CBA(component based automation,基于组件的自动化)。

（1）PROFINET IO 支持分散式现场设备直接连入互联网,如图 8-41 所示。PROFINET IO 规定了 IO 控制器和 IO 设备之间所有的数据交换方式。例如,在传输层,PROFINET IO 采用用户数据报文协议 UDP。同时 PROFINET IO 规定了 IO 控制器和 IO 设备的参数化诊断方法,它基于生产者/消费者通信模式进行快速数据交换。通过采用实时通信交换过程数据,它的时钟周期达到了 1 ms 数量级,非常适用于工厂自动化的分布式 I/O 通信系统。而采用等时同步通信 IRT 的 PROFINET IO 能够使时钟周期更短,完全能够适用于运动控制。

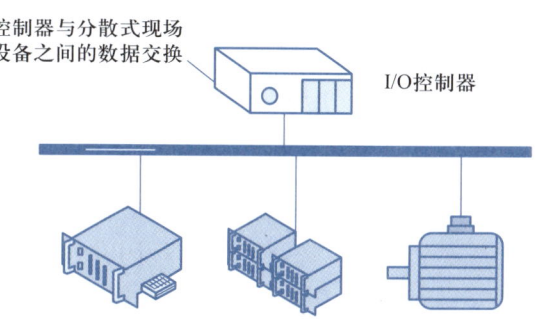

控制器与分散式现场设备之间的数据交换

I/O控制器

图 8-41　PROFINET IO 的体系结构

PROFINET IO 设备由通用设备描述文件即 GSD 文件所描述。该文件基于可扩展标记语言,采用通用站点描述文件标记语言即 GSDML 语言,对 PROFINET IO 设备的名称和特性、插入模块的类型与数量以及各个模块的组态数据等进行描述。

（2）PROFINET CBA 描述了未来自动化车间的图景,是一种利用预先确定组件实现模块化和分布式自动化解决方案的技术。典型的分布式自动化系统由几个子单元组成,这些子单元作为工艺技术模块可以自动地运行,通过可管理的一系列同步化、顺序控制和信息交换信号协调它们的相互作用。相比较 PROFINET IO,PROFINET CBA 的通信速率较低,在 TCP/IP 协议下时钟周期为 100 ms 级,在实时通信 RT 下可达 10 ms 级,完全可以满足控制器之间的数据通信。

组件模型将机器或设备的自治模块描述为工艺技术模块。PROFINET CBA 系统将制造系统进行模块化处理,使得 PROFINET 设备和机器零部件的模块化功能性增强,能够合理地进行拆装并组合使用,从而优化设备和机器零部件的在自动化系统中的配置,减少了生产成本。

PROFINET CBA 设备通过 PROFINET 组件描述文件即 PCD 文件进行描述。同 GSD 文件一样,PCD 文件基于可扩展标记语言,可由满足 PROFINET 协议规范的 PCD 文件编辑器产生。

下面介绍 PROFINET IO 的设备类型。与现场总线 PROFIBUS DP 应用相一致,PROFINET IO 应用包含了可编程逻辑控制器、监控设备、分散式现场设备以及远程 IO 设备。PROFINET IO 网络共有以下四种不同的设备类型。

（1）IO 控制器（IO-controller）

IO 控制器是一个控制设备,用来执行自动化程序,它与一个或多个 IO 设备（现场设备）相关联。一个 PROFINET IO 以太网中至少包括一个 IO 控制器,最具代表意义的控制器是 PLC。

IO 控制器可执行的功能有:与相关 IO 设备交换 IO 数据;IO 设备的组态;向 IO

提示

PROFINET CBA 是基于组件的自动化, 在 PROFINET CBA 中作为组件的 CPU 之间的通信是没有主从关系的,是对等的。

设备写参数数据(启动或应用参数);通过上下关系管理对 IO 设备建立上下关系;非循环访问 IO 设备的记录数据;读取 IO 设备的诊断并向 IO 设备发送警报等。

（2）IO 监视器(IO monitor)

IO 监视器是一个工程设备,负责组态数据(参数集)的提供以及 IO 控制器或 IO 设备诊断数据的采集,通常为 PC、人机界面或者编程器,用于 IO 控制器或 IO 设备的诊断和调试。

（3）IO 参数服务器(IO parameter server)

IO 参数服务器是一个服务器站,它用来储存和装载 IO 设备(客户机)的应用组态数据(记录数据对象)。

PROFIBUS DP 网络中没有与 IO 参数服务器相一致的设备。

（4）IO 设备(IO device)

IO 设备,即分布式现场设备。该设备通过 PROFINET IO 网络与 IO 控制器或 IO 监视器进行数据交换。IO 设备的功能相当于 PROFIBUS DP 网络中的从站功能,且一个 PROFINET IO 网络中必须有一个 IO 设备。

IO 设备可执行的功能包括:与指定的一个或多个 IO 控制器循环交换 IO 数据;与相关 IO 设备交换 IO 数据;处理 IO 控制器的组态请求;为 IO 控制器提供对记录数据的非循环访问;处理参数(启动或应用参数);处理工程设备的组态和诊断请求;提供诊断数据;处理来自 IO 控制器的警报并向 IO 控制器发送警报等。

此外,IO 控制器和 IO 设备还可执行通用功能,包括处理冗余、动态重新组态、等时同步操作、IO 控制器与 IO 设备之间的生产者/消费者通信以及时钟同步化等功能。

延伸阅读
几种工业以太网的比较

### 8.4.5 机器人控制系统通信的示例

#### 1. 基于固高控制卡的 6 轴工业机器人

此项目为中国科学院某实验室的在研项目,其控制系统硬件框图和机器人外观如图 8-42 和图 8-43 所示。

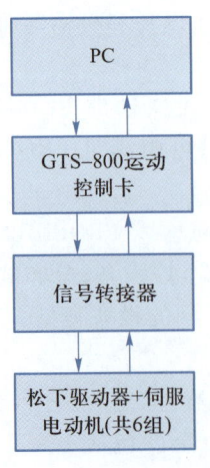

图 8-42 控制系统硬件框图

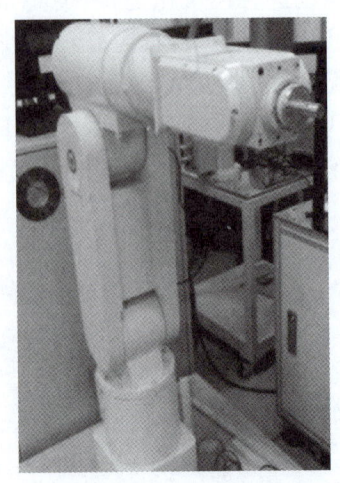

图 8-43 机器人外观

该系统使用面向对象的 VC++作为上位系统开发工具,基于 MFC 结合固高控制卡的 API 函数完成 PC 端的控制界面程序的编写。主机通过 RS-232 总线与松下 A5 系列电动机驱动器之间进行通信,通过伺服驱动器的 X2 接口建立与主机的 RS-232 通信连接,伺服驱动器之间相互通过 RS-485 通信连接,将与主机连接的驱动器地址设为 0,其他依次设定为 1~5,连接示意如图 8-44 所示。

**提示**
　驱动器地址不能设为重复的值。

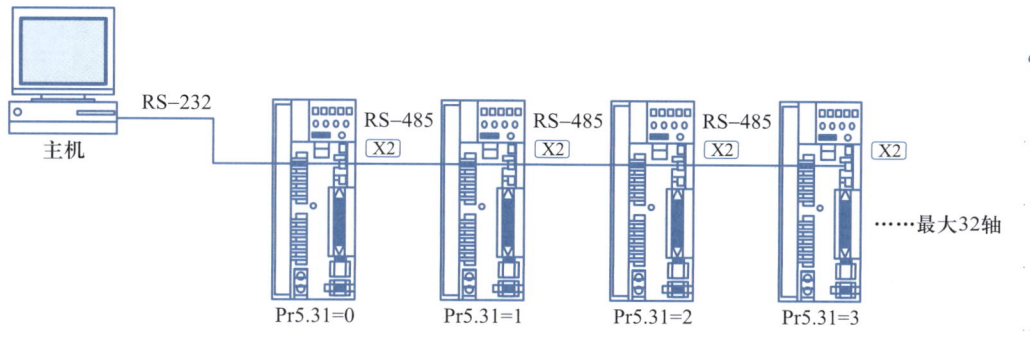

图 8-44　连接示意图

上位机程序使用 VC++提供的 MSComm 控件,采用事件驱动方式从端口获取数据,当缓冲区有一个或者多于一个字符就会触发一个接收数据的事件,事件的相应函数按照松下驱动器串口通信协议实现,波特率、奇偶校验、数据位、停止位等串行通信参数如表 8-7 所示。

表 8-7　串行通信接口设置

| 参数 | 值 |
| --- | --- |
| 通信波特率 | 9 600 bit/s |
| 数据位 | 8 bit |
| 奇偶校验 | 无 |
| 起始位 | 1 |
| 停止位 | 1 |

上位机与驱动器的通信按如图 8-45 所示协议进行,使用 VC++提供的 MSComm 控件,采用事件驱动方式从端口获取数据。基于 MFC 编写控制程序,实现了上位机向驱动器发送获取绝对位置数据的请求,以及接受来自驱动器的绝对位置数据,并且储存,经过数据提取转换,在界面显示电动机单圈及多圈数据,并且做到了记忆机器人当前位置姿态数据,为机器人的标定工作提供了保证。

在读取各轴的数据时,为了保证读取数据的准确可靠,切换轴需要考虑时间间隔。程序中设置当缓冲区有字符触发 OnComm 事件时,缓冲 50 ms,保证接收到全部的来自驱动器的一次信息,再做事件处理。

**提示**
　为了避免偶发的噪声等导致误动作产生,程序设置重复通信过程两次,以保证绝对数据的一致性。

### 2. MOTOMAN-HP3 机器人

安川公司研制的 MOTOMAN-HP3 机器人为 6 关节工业机器人,可以通过

VC++调用机器人远程控制软件（Motocom32）建立机器人和 PC 间的通信，MOTOMAN-HP3 机器人轨迹规划的流程图如图 8-46 所示。

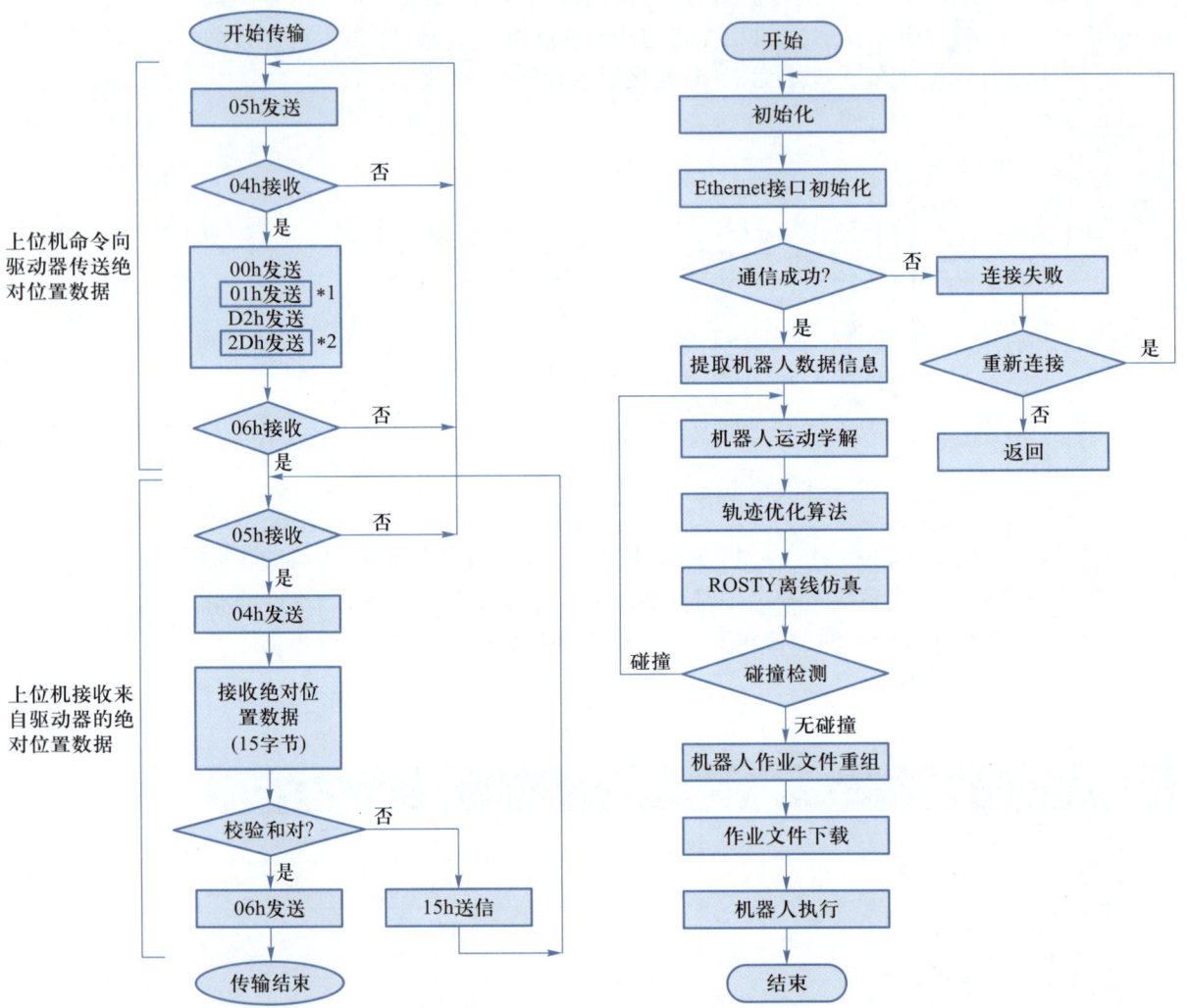

图 8-45　上位机与驱动器的通信协议示意图　　图 8-46　MOTOMAN-HP3 机器人轨迹规划流程图

　　如图 8-46 所示，机器人轨迹优化系统实现的过程是，先通过示教编程获取机器人数据信息，利用以太网通信方式，由 VC++应用程序调用 Motocom32 外部接口函数，建立 PC 与控制柜 NX 100 间的通信，获取当前机器人工作的信息，包括机器人当前工作的状态和程序信息文件；然后分析获取的信息，并按照轨迹规划策略对数据进行处理；调用机器人仿真模块 ROSTY 进行动态仿真，模拟运行轨迹，并检测运行过程中是否发生自身的干涉与碰撞；最后利用通信窗口下载重组后的 JBR 格式的作业文件到机器人控制柜里，使机器人按照规划好后的程序运行，从而实现了对机器人工作轨迹的实时规划。

　　实时通信控制系统主要由上位机（主控计算机）、下位机（机器人控制器 NX100）和运动执行机构（机器人本体）构成。本系统用以太网（Ethernet）的通信方式,通过网线将计算机与 MOTOMAN-HP3 工业机器人控制柜相连。然后用 VC++编制应用程序,利用 Motocom32 中的动态链接库,通过调用动态链接库中相应的函数实现和机器人控制柜之间的实时通信,进而达到对机器人的控制。

Motocom32 是 MOTOMAN 系列机器人系统随产品配套的二次开发软件,由日本安川公司提供,用于在计算机与安川工业机器人控制器 NX100 等控制器之间实现数据通信。该软件中包含了众多的与机器人操作有关的库函数,正是利用这些库函数才使用户面向应用的二次开发工作成为可能。通过在机器人控制器 NX100 和计算机之间连接 RC-232C 串口通信线,或者利用局域网线连接二者,即可实现计算机与控制器之间的高速数据传输。相比 RS-232C 串口通信方式,Ethernet 方式传输速率更大,可达到 10 Mbit/s,并且可以用一台计算机控制多台机器人控制柜。因此,本系统中采用以太网 Ethernet 的方式建立通信。

通信模块的参数设置涉及两部分:主控计算机参数设置及机器人控制柜端的参数设置。在计算机端要确定打开的以太网及其相关参数,如 IP 地址、子网掩码、默认网关等;在机器人控制柜端,必须在机器人安全模式下设置以下参数。

（1）传输协议设置

主要用于设置机器人控制柜端以太网卡端的参数:

RS000=（*）标准口 1 参数

RS001=（*）标准口 2 参数

（*）= 0:没有使用该端口

= 1:系统默认

= 2: BSC LIKE 协议

= 3: FC 1 协议

提示

　　两部分的参数设置一样才能建立连接。

用 VC++语言调用 Motocom32 的动态链接库中的通信函数实现和机器人控制柜之间的通信时,如果采用以太网（Ethernet）的通信方式时,RS000 或者 RS001 的参数要设置必须要设置为"2",才表示有效。例如,如果端口 1 已经采用 FC1 协议,设置 RS000=（3）,则端口 2 必须设置为 RS001=（2）,采用 BSC 协议,用以太网的通信方式实现通信。

（2）用户设置

I/O=Not used（没有使用）

命令模式=Used（这一项在任何状态下均为使用）

PP/PBOX=Not used（示教编程器/示教盒的状态为没有使用）

（3）以太网口参数

Ethernet=Used（以太网口使用）

IP 地址=192.168.0.1

子网掩码=255.255.255.0

默认网关=192.168.0.0

设置好计算机和机器人控制器端的参数,并确定机器人处于远程控制状态

（remote）时即可建立通信，图 8-47 所示为通信系统流程图。

### 8.4.6　其他新型通信技术

#### 1. RFID 技术

视频

RFID 技术应用

物联网（Internet of things，IOT）被认为是继计算机、互联网之后世界信息产业发展的第三次浪潮，将指引信息技术的发展方向。在 1999 年，麻省理工学院建立了"自动识别中心（Auto-ID）"，提出了"世间万物都可通过网络互联"的概念，并阐明了物联网的基本含义。早期的物联网主要是指基于 RFID 技术的物流网络，即物联网是以 RFID 技术为主的传感技术与互联网技术的融合。基本的物联网体系架构如图 8-48 所示。

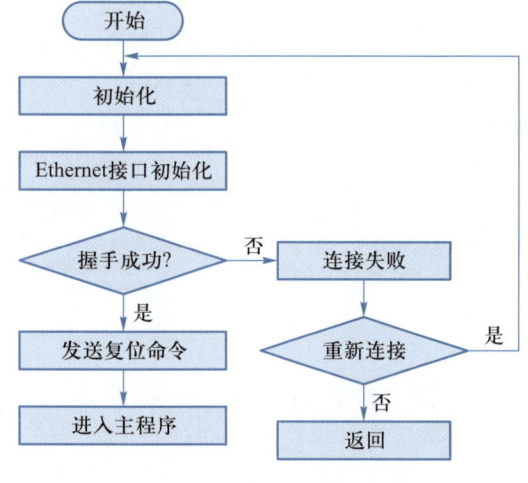

图 8-47　通信系统流程图

图 8-48　基本的物联网体系架构

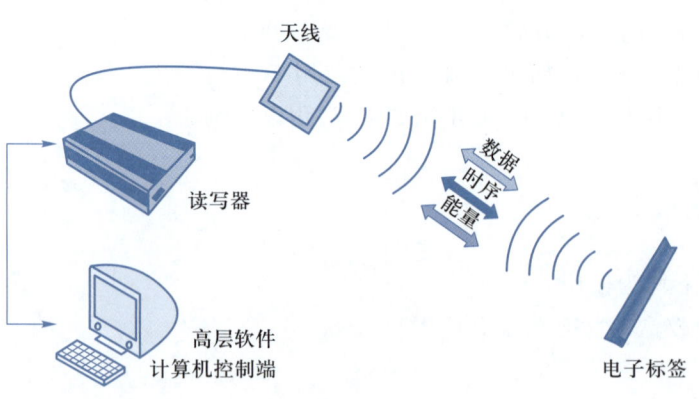

图 8-49　RFID 系统的基本工作原理

RFID 的全称是 radio frequency identification，即射频识别或者电子标签，是一种无线通信技术，能在识别系统与目标无机械或者光学接触的情况下对目标进行数据读写操作。一套完整的 RFID 系统是由读写器、电子标签及高层软件三部分组成，如图 8-49 所示，其基本的工作流程为：当电子标签进入感应范围内时，通过天线发送的特定频率的射频信号，获取感应电流产生激活能量，然后电子标签就将自身的信息返回。读写器获得信息后，通过一系列的解调、解码等操作，识别电子标签的数据及其合法性。

下面以英频杰高频 420 RFID 读写器为例来说明 RFID 技术。在使用读写器读取信息之前,需要对其相关属性进行配置,包括网络属性、读写模式等。在配置成功后就可以根据设定的模式对电子标签进行搜索:Dual Target 模式(循环扫描电子标签)或者 Single Target with Suppression 模式(所有电子标签只读一次)。对于被搜索到的电子标签,就可以获取其中的数据,然后可以提取需要的信息用于进一步的操作。

　　本系统使用的电子标签内存格式如图 8-50 所示,可以看出主要包含用户(USER)、标签号(TID)、EPC(electronic product code,电子产品编码)和RESERVED(保留字段)四个部分。其中,EPC 字段是主要关注的对象,制作电子标签的过程主要就是修改电子标签信息,即存储产品信息的 EPC 字段。该方法标记的对象数量远远超过世界上最大消费品生产商的生产能力。比如在对某批 LED灯尺寸的组件设置编码方式时,可以采用修改最后几位序列号的方式,将序列号进行如下分段设置:前面 4 位标识产品的颜色,中间 16 位标识产品的组件类别,最后16 位标识产品的尺寸。

提示▶

　　该 EPC 字段采用的是 96 的编码方式,其格式为版本号占 8 位,域名管理占 28,序列号占 36 位,剩下 24 位为对象分类。可以标记的对象数量为 $2^{60}$ 个。

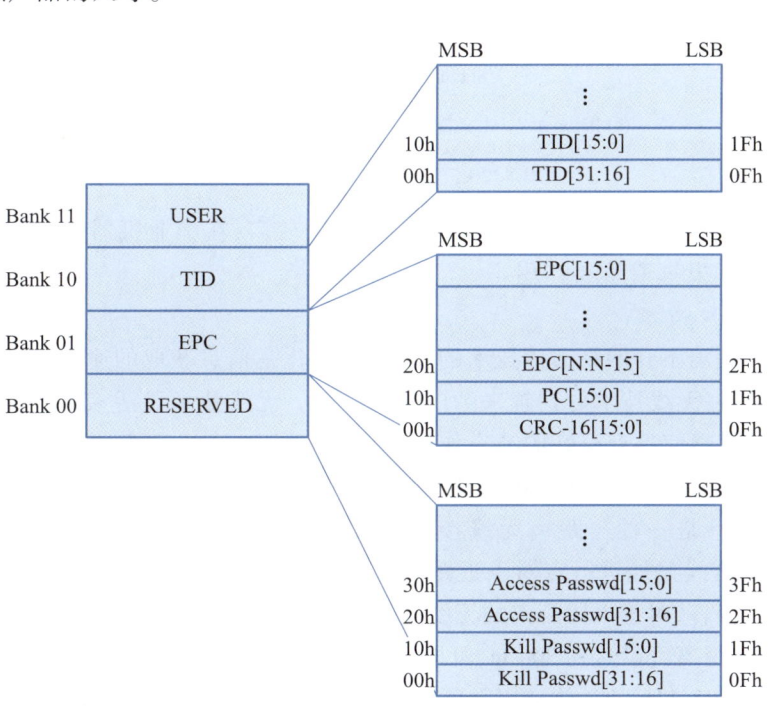

图 8-50　电子标签内存格式

　　目前,RFID 技术在工业机器人中的应用主要在智能车间等领域,通过信息管理中心的整体调配,提高机器人及整个车间的生产效率。

### 2. 蓝牙技术

　　蓝牙技术(Bluetooth)是一种短距离无线通信技术,其产品具有体积小、功耗低、抗干扰、实时性和安全可靠等特点,而且可以集成到几乎任何数字设备中,蓝牙的传输距离一般为 10 cm~10 m(0 dBm)。如果增加功率,可以达到 100 m(20 dBm)的传输距离。同时,蓝牙采用抗干扰能力强的跳频扩谱(frequency hopping spread spectrum)技术,支持上行速率 57.6 kbit/s 及下行速率 723.2 kbit/s 的非对称异步数据传输通道或 433. 9 kbit/s 的对称异步数据传输通道,也支持速率 64 kbit/s 的同步语音传输通道。

**提示**

当前蓝牙技术应用在网络协议中还有些不足,可以引入蚁群算法等对其改进。

蓝牙的组网特性十分切合多机器人系统的通信需求,既可以进行一对一通信,又可以实现一对多通信,其中主要包括 Piconet 和 Scatternet 两种模式。如图 8-51 所示,Piconet 是指一台主设备和 $k(k \leq 7)$ 台从设备构成的主/从式无线网络,适用于小型多娱乐机器人系统主/从式通信;Scatternet 通过将 Piconet 桥接起来,形成更复杂的散射网,适用于大型多机器人系统应用的要求,并且可为机器人提供平等通信。

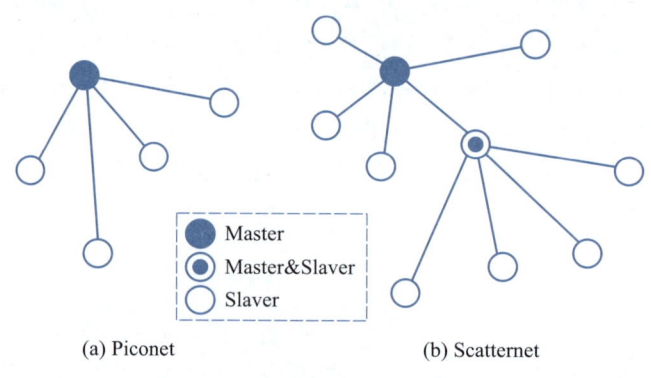

(a) Piconet              (b) Scatternet

图 8-51　蓝牙通信的两种模式

目前阶段,蓝牙技术在娱乐机器人领域应用较广,在工业机器人领域多机器人系统的通信中发挥着重要作用。

### 3. WLAN 技术

**视频**

无线技术应用

工业控制离不开网络通信技术的发展,网络化是信息获取的途径。随着网络技术的不断发展,无线技术得到越来越广泛的应用。无线技术灵活多变、简单易行,对工业现场数据通信具有很好的补充作用。目前,适用于工业现场嵌入式应用的无线接入方案主要有 GPRS、IEEE802. 11b、蓝牙和红外方式。GPRS 技术需要支付一定的流量费用;蓝牙是一种短距离无线接入方案,数据率低、传送距离短,一般不超过 100 m;红外方式只能进行点对点近距离传输,一般在几十厘米内。

相比较而言,对于中短距离的无线接入,IEEE802. 11b 无线局域网是一个理想方案,它的传输距离可以达到 300 m,可以通过增加接入点(AP)来扩大覆盖范围,更重要的是 IEEE802. 11b 的具体应用都可以通过标准的网络协议接口实现的,所有现有的基于 Socket 的应用程序都可以通过 IEEE802. 11b 无线网卡传输数据,最大限度降低了软件方面的投资。它还具有安装容易,使用简便,组网灵活,投资费用低等优点。

无线局域网标准 IEEE802. 11b 工作在 2. 4 GHz 的 ISM 公共频段,无须申请,采用 CCK 调制方式和 DSSS 扩展频率技术,最高速度可达 11 Mbit/s,具有足够高的传输速率和很好的可靠性,媒体访问控制层的动态时间分配轮询技术完全避免了冲突的发生,可以获得比 CSMA/CA 更好的实时性,IEEE802. 11b 的这些特性使其在一定范围内能够满足工业控制的需要。另外,基于 IEEE802. 11b 的无线产品种类众多,易于购买,价格较低,技术成熟,占据主流的地位,而基于其他标准如

IEEE802.11a 和 IEEE802.11g 的无线产品还比较少。现场设备嵌入 IEEE802.11b 无线技术,结合各种基于 IEEE802.11b 的无线局域网网桥,就可以实现无线局域网技术在工业控制网络中的应用。

IEEE802.11 是第一代无线局域网标准之一,该标准规定了 OSI/RM 模型的物理层和 MAC 层。IEEE802.11b 标准从属于 IEEE802.11 家族,其主要内容见表 8-8。

表 8-8　IEEE802.11b 标准的主要内容

| 内容 | 简介 |
| --- | --- |
| 速率 | 最高可达 11 Mbit/s,可根据实际情况采用 5.5 Mbit/s、2 Mbit/s 和 1 Mbit/s |
| 频段 | 开放的 2.4 GHz ISM 频段,无须申请 |
| 组网 | 可以作为有线网络的补充,也可独立组网 |
| 原理 | 引入载波侦听/冲突避免技术,避免了网络冲突的发生,大幅提高了网络效率 |
| 距离 | 可以传输 100~400 m,采用更高功率的发送器可以延长覆盖距离,室外可达 40 km 以上,但安全规则又要求限制发送功率,影响传输距离 |
| 安全 | 采用标准安全协议 WEP、TKIP 和基于 IEEE802.11x 的认证组件 |

IEEE802.11b 标准采用直接序列扩展频率技术(Direct Sequence Spread Spectrum,DSSS),DSSS 使用 11 位的码片序列(Barker)来将数据编码并发送,每一个 11 位的码片序列代表一个一位的数字信号 1 或者 0,这个序列被转化成波形(称为一个 Symbol),然后在空气中传播。DSSS 系统结构框图和原理图如图 8-52 和图 8-53 所示。

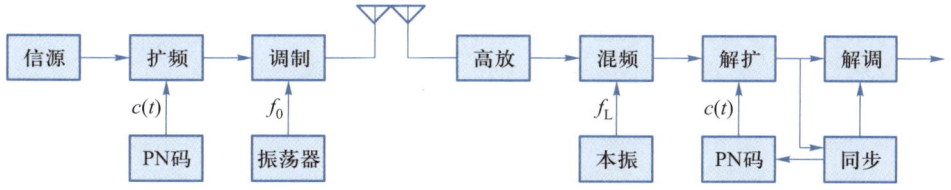

图 8-52　DSSS 系统结构框图

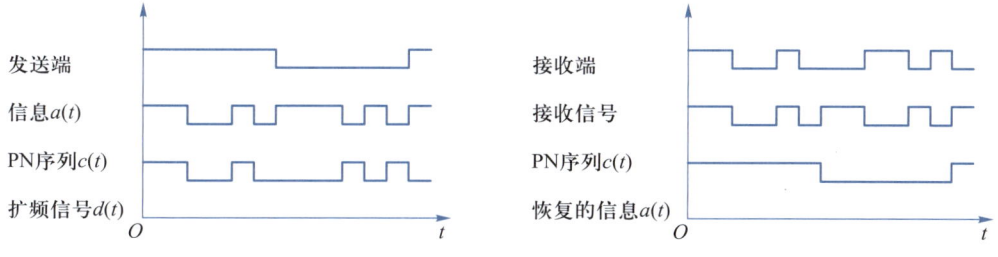

图 8-53　DSSS 系统原理图

在工业控制中,需要实时无差错地传送一些数据,无线传输必须考虑恶劣的电磁干扰,DSSS 扩展频率通信技术具有较强的抗干扰能力,能够消除多径效应的影响,同时具有低功率密度谱的特点,对其他通信设备干扰较小,大大降低了电磁对环境的干扰。因此,IEEE802.1 1b 标准能够应用到工业控制环境中。

现阶段,WLAN 技术在工业机器人领域主要应用在机器人间数据的传输、多机器人系统中主/从式的控制等。

**提示**
WLAN、蓝牙等新型通信技术在其他领域发展较为迅速,技术也比较成熟,在工业机器人领域起步较晚,但潜力巨大,前景光明。

## 学习评分表

| 序号 | 学习目标 | 知识技能点 | 评估结果 | 评分 |
|------|----------|------------|----------|------|
| 1 | 掌握力控制技术的分类及原理(20分) | • 力控制技术的分类<br>• 力控制技术的原理 | ☐掌握<br>☐初步掌握<br>☐未掌握 | |
| 2 | 掌握多传感融合的原理,掌握多传感融合的结构(20分) | • 多传感融合的原理<br>• 多传感融合的结构 | ☐掌握<br>☐初步掌握<br>☐未掌握 | |
| 3 | 熟悉多传感融合的发展趋势(20分) | • 多传感融合发展趋势<br>• 多传感融合的应用 | ☐掌握<br>☐初步掌握<br>☐未掌握 | |
| 4 | 掌握不同方式快速示教技术的原理(20分) | • 不同方式快速示教技术原理 | ☐掌握<br>☐初步掌握<br>☐未掌握 | |
| 5 | 掌握常用的总线通信及工业以太网协议(20分) | • 常用的总线通信<br>• 常用工业以太网协议 | ☐掌握<br>☐初步掌握<br>☐未掌握 | |
| 合计 | | | | |

**延伸阅读**
我国机器人产业新突破:从应用大国向创新大国迈进

## 学习体会

## 单元练习题

1. 描述力控制技术的分类及其原理。

2. 描述多传感器融合的原理。

3. 查找资料,试举例描述机器人多传感器融合的应用。

4. 描述快速示教的实现方法及其原理。

5. 简述 RS-232 通信的引脚定义,并解释 RS-485 通信比 RS-232 通信更抗噪声干扰的原因。

6. 简述工业以太网的分类方式及典型协议。

7. 简述 EtherCAT 技术的运行原理、数据帧、网络寻址和它的通信协议。

# 工业机器人的应用

　　机器人可代替或协助人类完成各种工作,许多对人而言枯燥、危险、有毒、有害的工作可由机器人大显身手。工业机器人的应用分布广泛,不同的行业有着不同的应用需求及类型,在使用机器人时要了解机器人的应用要素,根据实际情况选择符合自身需求的类型及相关附件。

## 学习目标

### 知识目标

- 了解工业机器人的应用步骤。
- 掌握工业机器人的应用行业分布及各行业的应用方式。
- 掌握焊接、喷涂机器人的特点、系统组成及周边设备。
- 掌握装配机器人的特点、系统结构及周边设备。
- 掌握搬运机器人的特点、系统结构及周边设备。

### 能力目标

- 能够认识并描述工业机器人在各行业应用的方式。
- 能够识别不同类型的焊接机器人及其系统、周边设备。
- 能够识别不同类型的喷涂机器人及其系统、周边设备。
- 能够识别装配、搬运机器人及其系统、周边设备。

### 素养目标

- 学习机器人行业应用后,按需选择机器人及周边设备,培养系统配置思维。
- 理解工作站组成与组件协同,树立系统观,为调试维护打下基础。
- 掌握机器人应用步骤,规划关键环节,培养工程实施能力。

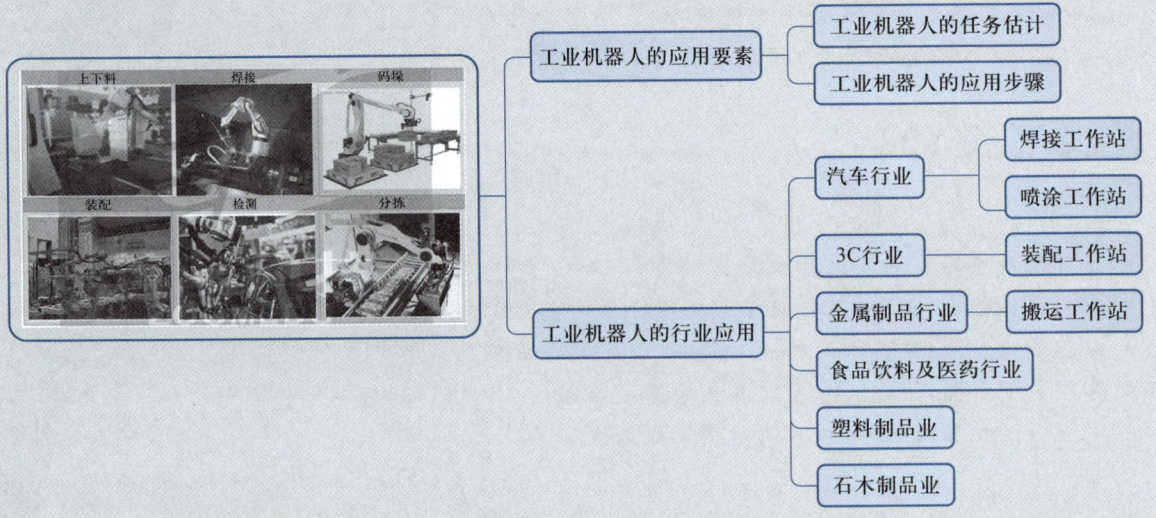

工业机器人的应用要素 ── 工业机器人的任务估计

工业机器人的应用步骤

工业机器人的行业应用 ── 汽车行业 ── 焊接工作站

喷涂工作站

3C行业 ── 装配工作站

金属制品行业 ── 搬运工作站

食品饮料及医药行业

塑料制品业

石木制品业

# 9.1 工业机器人的应用要素

工厂或企业在准备采用工业机器人时,应当考虑的问题或因素包括任务估计、技术要求与依据、经济理由以及人工因素等。只有这样,才能论证使用机器人的合理性,选择适当的作业,选用合适的机器人,充分考虑今后发展以及充分发挥人的作用和机器人的优点。除此之外,还要严格遵守相关的安全规范,保证人和机器的安全。

## 9.1.1 工业机器人的任务估计

准备采用工业机器人之前,要增加对机器人应用情况的了解。最好的方法是到工作现场去观察机器人的工作,也可以参观机器人贸易展览会和机器人制造厂家的设备,对作业任务有所了解。另一种方法是通过图文及视频资料来了解工业机器人。

现在,随着网络的发展,有一种极其方便和有效的调查研究途径,即用户通过访问机器人供应商的网站,足不出户就可以了解到所需机器人的部分详细信息。

在估计任务时,必须把当前进行的作业任务与应当由机器人进行的作业任务加以区别。例如,对于一项手工操作,操作人员可能依次拿起一系列手动工具,并在一个固定的工件上操作。要进行这种操作,操作者必需逐一捡起和放下每一件工具。工具的拿起和放下并不创造价值,只有用工具对工件进行操作才能创造价值。如果由机器人捡起工件,送至每一件工具处(所有工具都放在固定位置),那就要便捷得多。

采用机器人能够提供由改变过程变量来显著提高生产率的机会。如果对这些变量的灵活性不够了解,那么采用机器人仅仅取代工人劳动而不提高生产率。因此,在调查研究过程中必需发现并论证什么是要改变的,什么是不需要改变的。在开发和实施应用机器人时,这一信息将是十分有价值的。

## 9.1.2 工业机器人的应用步骤

在现代工业生产中,机器人一般都不是单机使用的,而是作为工业生产系统中的一个组成部分。机器人应用于生产系统的步骤如图 9-1 所示。

(1)全面考虑并明确自动化要求,包括提高劳动生产率、增加产量、减轻劳动强度、改善劳动条件、保障经济效益和社会就业率等问题。

(2)制订机器人化规划。在全面可靠地调查研究的基础上,制订长期的机器人化规划,包括确定自动化目标、培训技术人员、编绘作业类别一览表、编制机器人化顺序表和大致日程表等。

(3)探讨使用机器人的条件。结合自身具备的生产系统条件,选用合适类型

延伸阅读
应用机器人的
要素及经验准则

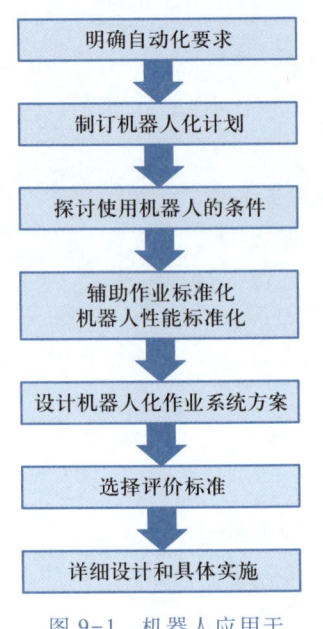

图 9-1　机器人应用于
生产系统的步骤

的机器人。

（4）对辅助作业和机器人性能进行标准化处理。辅助作业大致分为搬运型和操作型两种。根据不同的作业内容、复杂程度或与外围机械在共同任务中的关联性，所使用的工业机器人的坐标系统、关节和自由度数、运动速度、作业范围、工作精度和承载能力等也不同，因此必须对机器人系统进行标准化处理工作。此外，还要判别机器人分别具有哪些适于特定用途的性能，进行机器人性能及其表示方法的标准化工作。

（5）设计机器人化作业系统方案。设计并比较各种理想的、可行的或折中的机器人化作业系统方案，选定最符合使用要求的机器人及其配套设备来组成机器人化柔性综合作业系统。

（6）选择适宜的机器人系统评价标准。建立和选用适宜的机器人系统评价标准与方法，既要考虑到适应产品变化和生产计划变更的灵活性，又要兼顾目前和长远的经济效益。

（7）详细设计和具体实施。对选定的实施方案进行进一步详细的设计工作，并提出实施细则，交付执行。

## 9.2　工业机器人的行业应用

历史上第一台工业机器人的出现，是用于通用汽车的材料处理工作。随着科学技术的不断进步，工业机器人可以做的工作也变得多样化，如喷涂、码垛、搬运、包装、焊接、装配，在不同的行业中有着不同类型的应用。汽车、3C 等行业的自动化程度高，流程标准性强，是工业机器人应用较为成熟的行业。新能源行业的锂电、光伏市场需求大，生产流程中对工业机器人的需求高，是较为典型的潜力行业。从场景方面看，机器人搬运、上下料、焊接等通用场景已经应用在各个行业中，较为成熟，而未来发展潜力主要集中在分拣、装配、包装、检测等需要和周边技术（如机器视觉）结合的场景中。从应用成熟度方面看，标准化更强的行业和场景的工业机器人应用较为成熟，非标准化、对环境和技术要求较高的场景自动化替代程度较低。中高端工业机器人在汽车、通信电子、金属制品、化工塑料、食品加工、家用电器等行业有较为广泛和深入的应用，而广泛存在的其他行业则采用中低端工业机器人，这些行业包括仓储物流、五金卫浴、石油化工、食品饮料、烟草医药、饲料化肥等，众多下游领域的需求还在形成与增长中。表 9-1 为工业机器人在不同行业和场景的应用成熟度对比。

表 9-1 工业机器人在不同行业和场景的应用成熟度对比

| 行业应用成熟度 | | 生产 | | | | | | | | | | 检测 | 包装 | 出货 |
|---|---|---|---|---|---|---|---|---|---|---|---|---|---|---|
| | | 搬运 | 上下料 | 切割 | 冲压 | 焊接 | 打磨 | 喷涂 | 洁净/清洁 | 分拣 | 装配 | 检测/质检/巡检 | 包装/贴标 | 码垛 |
| 成熟行业 | 汽车 | ☆☆ | ☆☆ | ☆☆ | ☆☆ | ☆☆☆☆ | | ☆☆（涂装） | | | ☆☆（总装） | | | |
| | 3C | ☆☆☆ | ☆☆☆☆ | | | | | | | | ☆☆ | ☆☆ | | |
| 半成熟行业 | 金属制品 | ☆☆ | ☆☆☆ | ☆☆ | | ☆☆ | ☆☆ | | | ☆☆ | ☆☆ | | | ☆☆ |
| | 化工塑料 | ☆☆ | ☆☆ | | | ☆☆ | | | ☆☆ | | ☆☆ | ☆☆（巡检） | | ☆☆ |
| | 食品加工 | | | ☆☆ | | | | | | ☆☆ | | | ☆☆ | ☆☆ |
| | 锂电池 | ☆☆☆ | ☆☆☆ | | | ☆☆☆ | | | ☆☆（清洁） | ☆☆ | ☆☆ | ☆☆ | ☆☆ | ☆☆ |
| 潜力行业 | 光伏电池 | ☆☆ | ☆☆☆ | | ☆☆ | ☆☆ | | | | ☆☆ | ☆☆ | ☆☆ | ☆☆ | |
| | 家用电器 | ☆☆ | | | | ☆ | | ☆ | | ☆☆ | | | ☆☆ | ☆☆ |
| | 医药 | ☆☆ | | | | | | | | | | ☆☆ | ☆☆ | ☆☆ |

注：行业应用成熟度是指该场景在该行业工业机器人的渗透情况，对比只有在同一行业中才有意义，从 1 星到 4 星成熟度递增。

### 9.2.1　汽车行业

PPT
汽车行业

视频
机器人用于冲压作业

工业机器人自诞生之日起,就与汽车制造紧密相关,没有以机器人为代表的自动化技术的支撑,就没有今天汽车行业的快速发展,而以汽车为主要的制造业发展促进了工业机器人的发展。一般而言,合适的工业机器人替代人的领域,包括人力成本高、对精度要求高或者高危行业。正是由于最初的开发目的及定位原因,使得工业机器人从诞生之日起就主要广泛地应用于汽车行业。

汽车制造业属于技术及资金密集型产业,在高度市场化竞争的今天,汽车制造厂家的核心竞争就是高技术、高质量、低成本的生产力竞争。在国内,汽车行业仍处于高速增长、迅猛发展的阶段,工业机器人被大量应用。同时,为适应现代汽车生产的需要,汽车零部件制造厂家也开始大量采用机器人替代人工操作,提高了零部件生产的自动化水平及生产效率,产品质量也得到了保证。

工业机器人在汽车及其零部件制造行业的应用广为成熟,2020～2021年的增长主要得益于新能源汽车需求的爆发。同时,近年受"双碳"政策驱动,锂电池企业快速扩产,使得工业机器人在汽车行业的应用更加普及。工业机器人在汽车生产的冲压、焊接、喷涂、总装四大生产工艺中都有广泛应用,如图9-2所示。其中,应用最多的是弧焊和点焊机器人。在汽车及其零部件制造、摩托车制造、工程机械制造等行业,机器人也有广泛丰富的应用,主要的生产应用过程如下。

(a) 冲压

(b) 焊接

(c) 喷涂

(d) 总装

图9-2　汽车四大生产工艺中应用工业机器人

基础应用:弧焊、点焊、打磨、抛光、搬用、喷漆、检测、码放。

周边应用:激光加工、切割处理、机加工上下料、打飞边、去毛刺、注塑生产、铸造生产、模型制作、生产中间环节搬运。

装配应用:同步机器人装配线、小型零件高速索引装配单元、完整的多工位自动化装配线、大型机器人装配工作站、一级汽车零部件总成。

与人工制造相比,运用机器人进行自动化批量生产有多种好处。以汽车车灯的涂胶为例,随着市场对汽车车灯泡质量要求逐日升高,对车灯的密封性能要求更高了,如果仍然采用传统的人工涂胶生产模式不能满足现在消费者对车灯密封性能的需求。机器人的运用不仅能解决人工生产所不能达到的技术要求,还能进行高质量的批量生产,以满足不断增长的生产和消费需求。对此,机器人是个很好的解决方案。下面分别介绍在汽车生产中焊接工作站及喷涂工作站的应用。

## 一、焊接工作站

随着先进汽车制造技术的发展,焊接产品制造的自动化、柔性化与智能化已成为必然趋势。而在焊接生产中,采用机器人进行焊接则是焊接自动化技术现代化的主要标志。

### 1. 焊接机器人的分类及特点

焊接机器人是在焊接生产领域代替焊工从事焊接作业的工业机器人。在焊接机器人中,有的是为某种焊接方式单独设计的,而大多数焊接机器人是在通用机器人上安装焊接工具而构成的。世界各国生产的焊接机器人基本上都属于关节型机器人,绝大部分为 6 轴机器人。其中,1、2、3 轴可将末端工具(焊枪、焊钳等)送到不同的空间位置,而 4、5、6 轴解决末端工具姿态的不同要求。目前,焊接机器人应用较为普遍的主要有 3 种:点焊机器人、弧焊机器人和激光焊接机器人。

(1)点焊机器人

点焊机器人是用于点焊自动作业的工业机器人。工业机器人在焊接领域应用最早是从汽车装配生产线上的电阻点焊开始的,这主要因为点焊过程比较简单,只需点位控制,至于焊钳在点与点之间的移动轨迹则没有严格要求,对机器人的精度和重复精度的控制要求比较低。

如今,点焊机器人逐渐被要求有更全面的作业性能,点焊用机器人不仅要有足够的负载能力,而且在点与点之间移位时速度要快捷,动作要平稳,定位要准确,以减少移位的时间,提高工作效率。其他性能要求如下:① 安装面积小,工作空间大;② 能快速完成小节距的多点定位(如每 0.3～0.4 s 移动 30～50 mm 节距后定位);③ 定位精度高(±0.25 mm),以确保焊接质量;④ 持重大(50～150 kg),以便携带内装变压器的焊钳;⑤ 内存容量大,示教简单,节省工时;⑥ 点焊速度与生产线速度相匹配,同时安全可靠性好。

(2)弧焊机器人

弧焊过程比点焊过程复杂得多,被焊工件由于局部加热熔化和冷却而变形,焊

视频

机器人用于总装作业

提示

汽车工业的最大特点是产量大,生产节拍快,产品一致化程度高。消费者对汽车质量要求越来越高,是促使机器人应用越来越普遍的一个重要原因。

视频

机器人在汽车零部件行业应用之点焊

视频

机器人在汽车零部件行业应用之弧焊

**提示**

弧焊过程中速度
的稳定性和轨迹精度
是两项重要指标。一
般情况下,焊接速度为
5~50 mm/s,轨迹精度
为±(0.2~0.5) mm。

缝轨迹会发生变化。焊接机器人应"看"到这种变化,采取相应的措施,调整焊枪位置和姿态,以实现对焊缝的实时追踪。因此,焊接机器人的应用并不是一开始就用于电弧焊作业,而是伴随焊接传感器的开发及其在焊接机器人中的应用,使机器人弧焊作业的焊缝跟踪与控制问题得到有效解决后才开始应用。焊接机器人在汽车制造中的应用,也很快从原来单一的汽车装配点焊发展为汽车零部件及其装配过程中的电弧焊,如图9-3所示。由于弧焊工艺早已在诸多行业中得到普及,使得弧焊机器人在通用机械、金属结构等许多行业中得到广泛运用,如图9-4所示,在数量上大有超过点焊机器人的势头。

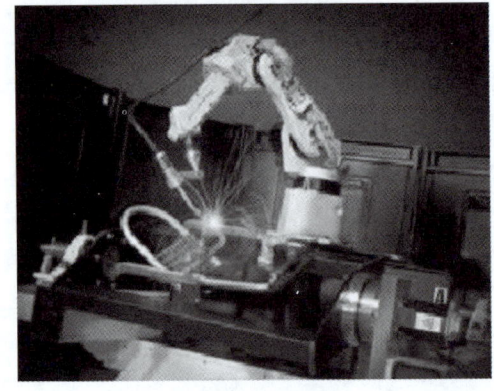
(a) 焊接座椅支架

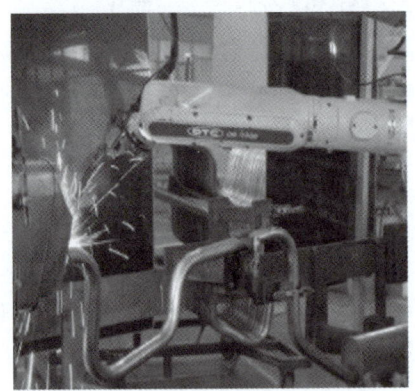
(b) 焊接消音器

图9-3　汽车零部件的机器人弧焊作业

为适应弧焊作业,对弧焊机器人的性能有着特殊的要求。在弧焊作业过程中,焊枪应跟踪工件的焊道运动,并不断填充金属形成焊缝。由于焊枪的姿态对焊缝质量也有一定的影响,所以希望在跟踪焊道的同时,焊枪姿态的可调范围尽量大。其他性能要求:① 能够通过示教器设置焊接条件(电流、电压、速度等);② 摆动功能;③ 坡口填充功能;④ 焊接异常功能检测;⑤ 焊接传感器(焊接起始点检测、焊缝跟踪)的接口功能。

图9-4　通用机械的机器人弧焊作业

**延伸阅读**

双丝焊接技术

（3）激光焊接机器人

激光焊接机器人是用于激光焊自动作业的工业机器人,通过高精度工业机器人来实现更加柔性的激光加工,其末端持握的是激光加工头。采用全自动的激光焊接技术,具有最小的热输入量,产生极小的热影响区,在显著提高焊接产品品质的同时,降低了后续工作的时间。而且,由于焊接速度快,焊缝深宽比大,能够极大地提高焊接效率和稳定性。

从 20 世纪 90 年代开始,德国、美国、日本等国家投入大量的资源研发激光加工机器人。进入 21 世纪,KUKA、ABB、FANUC 等公司相继推出了激光焊接、激光切割机器人的系列产品,如图 9-5 所示。在国内外汽车行业中,激光焊接、激光切割机器人已成为先进的制造技术,并获得了广泛应用,如图 9-6 所示。

视频

机器人激光焊接作业

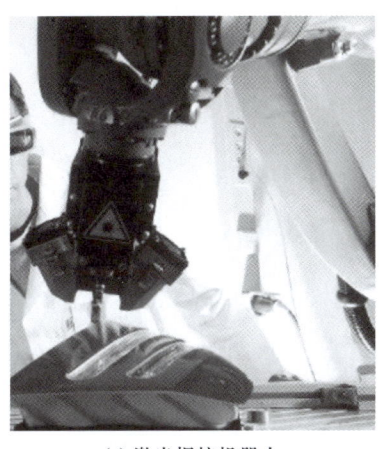

(a) 激光焊接机器人

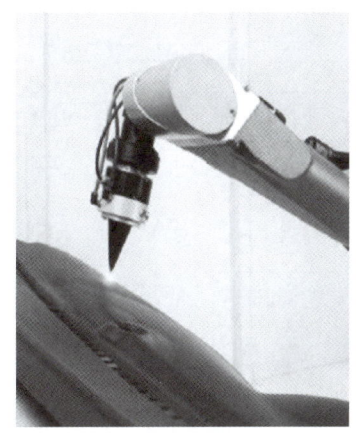

(b) 激光切割机器人

图 9-5　激光加工机器人

激光焊接已成为一种成熟的无接触的焊接方式,极高的能量密度使得高速加工和低热输入量成为可能。与机器人电弧焊相比,机器人激光焊的焊缝跟踪精度要求更高。根据一般要求,机器人电弧焊的焊缝跟踪精度应控制在电极或焊丝直径的一半以内,在具有填充丝的条件下,焊缝跟踪精度可适当放宽。但对于激光焊接而言,焊接时激光照射在工件表面的光斑直径通常小于 0.6 mm,远小于焊丝直径(通常大于 1 mm),并且激光焊接时通常又不加填充焊丝。因此,激光焊接中若光斑位置稍有偏差,便会造成偏焊、漏焊。其他基本性

图 9-6　汽车车身的激光焊接作业

能要求如下:① 高精度轨迹(≤0.1 mm);② 持重大(30~50 kg),以便携带激光加工头;③ 可与激光器进行高速通信;④ 机械臂刚性好,工作范围大;⑤ 具备良好的振动抑制和控制修正功能。

**2. 焊接机器人的系统结构**

焊接机器人是包括各种焊接附属设备在内的柔性焊接系统,而不只是一台以规划的速度和姿态携带焊接工具移动的单机。

(1) 点焊机器人结构

点焊机器人主要由本体、控制系统和点焊焊接系统三部分组成,其结构如

图9-7所示。操作者通过示教器和控制柜操作面板进行点焊机器人运动位置和动作区域的示教,设置运动速度、点焊参数等。点焊机器人按照示教程序规定的动作、顺序和参数进行点焊作业,其过程是完全自动化的。

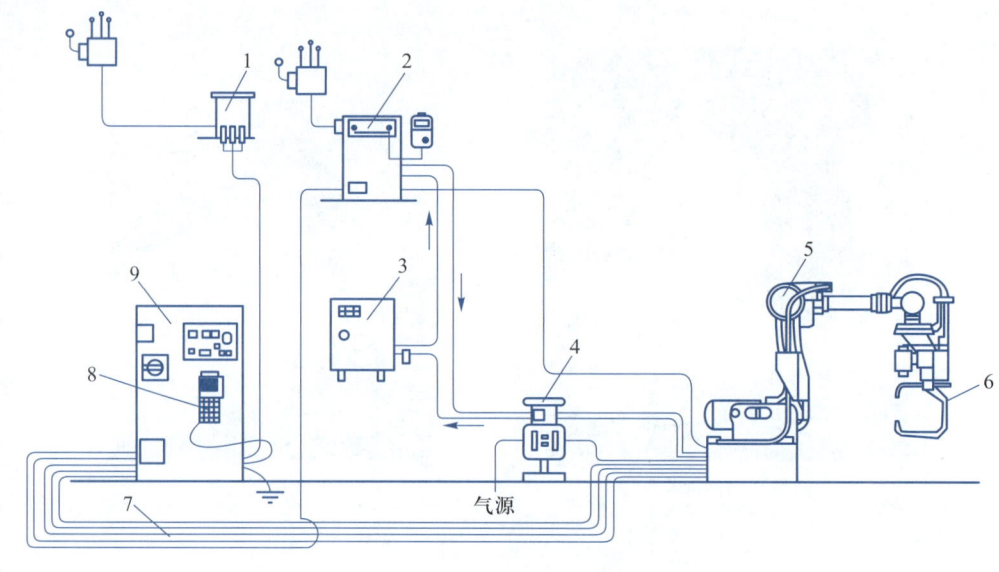

图9-7  点焊机器人的结构

1—机器人变压器;2—焊接控制器;3—水冷机;4—气/水管路结合器;5—机器人本体;6—焊钳;
7—供电及控制电缆;8—示教器;9—控制柜

**提示**

点焊机器人系统主要由本体、控制系统和点焊焊接系统三部分组成。

点焊机器人控制系统由本体控制和焊接控制两部分组成。本体控制部分主要是实现机器人本体的运动控制;焊接控制部分则负责对焊接控制器进行控制,发出焊接开始指令,自动控制和调整焊接参数(如电流、压力、时间),控制焊钳的大小行程及夹紧/松开动作。

点焊焊接系统主要由点焊控制器(时控器)、焊钳(含电阻焊变压器)及水、电、气等辅助部分组成。点焊控制器是由微处理器及部分外围接口芯片组成的控制系统,可根据预定的焊接监控程序,完成焊接参数输入、焊接程序控制及焊接系统的故障自诊断,并实现与机器人控制柜、示教器的通信联系。

(2)弧焊机器人结构

弧焊机器人的结构与点焊机器人基本相同,主要是由机器人本体、控制系统、弧焊系统、安全设备等部分组成,其结构如图9-8所示。

**提示**

弧焊机器人系统主要由机器人本体、控制系统、弧焊系统和安全设备几部分组成。

弧焊系统是实现弧焊作业的核心装备,主要由弧焊电源、送丝机、焊枪、气瓶等组成。弧焊机器人多采用气体保护焊,通常使用的晶闸管式、逆变式、波形控制式、脉冲或非脉冲式等焊接电源都可以装到机器人上进行电弧焊。由于机器人控制柜采用数字控制,而焊接电源多为模拟控制,所以需要在焊接电源与控制柜之间加一个接口。近年来,国外机器人生产商都有自己特定的配套焊接设备(如 FANUC 弧焊机器人工作站采用美国林肯焊接电源,如图9-9所示),这些焊接设备内已插入

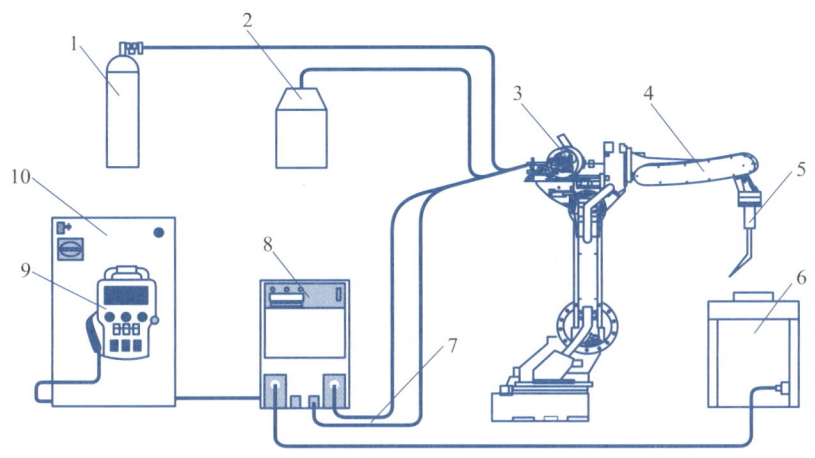

图 9-8　弧焊机器人的结构
1—气瓶;2—焊丝桶;3—送丝机;4—机器人本体;5—焊枪;6—工作台;7—供电及控制电缆;
8—弧焊电源;9—示教器;10—控制柜

相应的接口板,所以不需要附加接口板。

安全设备是弧焊机器人系统安全运行的重要保障,主要包括驱动系统过热自断电保护、动作超限位自断电保护、机器人系统工作空间干涉自断电保护和人工急停断电保护等,它们起到防止机器人伤人或保护周边设备的作用。在机器人末端焊枪上还装有各类触觉或接近传感器,可以使机器人在过分接近工件或发生碰撞时停止工作。当发生碰撞时,一定要检验焊枪是否被碰歪,否则由于工具中心点的变化,焊接的路径将会发生较大的改变,造成焊接废品。

（3）激光焊接机器人的结构

机器人是具有高度柔性的加工系统,这就要求激光器应具有高度柔性,所以目前激光焊接机器人都选用可光纤传输的激光器(如固体激光器、半导体激光器、光纤激光器)。在机器人手臂的夹持下,能匹配完全的自由轨迹加工,完成平面曲线、空间的多组直线、异形曲线等特殊轨迹的激光焊接。激光焊接机器人的结构如图9-10所示。

智能化激光焊接机器人主要由以下几部分组成:大功率可光纤传输激光器、光纤耦合和传输系统、激光光束变换光学系统、6自由度机器人本体、机器人数字控制系统、激光加工头、材料进给系统(高压气体、送丝机、送粉器)、焊缝跟踪系统(包括视觉传感器、图像处理单元、伺服控制单元、运动执行机构及专用电缆等)、焊接质量检测系统、激光加工工作台。

延伸阅读
美国林肯焊接电源

图 9-9　FANUC 弧焊机器人工作站采用美国林肯焊接电源

工业机器人的行业应用　9.2

221

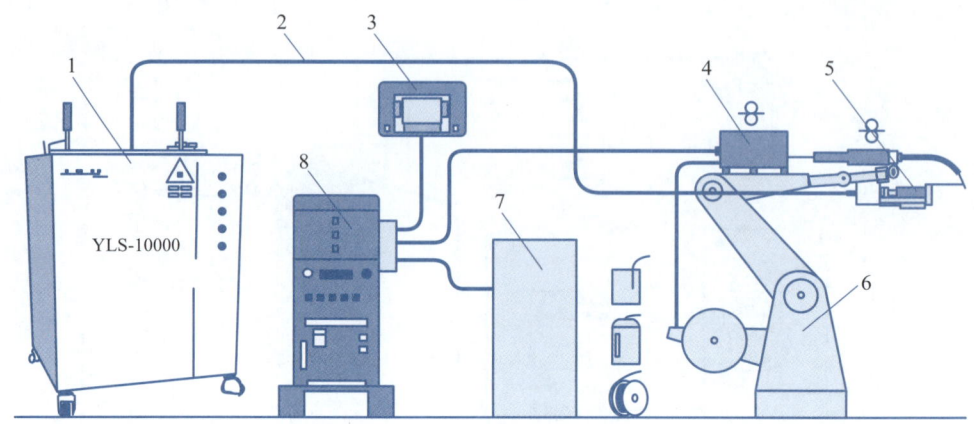

图 9-10　激光焊接机器人的结构

1—激光器；2—光导系统；3—遥控盒；4—送丝机；5—激光加工头；6—机器人本体；

7—控制柜；8—焊接电源

### 3. 焊接机器人的周边设备

延伸阅读
焊接工作站的布局形式

为完成一项焊接机器人作业，除需要焊接机器人（机器人和焊接设备）以外，还需要一些实用的周边设备。常见的焊接机器人周边设备有变位机和滑移平台等。

（1）变位机

变位机是机器人焊接生产线及焊接柔性加工单元的重要组成部分。根据实际的需要，变位机有多种形式，如单回转式、双回转式及倾翻回转式，如图 9-11 所示。在焊接作业前和焊接过程中，变位机通过夹具来装夹和定位被焊工件。具体选择什么形式的变位机，取决于工件的结构特点和工艺程序。同时，为充分发挥机器人的效能，焊接机器人通常采用两台以上的变位机，如图 9-12 所示。其中一台进行焊接作业时，另一台则完成工件的卸载和装夹，从而使整个系统获得较高的效能。

（a）倾翻回转式变位机

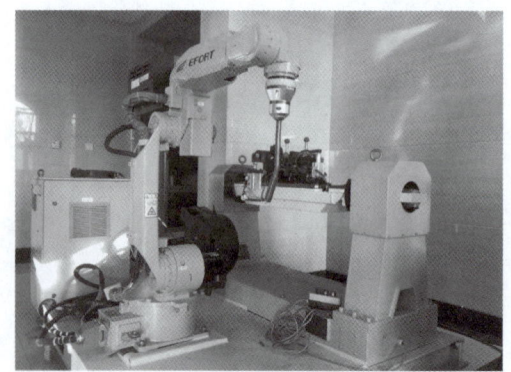

（b）变位机及夹具

图 9-11　变位机

变位机的安装应能使工件的变位都处于机器人运动范围之内，并需要合理分

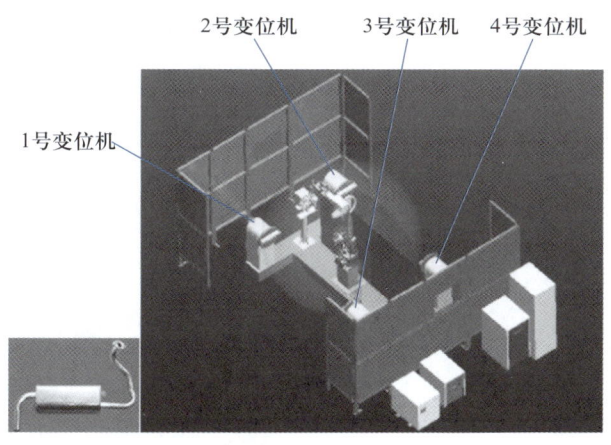

图 9-12　汽车消声器机器人焊接系统

解机器人本体和变位机各自的职能,使两者按照统一的运动规划作业,如图 9-13
所示。机器人和本体之间的运动存在两种形式:协调运动和非协调运动。

视频
变位机在焊接
中应用

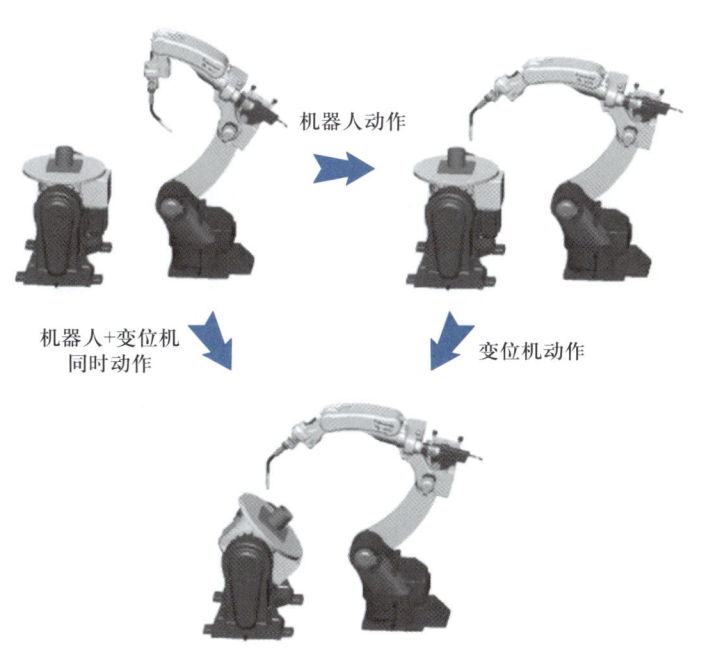

机器人动作

机器人+变位机
同时动作

变位机动作

图 9-13　焊接机器人和变位机动作分解

（2）滑移平台

　　随着机器人应用领域的不断延伸,经常遇到大型结构件的焊接作业。针对这
些场合,可以把机器人本体装在可移动的滑移平台或龙门架上,以扩大机器人本体
的作业范围;或者采用变位机和滑移平台的组合,确保工件的待焊部位和机器人都
处于最佳焊接位置和姿态,如图 9-14 所示。移动平台的运动控制可以看作是机器

人关节坐标系下的一轴,机器人系统中运动轴的一般切换顺序为:基本轴→手腕轴→外部轴。

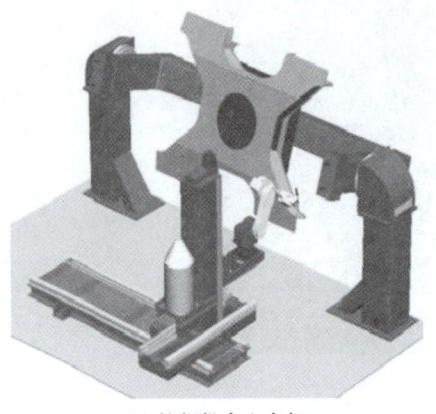

(a) 挖掘机中心支架　　　　　　　　　　(b) 挖掘机动臂

图9-14　工程机械结构件的机器人焊接作业

## 二、喷涂工作站

传统的喷涂行业,其施工技术从涂刷、揩涂发展到气压喷涂、浸涂、辊涂、淋涂以及目前兴起的高压空气喷涂、电泳喷涂、静电粉末喷涂等先进技术。喷涂技术的快速发展,让企业进入了新的竞争局面,即更环保、更高效、更低成本,才更有竞争力。加之喷涂领域对从业人员健康的争议和顾虑,机器人喷涂正成为一个在尝试中不断迈进的新领域。

### 1. 喷涂机器人的分类及特点

视频
机器人用于喷涂作业

喷涂机器人作为一种典型的喷涂自动化装备,对工件涂层均匀,重复精度好,通用性强,工作效率高,能够将工人从有毒、易燃、易爆的工作环境中解放出来,已在汽车制造、工程机械、3C产品及家具建材等领域得到广泛应用。喷涂机器人与传统的机械喷涂相比,具有下列优点:① 最大限度提高涂料的利用率、降低喷涂过程中的VOC(有害挥发性有机物)排放量;② 显著提高喷枪的运动速度,缩短生产节拍,效率显著高于传统的机械喷涂;③ 柔性强,能够适应于多品种、小批量的喷涂任务;④ 能够精确保证喷涂工艺的一致性,获得较高质量的喷涂产品;⑤ 与高速旋杯经典喷涂站相比可以减少30%~40%的喷枪数量,降低系统故障概率和维护成本。

国内外的喷涂机器人大多从构型上仍采取与通用工业机器人相似的5或6自由度串联关节式机器人,在其末端加装自动喷枪。按照手腕构型划分,喷涂机器人主要分为球形手腕喷涂机器人和非球形手腕喷涂机器人,如图9-15所示。

(1) 球形手腕喷涂机器人

球形手腕喷涂机器人与通用工业机器人手腕构型类似,手腕3个关节轴线相交于一点。目前绝大多数商用机器人所采用的Bendix手腕,如图9-16所示。该手腕结构能够保证机器人运动学逆解具有解析解,便于离线编程的编制,但是由于

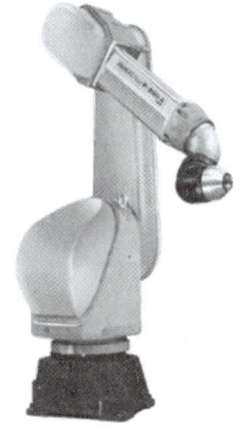

(a) 球形手腕喷涂机器人          (b) 非球形手腕喷涂机器人

图 9-15　喷涂机器人分类

其腕部第二关节不能实现 360°旋转,故工作空间相对较小。采用球形手腕的机器人多为紧凑型结构,其工作半径多在 0.7~1.2 m,多用于小型工件的喷涂。

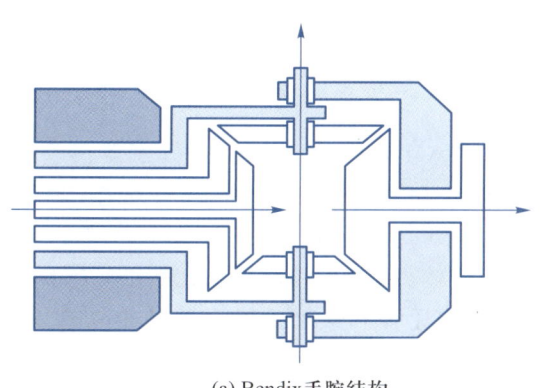
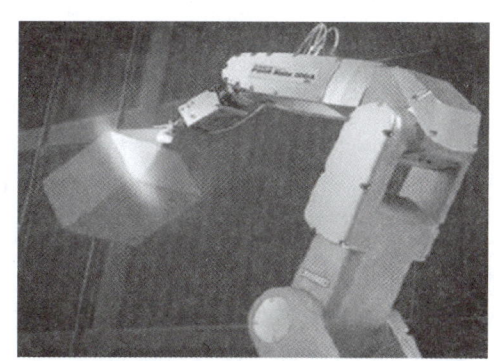

(a) Bendix手腕结构          (b) 采用Bendix手腕的喷涂机器人

图 9-16　Bendix 手腕结构及喷涂机器人

（2）非球形手腕喷涂机器人

非球形手腕喷涂机器人,其手腕的 3 个轴线并非如球形手腕机器人一样相交于一点,而是相交于两点。非球形手腕喷涂机器人相对于球形手腕机器人来说更适合于喷涂作业。该种手腕每个腕关节转动角度都能达到 360°以上,手腕灵活性强,机器人工作空间较大,特别适用于复杂曲面及狭小空间内的作业,但由于非球形手腕运动学逆向解析没有解决,增大了机器人控制的难度,难以实现离线编程控制。

在喷涂作业过程中,高速旋杯喷枪的轴线要与工件表面法线在一条直线上,且高速旋杯喷枪的端面要与工件表面始终保持一恒定的距离,并完成往复蛇形轨迹。这就要求喷涂机器人要有足够大的工作空间和尽可能紧凑灵活的手腕,即腕关节要尽可能短。其他基本性能要求如下:① 能够通过示教器方便地设定流量、雾化气压、喷幅气压以及静电量等喷涂参数;② 具有供漆系统,能够方便地进行换色、

**提示**

喷涂作业环境充满了易燃、易爆、有害、挥发性有机物,除了要求喷涂机器人具有出色的重复定位精度和循径能力之外,对其防爆性能也有较高的要求。

混色,确保高质量、高精度的工艺调节;③ 具有多种安装方式,如落地、倒置、角度安装和壁挂;④ 能够与转台、滑台、输送链等一系列的工艺辅助设备轻松集成;⑤ 结构紧凑,方便减少喷房尺寸,降低通风要求。

### 2. 喷涂机器人的系统组成

典型的喷涂机器人工作站主要由机器人本体、控制柜、示教器、供漆系统、自动喷枪/旋杯、防爆吹扫系统等组成,如图 9-17 所示。

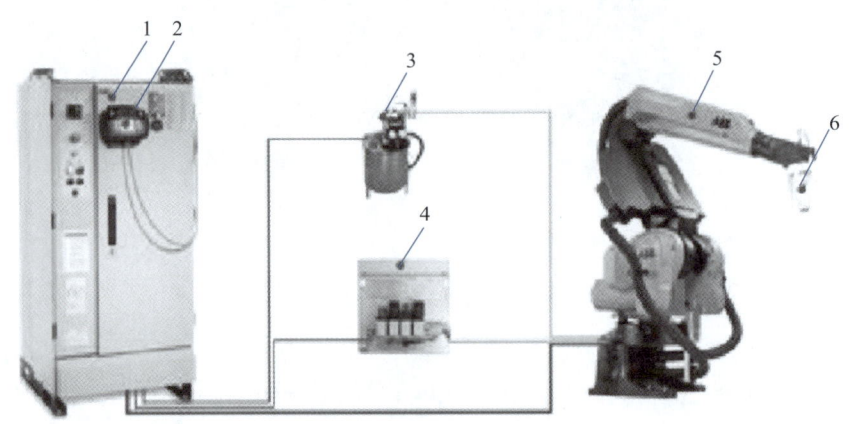

图 9-17　喷涂机器人系统组成

1—控制柜;2—示教器;3—供漆系统;4—防爆吹扫系统;5—机器人本体;6—自动喷枪/旋杯

视频
希美埃机器人喷涂介绍

与普通工业机器人相比,喷涂机器人的本体在结构方面的差别,除了球形手腕与非球形手腕外,主要是防爆、油漆及空气管路和喷枪的布置。它的特点有:① 一般手臂工作范围宽大,喷涂作业时可以灵活避障;② 手腕一般有 2~3 个自由度,轻巧快速,适合狭窄空间及复杂工件的喷涂;③ 较先进的喷涂机器人采用中空手臂和柔性中空手腕(如图 9-18 所示)。采用中空手臂和柔性中空手腕使得软管、线缆可内置,从而避免软管与工件间发生干涉,减少管道粘着薄雾、飞沫,最大程度降低灰尘粘到工件的可能性,缩短生产节拍;④ 一般在水平手臂搭载喷漆工艺系统,从而缩短清洗、换色时间,提高生产效率,节约涂料及清洗液,如图 9-19 所示。

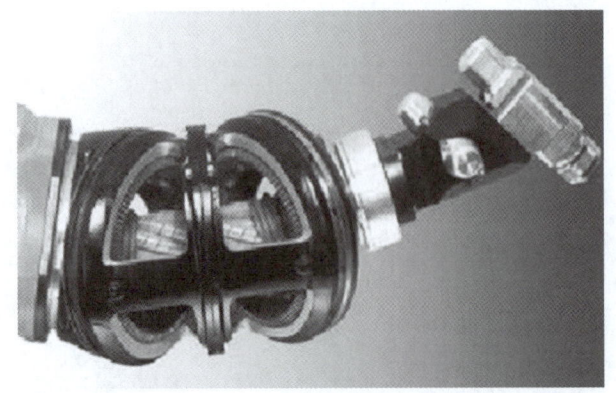

图 9-18　柔性中空手腕

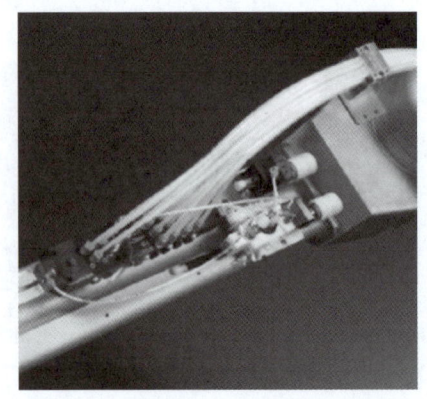

图 9-19　集成于手臂上的喷涂工艺系统

　　喷涂机器人控制柜主要完成机器人本体和喷涂工艺控制。机器人本体的控制在控制原理、功能及组成上与通用工业机器人基本相同；喷涂工艺的控制则是对供漆系统的控制。

　　供漆系统主要由涂料单元控制盘、气源、流量调节器、齿轮泵、涂料混合器、换色阀、供漆供气管路及监控管线组成。著名喷涂机器人生产商 ABB 公司、FANUC 公司等都有其自主生产的成熟供漆系统模块配套。图 9-20 所示为 ABB 公司生产的采用模块化设计的、可实现闭环控制的流量调节器、齿轮泵、涂料混合器及换色阀。

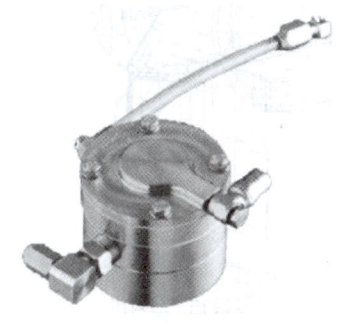

(a) 流量调节器

(b) 齿轮泵

(c) 涂料混合器

(d) 换色阀

图 9-20　喷涂系统主要部件

　　喷涂机器人多在封闭的喷房内喷涂工件的内外表面。喷涂的薄雾是易燃、易爆的，如果机器人的某个部件产生火花或温度过高，就会引起大火甚至引起爆炸。因此，防爆吹扫系统对于喷涂机器人是极其重要的一部分。防爆吹扫系统主要由危险区域之外的吹扫单元、本体内部的吹扫传感器、控制柜内的吹扫控制单元三部分组成。其防爆工作原理如图 9-21 所示，吹扫单元通过软管向包含电气元件的机器人本体内部施加压力，阻止爆燃性气体进入；同时由吹扫控制单元监视机器人本体内压、喷房气压，当异常状况发生时，立即切断伺服电源。

　　在进行喷涂作业时，为了获得高质量的涂膜，除对机器人动作的柔性和精度、供漆系统及自动喷枪/旋杯的精度控制有所要求外，对喷涂环境的最佳状态也提出了一定要求，如无尘、恒温、恒湿、工作环境内恒定的供风及对有害挥发性有机物含量的控制等，喷房由此应运而生。一般来说，喷房由喷涂作业的工作室、收集有害挥发性有机物的废气舱、排气扇以及可将废气排到建筑外的排气管等组成。

提示

　　喷涂环境的状态对于涂膜的形成有重要的影响。

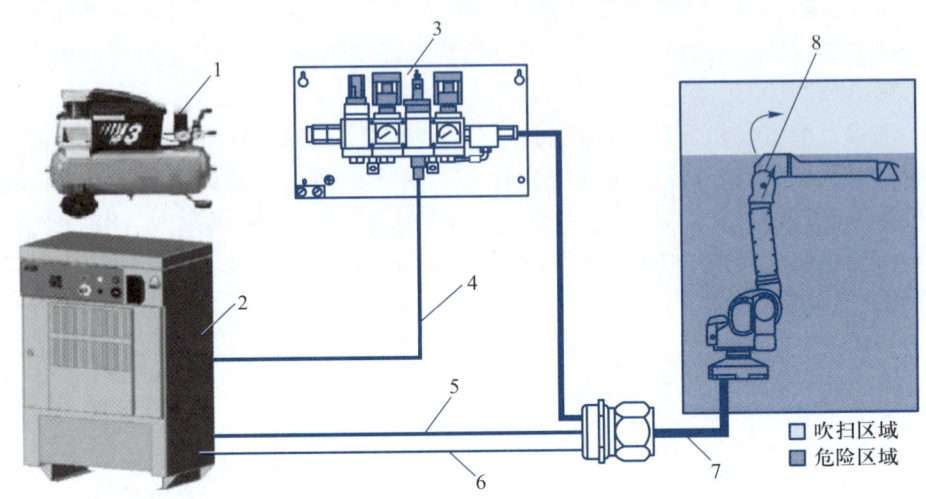

图 9-21　防爆吹扫系统工作原理

1—空气接口；2—控制柜；3—吹扫控制单元；4—吹扫单元控制电缆；5—操作机控制电缆；

6—吹扫传感器控制电缆；7—软管；8—吹扫传感器

### 3. 喷涂机器人的周边设备

延伸阅读
喷涂工作站布局形式

完整的喷涂机器人生产线及柔性喷涂单元除了所提及的机器人和自动喷涂设备两部分，还包括一些周边辅助设备。常见的喷涂机器人周边设备有机器人行走单元、工件传送（旋转）单元、空气过滤系统、喷漆生产线控制盘等。

（1）机器人行走单元与工件传送（旋转）单元

如同焊接机器人变位机和滑移平台，喷涂机器人也有类似的装置，主要包括完成工件的传送及旋转动作的伺服转台、伺服穿梭机及输送系统和完成机器人上下左右滑移的行走单元，喷涂机器人对所配备的行走单元与工件传送和旋转单元的防爆性能有着较高的要求。一般来讲，配备行走单元和工件传送与旋转单元的喷涂机器人生产线及柔性喷涂单元的工作方式有三种：动/静模式、流动模式及跟踪模式。

① 动/静模式。在动/静模式下，工件先由伺服穿梭机或输送系统传送到喷房中，由伺服转台完成工件旋转，之后由喷涂机器人单体或者配备行走单元的机器人对其完成喷涂作业。在喷涂过程中工件可以静止地做独立运动，也可与机器人做协调运动，如图 9-22 所示。

② 流动模式。在流动模式下，工件由输送链承载匀速通过喷房，由固定不动的喷涂机器人对工件完成喷涂作业，如图 9-23 所示。

③ 跟踪模式。在跟踪模式下，工件由输送链承载匀速通过喷房，机器人不仅要跟踪随输送链运动的喷涂物，还要根据喷涂面而改变喷枪的方向和角度，如图 9-24所示。

（2）空气过滤系统

为保证喷涂作业的表面质量，喷涂线所处环境及空气喷涂所使用的压缩空气应当尽可能保持清洁，这是由空气过滤系统使用大量空气过滤器对空气质量进行

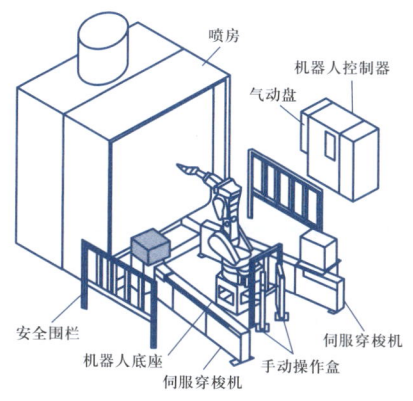

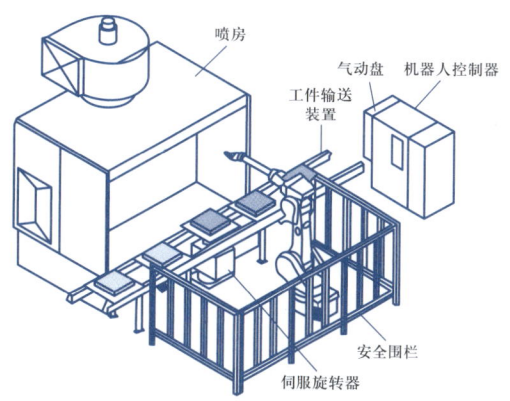

(a) 配备伺服穿梭机的涂装单元

(b) 配备输送系统的涂装单元

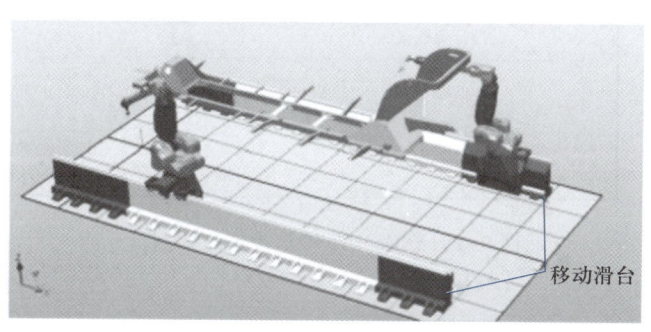

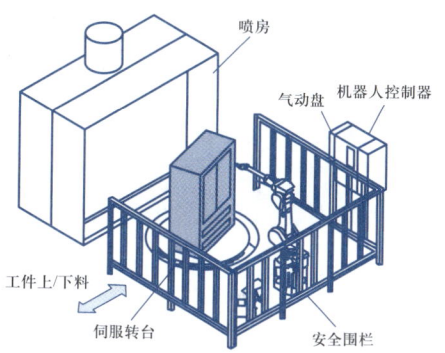

(c) 配备行走单元的涂装单元

(d) 机器人与伺服转台协调运动的涂装单元

图 9-22 动/静模式下的喷涂单元

处理以及保持喷房正压来实现的。喷房内的空气纯净度要求较高，一般来说要求经过三道过滤。

图 9-23 流动模式下的喷涂作业

（3）喷涂生产线控制盘

对于采用两套或者两套以上喷涂机器人单元同时工作的喷涂作业系统，一般需配置生产线控制盘来对生产线进行监控和管理。图9-25所示为川崎公司的KOSMOS喷涂生产线控制盘界面，主要有生产线监控、改变工艺参数及管理统计生产线各类生产数据等功能。

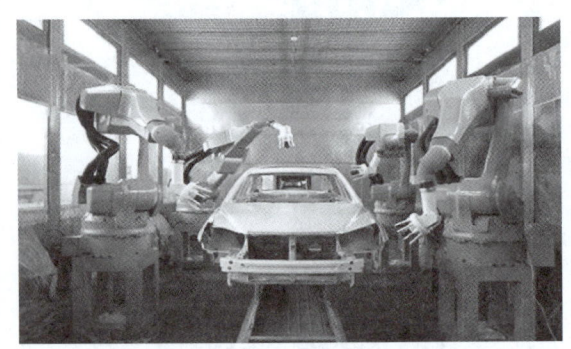

图9-24　跟踪模式下的喷涂机器人生产线

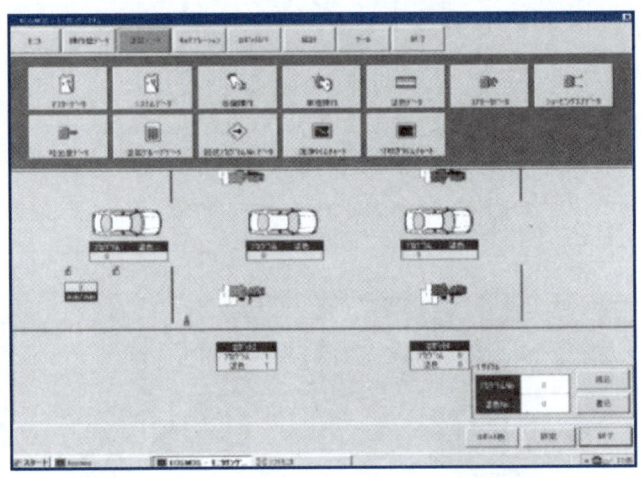

图9-25　KOSMOS喷涂生产线控制盘界面

## 9.2.2　3C 行业

PPT
机器人在 3C 行业应用

所谓3C行业，即计算机（computer）、通信（communication）和消费性电子（consumer electronic）的统称。我国是家电及电子产品的消费大国，同时也是生产大国。机器人在家用电器及3C领域的应用将成为汽车及零部件之后的工业机器人应用第二大行业。家用电器及3C行业是传统上典型的劳动密集型产业，但这一特征正随着近年国内消费与生产两大市场竞争要素的变化而改变。

机器人在3C行业的主要应用过程包括：

① 电子类的IC和贴片元器件的安装、晶锭晶棒的切割搬运、PCB制板时的搬运、非标准化产品的切割加工、激光塑料焊接、触摸屏检测、擦洗、贴膜等一系列流程的自动化系统的应用；

提示
敏捷制造、柔性制造、精益制造成为3C家电生产企业发展的方向，而工业机器人的特点正迎合了这一制造趋势：高速度、高柔性、高精度。

② 钣金件加工的上下料、焊接、表面打磨抛光处理、机器人喷涂烤漆；

③ 组件的装配、涂胶黏合；

④ 包装环节的分拣装盒、自动装箱、搬运堆垛。

由于市场竞争发生的变化，促使3C及家用电器厂商生产效率的变革，即快速响应市场变化带来的产品迭代、更高效能的生产制造能力、更高品质的产品质量控制。

图9-26所示为3C行业应用的机器人。3C产业拥有生命周期短、持续降低成本及弹性的全球运筹等特性，是目前发展迅速、变动频繁的一种产业。相比传

统市场,3C 行业机器人趋向轻量级,但对传感器在内的细微技术处理、柔性化以及生产协作集成化程度等方面,要求更高。下面重点讲述关于 3C 行业的装配工作站。

图 9-26    3C 行业应用的机器人

装配机器人可以大幅提高生产效率,保证装配精度,减轻劳动强度。目前装配机器人在工业机器人应用领域中占有量相对较少,其主要原因是装配机器人本体要比搬运、喷涂、焊接机器人本体复杂,且机器人装配技术目前仍有一些亟待解决的问题,如缺乏感知和自适应控制能力,难以完成变动环境中的复杂装配等。尽管装配机器人存在一定的局限,但是对装配作业具有重要的意义,装配领域也是未来机器人技术发展的焦点之一。

**1. 装配机器人的分类及特点**

装配机器人是在装配生产线上对零件或部件进行装配的一类工业机器人,作为柔性自动化装配的核心设备,具有精度高、工作稳定、柔顺性好、动作迅速等优点。归纳起来,装配机器人的主要优点如下:① 操作速度快,加速性能好,缩短工作循环时间。② 精度高,具有极高的重复定位精度,保证装配精度。③ 提高生产效率,解放单一繁重体力劳动。④ 改善工人劳作条件,摆脱有毒、有辐射的装配环境。⑤ 可靠性高,适应性强,稳定性高。

装配机器人在不同装配生产线上发挥着强大的装配作用,装配机器人大多由 4~6 轴组成,通常装配机器人本体与搬运、码垛焊接、涂装机器人本体精度制造上有一定的差别,原因在于机器人在完成焊接、涂装作业时,机器人没有与作业对象接触,只需示教机器人运动轨迹即可,而装配机器人需与作业对象直接接触,并进行相应动作;搬运、码垛机器人在移动物料时运动轨迹多为开放性,而装配作业是一种约束运动类操作,即装配机器人精度要高于搬运、码垛、焊接和涂装机器人。尽管装配机器人在本体上较其他类型机器人有所区别,但在实际运用中无论是直角式装配机器人还是关节式装配机器人都有如下特性:① 能够实时调节生产节拍和末端执行器动作状态;② 可更换不同末端执行器以适应装配任务的变化,方便、快捷;③ 能够与零件供给器、输送装置等辅助设备集成,实现柔性化生产;④ 多带有传感器,如视觉传感器、触觉传感器、力传感器等,以保证装配任务的精准性。

**2. 装配机器人系统的结构**

装配机器人的装配系统主要由操作机、控制系统、装配系统(气动手爪、气体发生装置、真空发生装置或电动装置)、传感系统和安全保护装置组成,具体结构如图 9-27 所示。操作者可通过示教器和控制柜操作面板进行装配机器人运动位

置和动作顺序的示教,设定运动速度、装配动作及参数等。

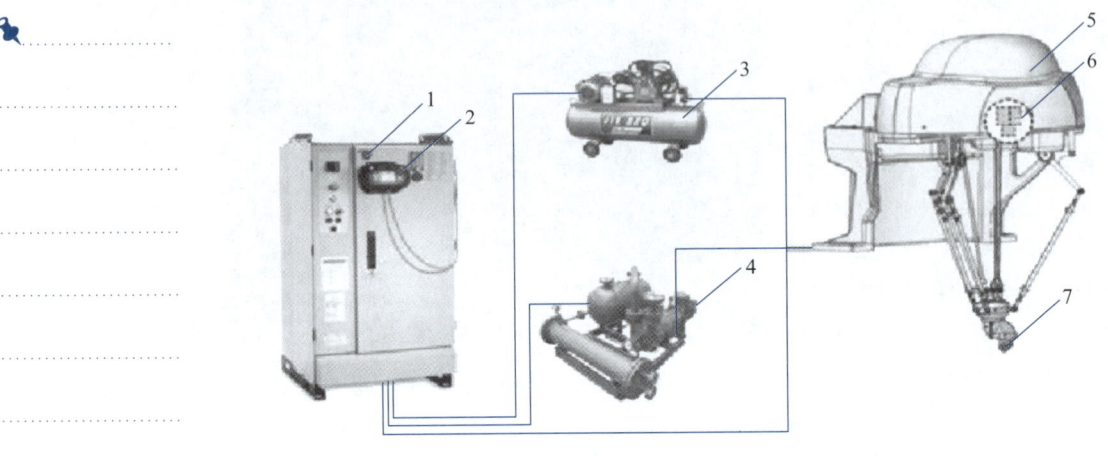

图 9-27　装配机器人系统的结构
1—机器人控制柜;2—示教器;3—气体发生装置;4—真空发生装置;
5—机器人本体;6—视觉传感器;7—气动手爪

目前市场的装配生产线多以关节式装配机器人中的 SCARA 机器人和并联机器人为主,在小型、精密、垂直装配上,SCARA 机器人具有很大优势。随着社会需求增大和技术进步,装配机器人行业也得到迅速发展,多品种、少批量生产方式和为提高产品质量及生产效率的生产工艺需求,成为推动装配机器人发展的直接动力。

### 3. 装配机器人的周边设备

**延伸阅读▶**
装配工作站布
局形式

常见的装配机器人周边设备有零件供给器、输送装置等,下面简单介绍。

(1) 零件供给器

零件供给器的主要作用是提供机器人装配作业所需的零部件,确保装配作业正常进行。目前运用最多的零件供给器主要有给料器和托盘,可通过控制器编程控制。

① 给料器:用振动或回转机构将零件排齐,并逐个送到指定位置。通常给料器以输送小零件为主,如图 9-28 所示。

② 托盘:装配结束后,大零件或易损坏、易划伤零件应放入托盘中进行运输。托盘能按一定精度要求将零件送到指定位置,由于托盘容纳量有限,故在实际生产装配中往往带有托盘自动更换机构,以满足生产需求,如图 9-29 所示。

(2) 输送装置

在机器人装配生产线上,输送装置承担将工件输送到各作业点的任务,通常以传送带为主,零件随传送带一起运动,借助传感器或限位开关实现传送带和托盘同步运行,方便装配。

图 9-28　振动式给料器

图 9-29　托盘

### 9.2.3　金属制品行业

金属制品行业包括结构性金属制品制造、金属工具制造、集装箱及金属包装容器制造、不锈钢及类似日用金属制品制造等。金属制品是国民经济建设中的基础材料工业,产品属工业消费品,广泛用于建筑、交通、汽车、铁路、水利、能源、电力、机械、家具、橡胶轮胎等国民经济及国防军工各领域。

机器人与金属制品加工设备的结合,使得加工设备提高了生产效率,实现最短的供货时间,同时保持盈利和达到高效生产。甚至是极为复杂的制件加工,借助机器人进行自动化生产,不但能显著提升机床、机械加工设备的生产力,同时也能确保待加工制件随时符合日趋严格的品质要求和小批量的趋势。此外,机器人也能够用于如清理、装配等后续工艺。

金属制品加工行业的主要生产过程包括:

① 切割工艺:氧气乙炔切割、等离子切割、激光切割、机械切割;

② 成型:冲压机、弯管机管理;

③ 焊接:电弧焊、激光焊、等离子焊、脉冲点焊、点焊、螺柱焊、铜焊、铆钉焊、卷边、涂胶;

④ 机加工:数控机床加工及上下料、工位间的物料搬运、堆/拆栈、拾取、堆垛/拆垛;

⑤ 后处理:去毛刺、研磨、清洁、等离子喷涂、抛光/精修、上釉、喷涂、密封;

⑥ 品质管理:成品检验、在线测量。

对于金属制品行业,本节以机加工中的机床上下料所用的搬运工作站为例来介绍相关内容。

#### 1. 搬运机器人的分类及特点

搬运机器人作为先进自动化设备,具有通用性强、工作稳定的特点,并且操作简便、功能丰富。搬运机器人的主要优点归纳如下:① 动作稳定,搬运准确性高;② 提高生产效率,解除繁重的体力劳动,实现"无人"或"少人"生产;③ 改善工人

劳动条件,摆脱有毒、有害环境;④ 柔性高、适应性强,可实现多形状、不规则物料搬运;⑤ 定位准确,保证批量生产的一致性;⑥ 降低制造成本,提高生产效益。

搬运机器人也是工业机器人当中的一员,其结构形式多和其他类型机器人相似,只是在实际制造生产中演变出多种机型,以适应不同的场合。从结构形式上看,搬运机器人可分为龙门式搬运机器人、悬臂式搬运机器人、侧壁式搬运机器人、摆臂式搬运机器人和关节式搬运机器人。其中,常用的是关节式搬运机器人。

采用标准关节式搬运机器人配合供料装置,可以组成一个自动化加工单元。一个机器人可以服务于多种类型加工设备的上下料,从而节省自动化的成本。由于采用关节式搬运机器人单元,自动化单元的设计制造周期短、柔性大,产品装换方便,甚至可以实现较大变化的产品形状的换型要求。有的关节式搬运机器人可以内置视觉系统,对于一些特殊的产品还可以通过增加视觉识别装置对工件的放置位置、相位、正反面等进行自动识别和判断,并根据结果进行相应的动作,实现智能化的自动化生产,同时可以让机器人在装夹工件之余,进行工件的清洗、吹干、去毛刺和检验等作业,提高了机器人的利用率。关节式搬运机器人可以落地安装、天吊安装或者安装在轨道上以服务更多

图 9-30 关节式搬运机器人换料作业

的设备。图 9-30 所示为关节式搬运机器人换料作业。

搬运机器人在实际运用中有如下特性:① 能够实时调节动作节拍、移动速率、末端执行器动作状态;② 可更换不同末端执行器以适应不同形状的物料,且方便、快捷;③ 能够与传送带、移动滑轨等辅助设备集成,实现柔性化生产;占地面积相对小、动作空间大。

**2. 搬运机器人系统的结构**

搬运机器人是一个完整系统,以关节式搬运机器人为例,其工作站主要由操作机、控制系统、搬运系统(气体发生装置、真空发生装置和手爪等)和安全保护装置组成,其结构如图 9-31 所示。操作者可通过示教器和控制柜操作面板进行搬运机器人运动位置和动作顺序的示教,设定运动速度、搬运参数等。

**3. 搬运机器人的周边设备**

常见的搬运机器人周边设备有增加移动范围的滑移平台、合适的搬运系统装置和安全保护装置等,下面做简单介绍。

(1)滑移平台

对于某些搬运场合,由于搬运空间大,搬运机器人的末端工具无法到达指定的搬运位置或姿态,此时可通过增加外部轴的办法来增加机器人的自由度。其中,增加滑移平台是搬运机器人增加自由度的常用方法。滑移平台可安装在地面上或龙门框架上,如图 9-32 所示。

提示▸
    龙门式、悬臂式、侧壁式和摆臂式搬运机器人均在直角式坐标系下作业,其适应范围相对较窄、针对性较强,适合定制专用机来满足特定需求。

延伸阅读▸
    搬运工作站布局形式

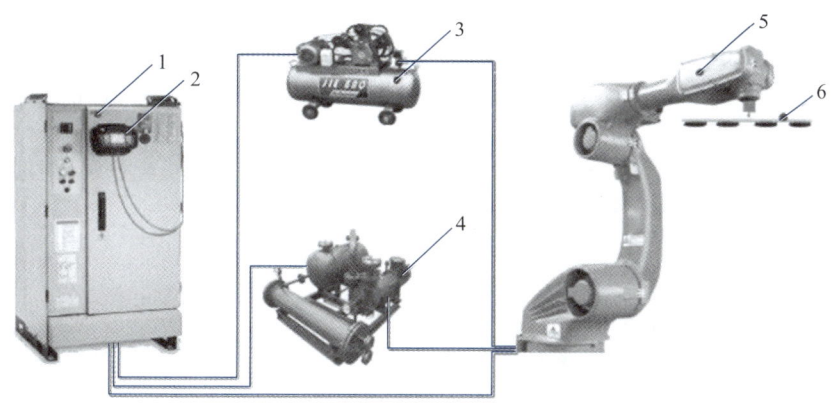

图 9-31　搬运机器人系统的结构

1—机器人控制柜；2—示教器；3—气体发生装置；4—真空发生装置；5—操作机；6—手爪

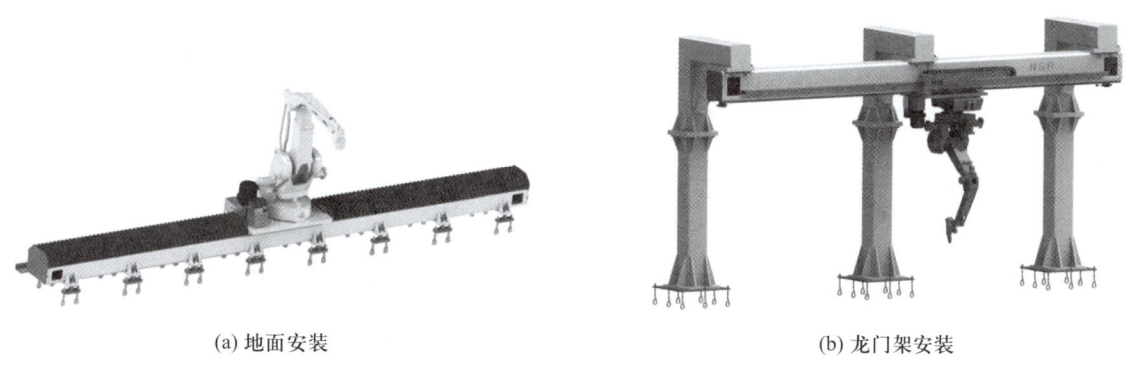

（a）地面安装　　　　　　　　　　　（b）龙门架安装

图 9-32　滑移平台的安装方式

（2）搬运系统

搬运系统包括真空发生装置、气体发生装置、液压发生装置等，均为标准件。一般的真空发生装置和气体发生装置均可满足吸盘和手爪所需动力，企业常用空气压力控制站对整个车间提供压缩空气和抽真空；液压发生装置的动力元件（电动机、液压泵等）布置在搬运机器人周围，执行元件（液压缸）与手爪一体，需安装在搬运机器人末端法兰上。

### 9.2.4　食品饮料及医药行业

在食品饮料及医药行业中，自动化技术和机器人解决方案正在成为新的生产势头。无论是频繁重复的分拣包装和强体力劳动的搬运堆放，还是实验室研发中的精准协助及洁净室制造中的安全卫生管控，机器人均发挥出其特有的价值。食品饮料行业中机器人的应用如图 9-33 所示。

先进的机器人制造技术比肩生命科学业务，可有效地进行大批量检测实验操作，为设计和生产提供一系列的标准化作业服务。机器人的可靠性和节省劳动力

PPT
其他行业

视频
机器人在食品
饮料行业的应用

图 9-33　食品饮料行业中机器人的应用

的属性,旨在消除需要训练有素的技术人员来执行重复操作的费用及通过消除人为错误的可能性提高了可靠性,可以执行各种典型的医疗应用实验任务。

食品饮料及医药行业主要生产过程包括:

① 中间搬运:疫苗、试验样品的重复搬运,以及烘焙物品生产中的搬放;

② 前道包装:分拣、装托、装盒、装箱;

③ 后道包装:搬运、自动化码垛、拆垛。

**1. 分拣机器人**

在一条传统的人工包装生产线上,如面包、糕点、冰激凌等物品的一次包装中,分拣工作占用了大量的人工和生产时间,并且在食品安全监管等级的提高和用工成本攀升的今天,大量的分拣工作更是成为制约生产效率的瓶颈环节,分拣机器人通过视觉系统的应用能帮助人们减轻大量分拣工作,并且在持续重复的工作中保持良好一致的作业稳定性。

**2. 码垛机器人**

覆膜捆扎的啤酒、中转用的塑料筐、封装的纸箱、异型的包装,大量的成品需要从生产线上转入仓库,传统的高位码垛机尽管可以代替人工进行上述作业,但是其僵化的结构和繁杂的故障点无法适应未来小批量、多批次的灵活的包装码垛需要,于是码垛机器人成为工厂的首选。

## 9.2.5　塑料制品行业

视频
塑料制品业应用

塑料工业是贯穿所有工业领域的行业之一,几乎所有塑料制品加工的应用途径都需要用到机器人技术。在塑料制品行业中,机器人可使工艺流程更加精确和效率更高,同时机器人本身也变得更加准确和有效率,这些都有利于企业实现增效节能,如图 9-34 所示。

塑料制品行业是目前最具发展潜力的经济行业,塑料也将以其独一无二的特性成为未来经济发展所必需的原材料。但是,目前行业中使用的过时的自动化设备往往不能满足尖端技术以及高标准的质量要求。机器人则能满足这些要求,且能将单个流程单元相互连接,合成一个整体,坚固耐用,能在极端工作环境下使用。

6 轴机器人可广泛用于塑料制品业各种过程的自动化,也适用于各种规格的注塑机(小中型和重型),通用性非常强,可胜任各种任务,如零件装入、零件取出以及切割、上胶、装配、质量控制等各种后处理应用。机器人既可直接安装在地面上,也可安装在支座或支架上,具有很强的灵活性。适当延长周期时间还可进一步提升 6 轴机器人的性能,达到精度和一致性的完美结合。

目前,可以说塑料制品行业已经达到了一个合适的机器人不可缺少的阶段。

主要应用过程包括注塑取件(保险杠)、吹塑取件(PET 瓶)、装配、堆垛、切浇口及去毛边等后处理、零件的切割、表面抛光、涂胶与密封、火焰处理、喷涂等。

## 9.2.6　石木制品业

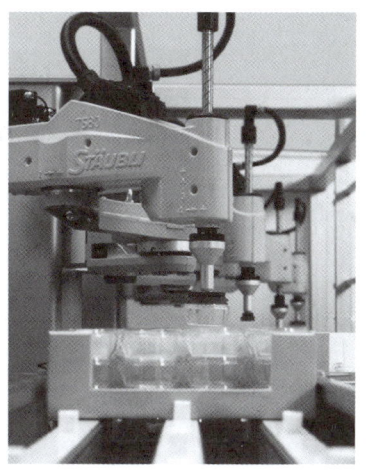

图 9-34　塑料加工机器人

木制品、石制品均是历史悠久并被人类广泛应用的建筑及装饰材料,在木制品及石制品加工领域,至今仍保留了传统的加工工艺及生产方式。其实,从事该领域的生产者都知道,传统的手工艺正在借助先进的机器制造技术而革新,即机械化加工进入木雕和石雕领域已有多年,除了斧、凿、雕刀等原始工具,随着大型作品加工量增加,电锯、电钻、电磨等机械逐渐介入、而计算机雕刻机、精雕机更是越来越成为工厂批量制造的主力军,机器省时、省力、不疲劳、精准雕刻、稳定作业等特点被认同。

机器带来的产业革命远不止于此,而市场的竞争也由传统的工匠技术与密集劳动力主导型转向新型的先进制造能力与创意设计能力的比拼。工业机器人雕刻机的推出,更是促使这一产业发生更激烈的变化——圆雕、中大型圆雕、机器人雕刻。机器人在石木制品业的应用如图 9-35 所示。

视频

机器人在石木制品业的应用

图 9-35　机器人在石木制品业的应用

提示

机器人在石木制品业主要生产过程包括:材料切割加工、表面打磨抛光处理、物品搬运堆放,以及 3D 铣削加工(机器人雕刻)。

计算机辅助制造技术(CAM)与工业机器人的结合在国外已被广泛应用于石像 3D 雕刻(人像、神像、动物像、卡通造型)、三维模型加工制造(如鞋模、胸罩模、汽车模型、建筑设计模型)。机器人根据计算机导入的三维造型图纸数据,通过精准的自动轨迹控制,用雕刻主轴刀具在材料上进行自动化的铣削加工——一层、二层、三层……粗刀、中刀、细刀……成型。

延伸阅读

机器人改变我们的生活——2022世界机器人博览会

机器人雕刻系统将石匠和木匠从繁重恶劣的劳动环境中解放出来,让他们可以去做更精美的造型设计。同时,机器人大幅缩短了生产周期,降低了用工成本。

## 学习评分表

| 序号 | 学习目标 | 知识技能点 | 评估结果 | 评分 |
|---|---|---|---|---|
| 1 | 了解工业机器人的应用步骤（20 分） | • 工业机器人任务估计的方法及内容<br>• 工业机器人的应用步骤 | □ 掌握<br>□ 初步掌握<br>□ 未掌握 | |
| 2 | 掌握工业机器人的应用行业分布及各行业的应用方式（20 分） | • 工业机器人的应用行业分布<br>• 工业机器人各行业不同的应用方式 | □ 掌握<br>□ 初步掌握<br>□ 未掌握 | |
| 3 | 掌握焊接、喷涂机器人的特点、系统结构及周边设备（20 分） | • 焊接、喷涂机器人的特点及系统结构<br>• 焊接、喷涂机器人周边设备的功能作用 | □ 掌握<br>□ 初步掌握<br>□ 未掌握 | |
| 4 | 掌握装配机器人的系统结构及周边设备（20 分） | • 装配机器人的系统结构<br>• 装配机器人的周边设备 | □ 掌握<br>□ 初步掌握<br>□ 未掌握 | |
| 5 | 掌握搬运机器人的系统结构及周边设备（20 分） | • 搬运机器人的系统结构<br>• 搬运机器人的周边设备 | □ 掌握<br>□ 初步掌握<br>□ 未掌握 | |
| | 合计 | | | |

## 学习体会

习题答案
单元 9 练习题参考答案

## 单元练习题

1. 运用机器人时应当采取哪些步骤？
2. 工业机器人可应用在哪些行业，各举例说明。
3. 描述弧焊机器人的系统结构。

4. 焊接机器人有哪些周边设备,各起什么作用?

5. 喷涂机器人有哪些特点,怎么分类?

6. 喷涂机器人有哪些周边设备,各起什么作用?

7. 搬运机器人有哪些周边设备,各起什么作用?

# 工业机器人的发展前景

近半个世纪以来机器人学取得了迅速发展。越来越多的机器人在各行业得到应用,越来越多的机器人科技工作者从不同方向从事机器人的研究开发和应用工作,越来越多的人对机器人有了比较正确的理解。工业机器人必将为21世纪的人类社会做出更大的贡献。

## 学习目标

### 知识目标
- 了解国外机器人产业概况和发展战略。
- 熟悉我国机器人产业现状。
- 掌握我国机器人产业发展特征趋势。
- 熟悉智能制造中的工业机器人新技术。
- 掌握我国工业机器人技术研究方向。

### 能力目标
- 能够认识国外机器人产业概况和发展战略。
- 能够明确机器人产业发展概况。
- 能够理解智能制造新技术对机器人发展的影响。
- 能够明确我国工业机器人技术研究方向。

### 素养目标
- 了解各国机器人产业,对比我国现状,培养全球视野,为国际化竞争做好准备。
- 熟悉机器人新技术,理解其推动作用,培养前沿敏感度与技术转化思维。
- 掌握我国机器人研究方向,树立攻坚责任感,培养服务产业的素养。

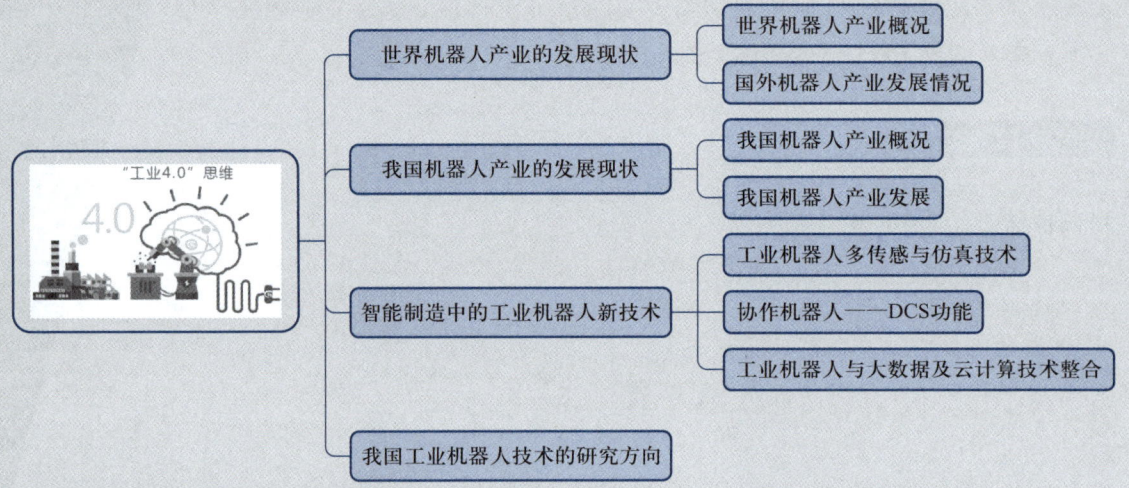

- "工业4.0" 思维
  - 世界机器人产业的发展现状
    - 世界机器人产业概况
    - 国外机器人产业发展情况
  - 我国机器人产业的发展现状
    - 我国机器人产业概况
    - 我国机器人产业发展
  - 智能制造中的工业机器人新技术
    - 工业机器人多传感与仿真技术
    - 协作机器人——DCS功能
    - 工业机器人与大数据及云计算技术整合
  - 我国工业机器人技术的研究方向

# 10.1 世界机器人产业的发展现状

## 10.1.1 世界机器人产业概况

目前,工业机器人在各行业得到了广泛的应用。随着工业机器人性能的不断提升,以及各种应用场景的不断清晰,工业机器人的社会需求日益旺盛。图 10-1 所示为 2017—2024 年全球工业机器人销售额及趋势。根据国际机器人联盟(IFR)的数据,全球工业机器人市场在近年来持续增长。随着新一代信息、生物、新能源、新材料与机器人技术的不断融合,机器人产业发展日新月异。同时,新型冠状病毒肺炎疫情的蔓延使得各行业的数字化转型进程加快,机器人成为企业实现复工复产的重要工具。数据显示,2022 年全球工业机器人市场规模达 1 390 亿元,同比增长 11%。未来,随着市场需求的持续释放以及工业机器人的进一步普及,工业机器人市场规模将持续增加,预计 2023 年将增至 1 500 亿元。在数量方面,国际机器人联盟(IFR)数据显示,2022 年全球工业机器人新增装机量 53.1 万台,中国装机量超过全球总量 50%,连续 9 年位居世界首位。2023 年上半年,中国机器人产业保持稳定增长,工业机器人产量为 22.2 万套(同比增长 5.4%)。

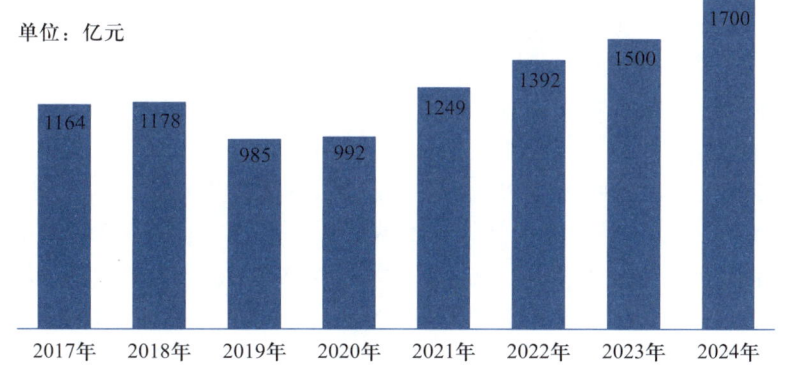

图 10-1　2017—2024 年全球工业机器人销售额及趋势

工业机器人市场规模增长的原因主要包括全球制造业的复苏、技术进步以及机器人应用领域的拓展。随着制造业的复苏,企业对于提高生产效率和质量的需求增加,工业机器人的应用得以推广。此外,技术进步推动了工业机器人的发展和应用。例如,人工智能技术的进步使得工业机器人可以更加智能化地完成任务,提高了生产效率和准确性。此外,机器人应用领域的拓展,如在医疗、服务领域的应用,也进一步推动了工业机器人市场的发展。

未来几年,随着技术的持续发展和市场需求的变化,工业机器人市场仍将保持增长态势。例如,人工智能技术的进一步发展将使得工业机器人更加智能化,能够更好地适应复杂和多样化的生产环境。同时,随着物联网技术的不断发展,工业机器人之间的连接和协同作业也将得到进一步提升。此外,随着全球人口结构的变化和劳动力成本的上升,工业机器人将在更多的领域得到应用和推广。

工业机器人产业构成分为上游、中游、下游。

提示

工业机器人产业的上游是指关键零部件产业,中游是指机器人主体产业,下游是指集成配套商产业。

(1)上游产业是指关键零部件,对于工业机器人来说,减速器、伺服电动机、控制器是工业机器人的三大零部件,国外工业机器人大型企业往往通过掌握关键零部件技术打造核心竞争力。工业机器人的控制器开发难度属于中等,大多是机器人企业开发的配套控制器;伺服电动机是机器人等自动化设备的核心驱动机构,除了由电动机企业发展而来的机器人企业(如安川、松下),其他厂家伺服电动机大多是外购;工业机器人常用的减速器有 RV 减速器和谐波减速器两种。上游核心零部件成本占比工业机器人约70%。其中,减速器、伺服电机、控制器成本占比分别约为 35%、20%、15%,合计成本占比约 70% 以上。从成本来看,减速器占机器人整机成本超过三分之一(约35%)。从盈利水平看,谐波减速器的毛利率相对较高,基本能够维持在 50% 以上。

精密减速器主要分为 RV 减速器和谐波减速器。RV 减速器由于具有更高的刚度和回转精度,一般放置在机器人的机座、大臂、肩部等重负载的位置;谐波减速器一般放置在小臂、腕部和手部。行星减速器是传动机构,主要由行星轮、太阳轮、内齿圈三部分组成,其结构简单且传动效率高,多安装在伺服电动机上,用来降低转速,提升扭矩,精确定位。谐波减速器扭矩小,刚性有限。

以某型人形机器人为例,搭载约 40 台电机,预计肩部、肘部、腿部等主要关节使用 10~14 个谐波减速器,每个价格约 1 500 元;而 RV 减速器用在腰部(对承载能力要求较高),使用 2~4 个,每个价格约 3 000 元。从当下人形驱动单元配置减速器的角度出发,在准直驱驱动单元中,配合自身高扭矩密度的电动机,更倾向于用低传动比的行星减速器。目前行星减速器已应用于四足机器人和小型仿人机器人中。

工业机器人减速器中,无论是在 RV 减速器还是谐波减速器领域,日本厂家市场份额均为第一,市场集中度很高。日本纳博特斯克(Nabtesco)公司既是 RV 减速器的发明者,又是目前全球最大、技术最领先的 RV 减速器生产企业,世界著名的工业机器人产品几乎都使用其生产的 RV 减速器。RV 减速器的国产厂家主要有双环传动、珠海飞马、中大力德、南通振康、秦川机床等。日本哈默纳科(Harmonic Drive System)公司是全球最早研发生产谐波减速器的企业,同时也是目前全球最大、最著名的谐波减速器生产企业。谐波减速器的国产厂家主要有绿的谐波、来福谐波、同川科技(汉宇集团)、大族传动等。

从整体上看,减速器行业国产化率不断提升。2022 年国产化率约为 42%,其中谐波减速器国产化率略高于 RV 减速器。从不同类型上看,国产谐波减速器替代趋势相对明显,国产 RV 减速器接受度正在提高。目前,国内谐波减速器已接近国外龙头产品,在加工技术方面的难点已基本攻克,满足常规使用,但在批量生产品控、极端使用性能、柔轮材料、制造设备等方面仍存在攻克难点;RV 减速器现阶段相比日本产品的精度、耐磨性仍有差距。

工业机器人的伺服系统主要由驱动器、电动机、编码器组成。其主要目的是驱动执行机构完成控制器的指令,这要求伺服系统具有响应速度快、精度高、稳定性强、适应频繁加减速等特性。目前国内伺服系统的高端市场被国外垄断,其主要差距源于以下两点:① 与驱动器相关的高精度芯片为国外所垄断,如 DSP 芯片;② 编码器的核心技术掌握在外企手中。同时,高精度传感器作为编码器的核心元器件,也依赖进口。伺服系统作为一个整体,转矩、扭矩、惯量是其主要性能指标,但在配置时,要综合考虑伺服电机的规格和机械臂末端的位置、速度、精度、动态性能等要求。

伺服控制器直接决定本体的轨迹、位置、姿态、速度、加速度、操作顺序、动作时间等。控制器控制的本质是根据运动要求和传感器信号进行必要的逻辑、数学运算后,将正确的控制信号传递给伺服系统或其他动力装置,执行单元完成运动。国内外控制器的性能差距主要由两方面决定。① 软件方面:其一,成熟厂家的控制器是"黑匣子",国内算法模型参数设定可借鉴性弱;其二,研发与实际应用是两回事,实际应用晚且量小,与运动控制、路径规划等相关的底层算法无法依靠大量的工业机器人的生产实践所积累的数据进行训练优化;② 硬件方面:高性能的控制器的底层芯片、配套设备(如伺服电动机、编码器、减速器)等都需要进口,与本体的磨合度不够。

(2)中游产业是指机器人主体,在工业机器人本体领域,关节型机器人功能最强大,用量多,大型机器人企业均把重点放在关节型机器人,甚至很多企业只研发、生产关节型机器人;SCARA 机器人造价便宜,在电子行业、机械装配方面使用量大。

(3)下游产业是指集成配套商,机器人应用于行业自动化生产线,是利用以机器人为主的自动化设备,完成搬运、分拣、上下料、装配、焊接、喷涂、检测等其中一部分或大部分生产线上工作,尽量减少人员使用,实现的自动化生产,它的最高形式是自动化技术和信息数字化技术结合的智慧工厂。

## 10.1.2　国外机器人产业发展情况

机器人的研发、制造、应用是衡量一个国家科技创新和高端制造业水平的重要标志。机器人的主要制造商和国家纷纷加紧布局,抢占技术和市场制高点。"机器人革命"不是一场独立的革命,而是以数字化、智能化、网络化为特征的第三次工业革命的有机组成部分。如果说第二次工业革命是通过装备的自动化和标准化实现了机器对人的体力劳动的替代,"机器人革命"则推动了机器对人的脑力劳动的替代。

"机器人革命"同时也在引发生产关系的深刻变革,使人在工业生产中的地位和角色发生了变化。一方面,由于机器的功能延伸和对人的替代,单一生产单元中对人的需求量相对下降;另一方面,机器复杂度的增加,实际上对产业工人在多领域的技能和编程、系统处理等方面的知识提出了更高要求。这些都意味着在"机器人革命"的浪潮下,产业竞争优势的内涵、产业竞争优势所依赖的资源基础以及产业分工形式都将发生深刻变化。如果不能顺应这一轮变革的要求,将面临进一步丧失产业竞争主导权的危险。"机器人革命"的推进,世界各主要国家均提出了自己的发展部署。

### 1. 美国:引领智能化浪潮,明确提出以发展工业机器人提振制造业

**延伸阅读**
美国机器人发展路线图

早在 1962 年美国就已开发出第一代工业机器人,但受限于就业压力,并未立即广泛应用。直到 20 世纪 70 年代末,大量使用工业机器人的日本汽车企业对美国构成威胁,美国政府才取消了对工业机器人应用的限制,加紧制定促进该技术发展和应用的政策。此后,美国企业通过生产具备视觉、力觉等的第二代机器人,实现了市场占有率的较快增长,但仍未摆脱"重理论、轻应用"的问题,也未能打破日本和欧洲垄断的格局。到 2013 年,美国工业机器人生产商的全球市场份额仍不足10%,且其国内新增装机量大部分源于进口。

2011 年 6 月,美国启动"先进制造伙伴计划",明确提出通过发展工业机器人提振美国制造业。根据该计划,美国将投资 28 亿美元,重点开发基于移动互联技术的第三代智能机器人。2013 年 3 月美国发布从互联网到机器人学的"美国机器人学路线图",该路线图的研究方向涉及机器人作为经济引擎、制造业、医疗健康、服务业、空间应用和国防应用六方面。

以智能化为主要方向,美国企业一方面加大对新材料的研发力度,力争大幅降低机器人自重与负载比,一方面加快发展视觉、触觉等人工智能技术,如视觉装配的控制和导航。

2016 年 10 月 31 日,美国 150 多名研究专家共同制定"2016 美国机器人发展路线图——从互联网到机器人"。该路线图呼吁制定更好的政策框架,以安全地整合新技术走进日常生活,如自动驾驶汽车和商用无人机,鼓励增加人机交互领域的研究工作,呼吁研究创造更灵活的机器人系统,以适应在制造业日渐增长的定制需要,包括从汽车到消费类电子产品。

2017 年,美国发布《国家机器人计划 2.0》,该计划旨在划拨专项资金支持机器人科学与技术基础研究。计划提出要加大对机器人技术研发的支持力度,加强机器人技术的应用和推广,并提高机器人技术的安全性和可靠性。

### 2. 日本:产业体系配套完备,政府大力推动,应用普及和技术突破

**延伸阅读**
日本《机器人新战略》

20 世纪 50 年代,日本经济进入高速增长期,劳动力供应不足和以汽车为代表的技术密集型产业的发展刺激了工业机器人需求快速增长。20 世纪 60 年代,日本从美国引进工业机器人技术后,通过引进、消化、吸收、再创新,于 1980 年率先实现了机器人的商业化应用,并将产业技术和市场竞争优势维持至今,以发那科、安川为代表的日系工业机器人与欧美系工业机器人分庭抗礼。2012 年,受益于下游汽车产业对工业机器人的需求大幅增长,日本再次成为全球最大的工业机器人市场,工业机器人密度高达 332 台/万人。

日本工业机器人产业的竞争优势在于完备的配套产业体系,在控制器、传感器、减速器、伺服电动机、数控系统等关键零部件方面,均具备较强的技术优势,有力推动工业机器人朝着微型化、轻量化、网络化、仿人化和廉价化的方向发展。近年来,还呈现出以工业机器人产业优势带动服务机器人产业发展的趋势,并重点发展医疗/护理机器人和救灾机器人来应对人口老龄化和自然灾害等问题。

早在日本工业机器人发展的初期,日本政府就通过一系列财税、投融资、租赁政策大力推动机器人的普及应用,并通过"研究与开发"政策推动技术突破。成立于 1972 年的日本机器人工业会也发挥着重要作用。该组织以鼓励研究与开发、争取政府政策支持、主办博览会等方式推广普及工业机器人。进入 21 世纪以后,日本政府更加重视工业机器人产业的发展。

2002 年,日本开始实施"21 世纪机器人挑战计划",将机器人产业作为高端产业加以扶持,采取了加大研究与开发支持力度、发展公共平台、开发新一代机器人应用和人机友好型机器人等扶持措施,力图将工业机器人技术拓展到医疗、福利等领域。2004 年,日本经济产业省推行的"面向新的产业结构报告"将机器人产业列为重点产业,2005 年的"新兴产业促进战略"再次将机器人产业列为七大新兴产业之一。此后,日本政府借助各类产业政策扶持机器人产业的发展成为常态。日本政府积极实施机器人相关项目,并通过举办"机器人奖""机器人竞赛"等社会活动,推动日本机器人技术进步和产业发展。

2015 年 1 月,日本政府发布了《机器人新战略》,拟通过实施五年行动计划和六大重要举措达成三大战略目标,即:一是使日本成为世界机器人创新基地,二是日本的机器人应用广泛程度世界第一,三是日本迈向领先世界的机器人新时代,到 2020 年的 5 年间,最大限度应用各种政策,扩大机器人研发投资,推进 1 000 亿日元规模的机器人扶持项目,使日本实现机器人革命,以应对日益突出的老龄化、劳动人口减少、自然灾害频发等问题,提升日本制造业的国际竞争力,获取大数据时代的全球化竞争优势。

2017 年,日本政府实施了"机器人革新倡议"计划。该计划旨在推动机器人行业的发展,并将机器人技术应用于工业、医疗、家庭生活等领域。2019 年,日本政府还提出了"机器人革命战略",旨在通过加速发展机器人技术,推动日本经济的增长和产业升级。

### 3. 德国:带动传统产业改造升级,政府资助人机交互技术及软件开发

虽然德国稍晚于日本引进工业机器人,但与日本类似,20 世纪 50 年代劳动力短缺和提升制造业工艺技术水平的要求,极大地促进了德国工业机器人的发展。除了应用于汽车、电子等技术密集型产业外,德国工业机器人还广泛装备于包括塑料、橡胶、冶金、食品、包装、木材、家具和纺织在内的传统产业,积极带动传统产业改造升级。2011 年,德国工业机器人销量创历史新高,并保持欧洲应用最广泛工业机器人市场的地位,工业机器人密度达 147 台/万人。

德国政府在工业机器人发展的初级阶段发挥着重要作用,其后产业需求引领工业机器人向智能化、轻量化、灵活化和高能效化方向发展。20 世纪 70 年代中后期,德国政府在推行"改善劳动条件计划"中,强制规定部分有危险、有毒、有害的工作岗位必须以机器人来代替人工,为机器人的应用开启了初始市场。1985 年,德国开始向智能机器人领域进军,经过 10 年努力,以库卡为代表的工业机器人企业占据全球领先地位。2012 年,德国推行了以"智能工厂"为重心的"工业 4.0 计划",工业机器人推动生产制造向灵活化和个性化方向转型。

德国政府在 2019 年提出了"高科技战略 2025"计划,将 AI(人工智能)作为德

延伸阅读

德国《实施"工业 4.0"攻略的建议》

国创新的重点。此外,德国政府还设立了一个长达5年的,投资超5000万欧元的国家促进计划,支持高科技行业发展,机器人产业正是其中重要的组成部分。德国政府在技术研发方面也给予了大力支持。例如,德国政府加大对机器人产业的扶持,2019年用于AI研发资金达到约30亿欧元。此外,德国政府还支持科研机构加快成果转化,例如在2021年投入225万欧元,支持波恩大学牵头的科研项目,促进机器人行业的研究成果更快向日常生活转化,增强机器人和使用者的交互性。

德国政府在推广应用方面也采取了积极措施。例如,德国的巴伐利亚州和北威州都凭借强大的科研能力和产学研结合的良好环境,大力发展机器人产业。此外,德国政府还通过提供资金支持、鼓励企业应用机器人技术等方式,推动机器人在制造业、医疗行业、农业等的应用。

### 4. 韩国:使用密度全球第一,多项政策支持第三代智能机器人的研发

20世纪90年代初,韩国政府为应对本国汽车、电子产业对工业机器人的爆发式需求,以"市场换技术",通过现代集团引进日本发那科工业机器人,全面学习后者技术,到21世纪初大致建成了韩国工业机器人产业体系。2000年后,韩国的工业机器人产业进入第二轮高速增长期。2001—2011年间,韩国机器人装机总量年均增速高达11.7%。国际机器人联合会的数据显示,2021年,韩国的工业机器人使用密度为世界第一,每万名工人拥有932台机器人,远高于全球平均水平。

目前,韩国的工业机器人生产商占全球5%左右的市场份额。现代重工已可供应焊接、搬运、密封、码垛、冲压、打磨、上下料等领域的机器人,大量应用于汽车、电子、通信产业,大大提高了韩国工业机器人的自给率。但整体上,韩国工业机器人技术仍与日本、欧洲存在较大差距。

韩国政府近年来在机器人发展政策方面采取了多项措施。首先,韩国政府在政策制定上对机器人产业给予了高度关注。例如,2018年韩国政府实施了"第三次机器人基本计划",旨在推动韩国成为全球机器人市场的主力,并在未来10年内投入2.2万亿韩元用于机器人研究和开发。此外,2020年韩国政府还发布了"机器人强国战略",该战略计划到2030年将韩国在人工智能领域的竞争力提升至世界前列。其次,韩国政府在技术研发方面大力投入。例如,韩国政府设立了多个研发机构,如国家机器人研究所和国家机器人工程中心,以支持机器人技术的研发和应用。此外,韩国政府还通过提供税收优惠、资金支持等方式,鼓励企业加大对机器人技术的研发投入。第三,韩国政府在推广应用方面采取了积极措施。例如,韩国政府设立了多个基金,以支持企业在医疗、制造业、农业等领域应用机器人技术。此外,韩国政府还通过举办展览会、机器人比赛等方式,提高公众对机器人的认识和接受程度。

## 10.2 我国机器人产业的发展现状

### 10.2.1 我国机器人产业概况

我国机器人研发起步于 20 世纪 70 年代,国家将工业机器人列入了科技攻关计划,原机械工业部牵头组织了点焊、弧焊、喷漆、搬运等型号的工业机器人攻关,其他部委也积极立项支持,形成了中国工业机器人第一次高潮。其后,由于市场需求的原因,机器人自主研发和产业化经历了长期的停滞。2010 年以后,我国机器人装机容量逐年递增,开始面向机器人全产业链发展。

延伸阅读

"十四五"机器
人产业发展规划

从 2013 年以来,我国的工业机器人的技术发展迅速,主要得益于国家政策保障、宏观经济促进、社会环境推动、技术发展支撑这四个方面。自 2013 年,我国成为全球第一大工业机器人应用市场。逐渐扩大,上升速度高于其他类型机器人产品。当前,我国生产制造智能化改造升级的需求日益凸显,工业机器人的市场需求依然旺盛。

在国内密集出台的政策和不断成熟的市场等多重因素的驱动下,我国工业机器人市场规模增长迅猛,近几年新增安装数量的增速高于其他主要国家。2017—2022 年,我国工业机器人市场规模由 328 亿元增至 621 亿元,复合年均增长率达 13.6%。未来,随着下游需求市场的扩大,工业机器人发展将持续向好,如图 10-2 所示。

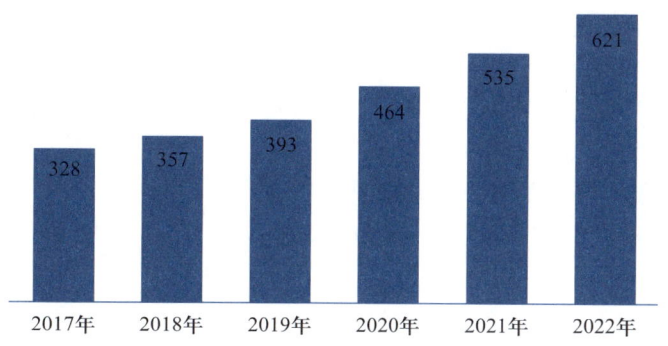

图 10-2　2017-2022 年中国工业机器人销售额及增长率趋势

其中,协作机器人的广泛应用提供了充足的增长动力。协作机器人主要应用在工业领域,特别是在工业 4.0 时代,它们因为具备更高的灵活性、效率和安全性,成为柔性生产的新引擎。易于部署、安全性高和性价比高的协作机器人实现了人与机器在生产线上的协同作战,将机器人的效率和人的智能有机结合,为工厂提供了定制化生产和产线灵活部署的理想选择。

根据行业咨询机构的数据,2015—2017 年,中国的协作机器人市场处于初级阶段,市场销售从百台增长到千台。经过 2018—2020 年的稳定增长,到 2021 年,协作机器人的市场销售量已经达到了 1.5 万台。尽管过去三年制造业面临一些困境,但协作机器人市场在 2023 年的销售量突破了 2 万台,行业渗透率也进一步提升。随着工厂的智能化和自动化程度不断提高,人机协作的需求日益增加,协作机器人行业正处于一个快速发展的阶段。

### 10.2.2　我国机器人产业发展

#### 1. 机器人产业区域化布局

近年来,在需求快速扩张及国家自主创新政策作用下,国内一大批企业或自主研制或与科研院所合作,进入机器人研制和生产行列,我国工业机器人和服务机器人分别进入了初步产业化和产业孕育阶段。其中,工业机器人发展可划分为京津冀地区、长江三角洲地区、珠江三角洲地区、东北地区、中部地区和西部地区共六大区域。其中,长三角地区在我国机器人产业发展中基础最雄厚,较其他地区领先优势显著,珠三角地区、京津冀地区产业逐步发展壮大,东北地区虽具有机器人产业先发优势,但近年来产业整体创新能力有限,中部地区和西部地区机器人产业发展基础较为薄弱,但仍表现出一定的潜力。

我国主要区域机器人产业发展侧重点各不相同,由各地区独特的研发能力、市场应用、人才资源、政策支撑和金融环境推动所形成。从区域角度看,京津冀地区以较高技术研发能力、人才集聚度和金融活跃度为主,形成以智能型机器人和特种机器人为主要方向的产业链条。长江三角洲地区以雄厚的产业发展基础、齐全的产业配套、庞大的应用市场为条件,打造全国领先的完备的工业机器人产业链条。珠江三角洲地区凭借政策措施与金融手段、应用对接结合,工业机器人产业链逐步形成,创新创业氛围相对浓厚。东北地区依托技术研发基础,形成数家规模大、综合实力强的工业机器人龙头企业。中西部地区作为机器人产业的后发区域,以政府政策为导向,以引进培育为主要方式,通过规划布局产业园区,逐步形成以工业机器人为主、特种机器人为辅的产业链雏形。

提示

各地区独特的环境推动我国形成的主要区域机器人产业发展侧重点各不相同,形成有效互补。

#### 2. 我国机器人产业的发展特征趋势

当前,我国机器人产业需求旺盛,市场高速增长,已基本形成较完整的产业链。中央和地方政府扶持政策相继出台,充分发挥区域优势,培育了一批各具特色的产业集群,推动部分核心零部件加快国产化步伐。企业并购和机构投资相对活跃,创新创业企业持续涌现,下游应用创新模式不断出现,业务布局逐步向新兴领域加快延伸。总体来看,我国机器人产业正加快向中高端、多领域发展,产业发展空间和发展潜力巨大。我国机器人产业发展特征趋势如下:

（1）已基本形成较完整的产业链

我国机器人产业已基本形成从上游核心零部件制造,到中游本体制造,再到下游系统集成服务的完整产业链。从区域角度看,长江三角洲和珠江三角洲地区工业机器人产业链最完备、工业机器人相对发达,京津冀地区智能机器人产业链相对成熟,中、西部地区产业链正在逐步完善过程中。从企业角度看,汇川技术、埃斯顿的伺服电动机,苏州绿的、南通振康的减速器,以及广州数控、固高科技的控制器均有自主产品推出。新松、新时达、广州数控、埃斯顿等企业在工业机器人核心部件、本体制造、系统集成方面进行全产业链布局。

(2)依托地方园区产生新一轮产业集聚

机器人是当前各地方政府高度重视的新兴产业,全国范围内都掀起建设机器人产业园区的热潮,一定程度上促进了地方机器人产业的发展,但也在一定程度上造成了重复建设投入、高端产业低端化的现象,导致市场部分陷入价格竞争的非良性循环。近年来,随着我国机器人企业自主研发水平的不断提升,各地已经开始出现一批具备核心零部件供给能力的骨干企业,以及地方政府对机器人产业发展定位愈发清晰的认识,在各地围绕特色机器人产业园区形成新一轮的产业集聚,在产业链环节上各有侧重,在技术及产品先进性上各具优势,推动我国机器人产业发展步入新阶段。

(3)业务布局逐步向新兴领域加快延伸

近年来,制造业各行业普遍面临结构调整与技术升级,迫切需要加快建设自动化、数字化、智能化的生产环境,提升产业整体产能与经济效益。在此背景下,工业机器人应用领域不断扩大,已经由汽车、电子、食品包装等传统领域逐渐向新能源电池、环保设备、高端装备、仓储物流等新兴领域加快布局,带动相关产业加速发展,如图10-3所示。

(a)传统应用领域　　　(b)新兴应用领域

图10-3　我国工业机器人业务布局的新发展

(4)智能机器人是实现跃升发展的重要支撑

不断提升核心零部件的物理性能,是机器人长久以来的发展道路。但我国机器人领域核心技术积累不足,资金投入相对有限且分散,高端市场长期被外资企业占据,在很大程度上要以依托进口零部件和本体的组装、集成为主营业务,虽也有一定的创新突破,但基本上是被动地、跟随式发展,难以获得产业发展主动权。国外的智能感知认知、多模态人机交互、云计算等智能化技术不断成熟,为智能机器人的演进提供了坚实的发展基础。我国在人工智能技术方面与全球基本处于同一起跑线,特别是图像识别、语音识别、语义识别等多模态人机交互技术领域,部分已接近和达到全球领先水平。

延伸阅读
"十四五"智能制造发展规划简介

# 10.3　智能制造中的工业机器人新技术

PPT
智能制造中的工业机器人新技术

智能制造起源于人工智能的研究。人工智能就是用人工方法在计算机上实现的智能。近半个世纪,特别是近20年来,随着产品性能的完善化及产品结构的复杂化、精细化,以及产品功能的多样化,促使产品所包含的设计信息和工艺信息量猛增,随之生产线和生产设备内部的信息流量增加,制造过程和管理工作的信息量也必然剧增,因而促使制造技术发展的热点与前沿,转向了提高制造系统对于爆炸性增长的制造信息处理的能力、效率及规模上。目前,先进的制造设备离开了信息的输入就无法运转,柔性制造系统(FMS)一旦被切断信息来源就会立刻停止工作。制造系统正在由原先的能量驱动型转变为信息驱动型,这就要求制造系统不但要具备柔性,而且还要表现出智能;否则是难以处理如此大量而复杂的信息工作量的。其次,瞬息万变的市场需求和激烈竞争的复杂环境,也要求制造系统表现出更高的灵活、敏捷和智能。因此,智能制造越来越受到高度的重视。

国外智能制造尚处于概念和实验阶段,但各国政府均将此列入国家发展计划,大力推动实施。

智能制造应当包含智能制造技术和智能制造系统,因本单元不涉及智能制造技术本身,侧重于论述制造模式,故仅讨论智能制造系统。

智能制造系统(intelligent manufacturing system,IMS)是一种由智能机器和人类专家共同组成的人机一体化系统,它突出了在制造诸环节中,以一种高度柔性与集成的方式,借助计算机模拟的人类专家的智能活动,进行分析、判断、推理、构思和决策,取代或延伸制造环境中人的部分脑力劳动,同时收集、存储、完善、共享、继承和发展人类专家的制造智能。它把制造自动化的概念更新,扩展到柔性化、智能化和高度集成化。在《中国制造2025》大战略下,制造业转型智能制造将成为不可抵挡的大势,在此背景下,工业机器人产业发展将发挥重要作用。本节介绍几种新技术在智能制造中的应用。

### 1. 工业机器人多传感与仿真技术

前文讲述了各种类型的传感器的原理及应用,以及多传感融合的技术,在智能制造中,在此基础之上的仿真技术的应用,就如同人脑一样,可以起到指挥整个机器人系统的作用,如图10-4所示,即为包含视觉和力觉传感器的多传感融合及仿真技术系统的示意图。

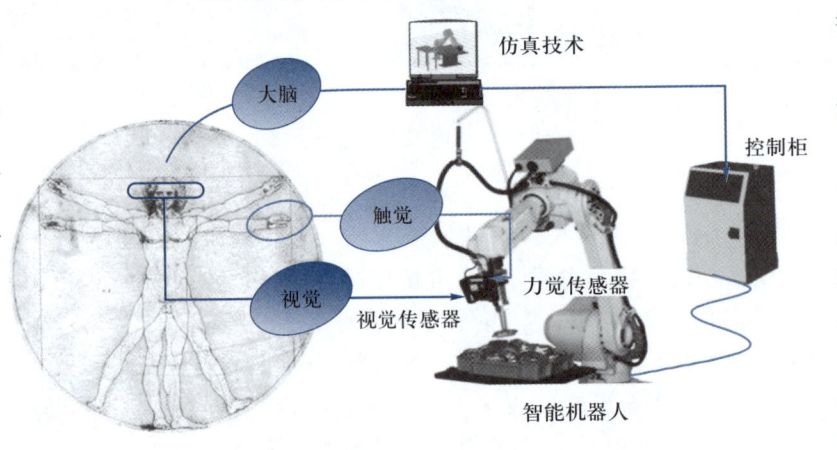

图10-4 多传感融合及仿真技术系统示意图

### 2. 协作机器人——双重安全检测(DCS)功能

工业机器人一直以来都是高精度、高速度自动化设备的典范,但是由于历史和技术原因,与人在一起时的安全性不是机器人发展的重点,因此在绝大多数工厂中出于安全性考虑,一般都要使用围栏把机器人和人员进行隔离。

随着人力成本的上升,以及新兴行业的需求,例如3C行业、医药、食品、物流等行业,这些新兴行业中的特点是产品种类很多、体积普遍不大、对操作人员的灵活度/柔性要求高。传统的机器人很难在成本可控的情况下给出性能满意的解决方案,于是人们想到了由人类负责对柔性、触觉、灵活性要求比较高的工序,机器人则利用其快速、准确的特点来负责重复性的工作。如组装键盘,可以由机器人把键帽放置到位,人来进行卡扣的工作;再如组装手机/计算机,机器人负责把主要零配件、螺钉放到合适的位置,人来负责安装排线、卡扣及拧螺钉的工作。人机协作场景如图10-5所示。

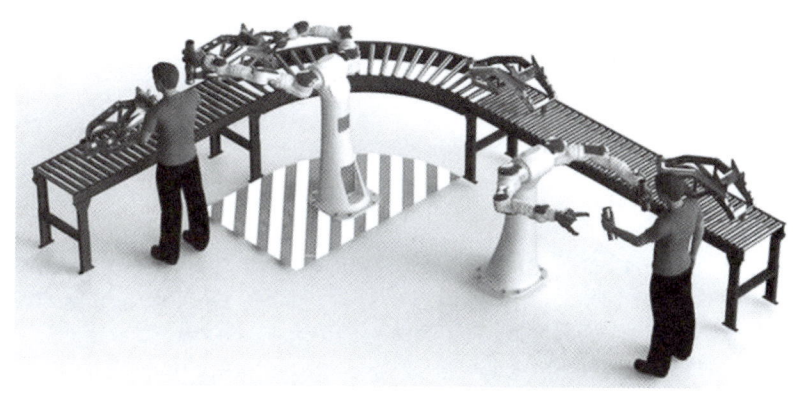

图 10-5　人机协作场景

但是如果二者要合作,中间还要隔一个栅栏就太不方便了,人和机器人之间要进行交互,还要先通过安全门,整体效率还不如单独使用人来得高。这个时候就需要一些额外的技术来保证机器人与人类可以安全地在同一个区域工作,而不需要栅栏这样碍事的东西挡在中间,即要求机器人具有安全协作的特性。

各机器人厂商的机器人都配备有各自的安全技术,例如ABB的SafeMove、FANUC的DCS、KUKA的KUKA.safe,但其安全功能本身还比较初级,例如将物理的围栏换成了虚拟围栏、检测到有人靠近时自动停止,仍然不算是完整的协作安全技术。

人机协作将机器人的典型优势与人类的一些优势相结合。工业机器人的典型优势是长时运行、高有效承载能力、精度和可重复性高。任何机器都无法比拟的人类优势包括对新生产任务的灵活性,创造性解决问题的技能,以及对不可预见的情况做出反应的能力。

然而,工业机器人具有伤害人类的重大隐患。因此,设计和操作工业机器人自动化系统的标准已经被提出并得到了国际认可。自1999年以来,人们一直在努力为协作模式中的机器人专门定义措施、规则和示范。

国际标准ISO 10218-1是涵盖工业机器人和机器人系统集成安全的C类标准,包含了人机协作的具体要求。该标准规定了在自动模式下人与机器人的四种类型的协作操作,如图10-6所示。

(1)安全等级监控的停止(图10-6(a)类型1):当人进入协作工作空间时,则在机器人驱动器仍处于控制状态的情况下中止机器人。大多数机器人制造商现在提供的所谓的安全控制器必须确保机器人停止动作。一旦操作员离开协作工作空间,机器人任务就可以继续进行。也就是说人和机器人虽共享同一个工作空间,但

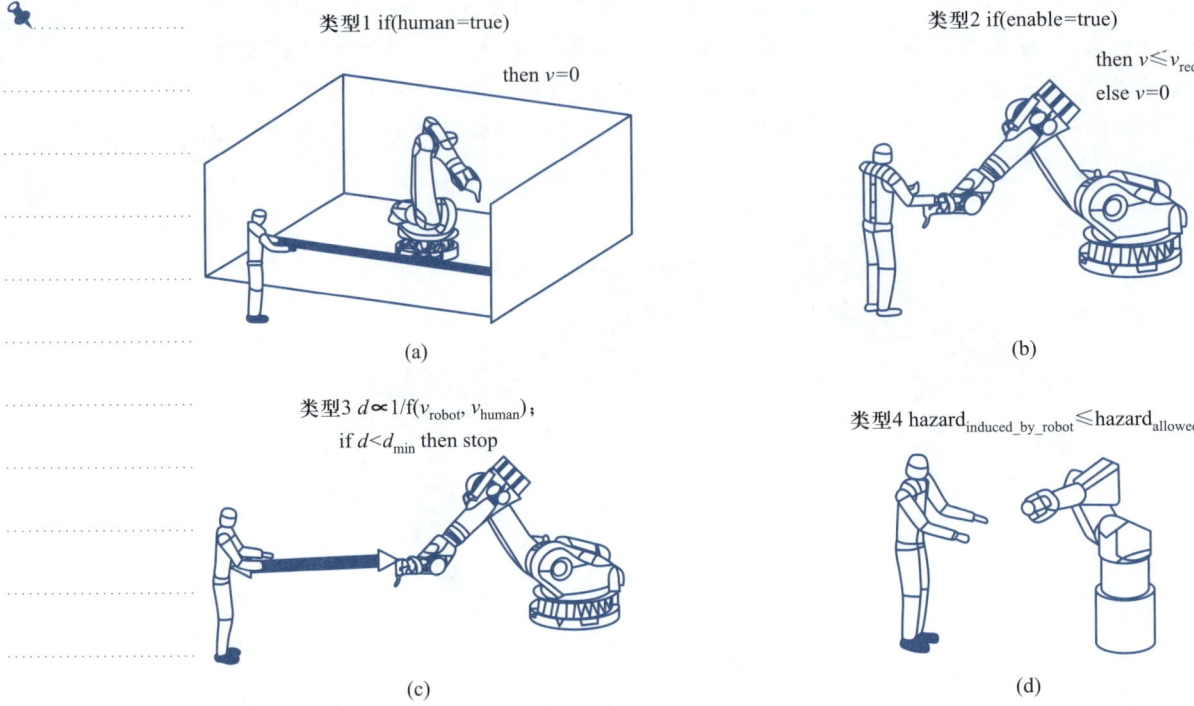

类型1 if(human=true)

then $v=0$

(a)

类型2 if(enable=true)

then $v \leqslant v_{red}$

else $v=0$

(b)

类型3 $d \propto 1/f(v_{robot}, v_{human})$;

if $d < d_{min}$ then stop

(c)

类型4 $hazard_{induced\_by\_robot} \leqslant hazard_{allowed}$

(d)

图 10-6　人机协作模式

当人在工作空间时,机器人停止动作。

（2）手动引导（图 10-6（b）类型 2）：这种类型的操作意味着人与机器人之间直接的接触交互,并由人完全控制机器人的运动。人通过置于末端执行器处或附近的直接输入设备（如手柄）引导机器人同时激活三位置使能设备（三位置持续运行设备）从而定义了操作员在协作工作空间中的位置。需要安全控制器来将机器人速度限定在一个特定的阈值内。通过图标或三维模拟结合图形支持的手动引导特别适合机器人在自动模式下对其进行直观编程。

（3）速度和分离监控（图 10-6(c) 类型 3）：机器人和人之间的相对速度及距离被主动监控。如果人在场,机器人必须保持相对人的速度和距离,以便能够在与人接触之前停止任何危险的运动。此外,需要安全控制器和安全监控传感器（包括安全的传感器数据处理）来为人类监控机器人的速度和位置。目前工业自动化中鲜有传感器可以提供这种安全完整性。

（4）监控和功率及力限制（图 10-6(d)类型 4)机器人的潜在机械危险被充分降低,在不需要额外的安全控制器的情况下允许人和机器人直接接触交互。这是通过机器人系统设计的适当限制碰撞力来实现的,使得在人和机器人接触的情况下接触力不会超过生物力学允许的极限。

国际标准 ISO 10218-2 提供了在机器人工作单元设置和系统集成过程中需要考虑的多方面的指导方针。它指出不仅需要评估机器人本身,还需要考虑整个应用,特别是末端执行器、过程、环境和典型的工作任务。这对人机协作操作特别重要。由于总是需要考虑应用,所以不可能设计完全安全的机器人,而只能为建立安全的协作操作提供配备安全功能的机器人。

下面以 FANUC 为例,介绍其 DCS 功能。FANUC 的双重安全检测功能(dual check safety,DCS)为 FANUC 软件的安全功能,由双 CPU 驱动双链急停电路实现数据交换和结果查看,如图 10-7 所示,可在机器人周边实现虚拟区域检测和动作检测等功能,如图 10-8 所示,设置机器人的虚拟区域后,实时监视机器人和手爪的位置,若机器人超越这个位置或外部入侵,机器人立刻停止。

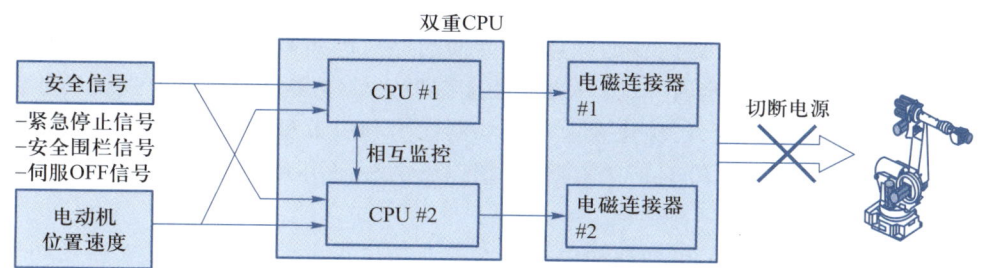

图 10-7　DCS 功能

在人机作业的环境中,此功能可在机器人周边构成一个虚拟的安全区域,当人员进入到此区域,机器人暂停当前的工作,进而达到保护人员,避免受到伤害的目的。

为了减少机器人运动时的动能,协作机器人一般重量比较轻,结构相对简单,这就造成机器人的刚性不足,定位精度相比传统机器人差 1 个数量级;低自重、低能量的要求,导致协作机器人体型都很小,负载一般在 10 kg 以下,工作范围只与人的手臂相当。随着技术的发展,协作机器人最终将变成一个过渡概念,未来所有的机器人都应该具备与人类一起安全地协同工作的特性。

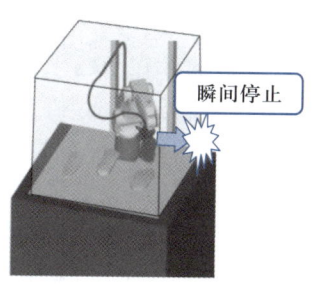
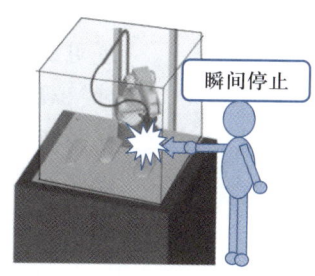

(a) 虚拟区域检测功能　　(b) 动作检测功能

图 10-8　DCS 功能

### 3. 工业机器人与大数据及云计算技术融合

在当前的制造业市场中,谁能够更及时、更准确地反馈和解决遇到的问题,谁就能在竞争中占据优势和主动。不过,相比这种"看得见"的竞争,越来越多的企业开始利用互联网平台和大数据技术,努力预判产品从研发到销售各环节可能出现的问题和风险,并实现有效规避,从而增强自身的生产和竞争能力。

大数据是指包含着巨量资料的信息资产。这些数量庞大、内容多样的信息资料,需要借助新型的软件和数据模式进行处理,并能够大大增强企业的决策力、洞察力和流程优化能力。就制造产业来看,大数据主要来源于六方面,被称为"6C": connection(连接:传感器和网络)、cloud(云:任何时间及需求的数据)、cyber(虚拟网络:模式与记忆)、content(内容:相关性和含义)、community(社群:分享和交际)、customization(客制化:个性化服务与价值)。

与大数据密切关联的另一个信息化技术就是云计算（cloud computing）。它是针对大数据海量、高增长率和多样化特质而出现的一种全新的信息处理技术和模式。云计算是传统计算机和信息化网络技术融合的产物，能够将碎片化、零散化的数据信息有效整合起来，发现它们的关联性，从而为企业或商家决策提供更精准、更科学的数据信息。正如有些学者指出的，云计算拓展了大数据的生产空间和价值，让毫不相干的信息变成了互相关联的鲜活数据，并在纵向上提升了信息化与工业化的融合程度。

在制造业中嵌入大数据和云计算，一方面能够对产品制造流程进行实时监控，从而提前发现问题、规避风险；另一方面还能够极大地增强企业对客户反馈的非结构化数据信息的处理能力，优化企业的市场洞察力和决策精准度，从而为市场提供更优质的产品和服务。针对这两方面，介绍以下两种应用方式：

（1）ZDT分析方案

在制造业生产中，不可预期的停机会对企业造成很大的损失，机器人在长期使用过程中，会由于使用及保养的不同而出现不同的问题，从而导致停机的出现。ZDT（zero down time）即指零停机时间功能，由发那科（FANUC）公司和思科（CISCO）公司共同开发，使用云端软件平台来分析从工厂机器人收集的数据，以发现可能导致生产停机的潜在问题。

ZDT包括硬件和软件平台。机器人通过以太网连接，通常连接到本地工作单元网络，再连接到工厂网络。每台机器人上收集的数据会馈送到机器人控制器软件中。然后位于生产车间的数据采集器会从整个工厂的所有机器人控制器收集数据，并将这些数据加密传输到思科云端服务器。

发那科开发的分析软件会分析云端数据库中潜在关注领域的数据。一旦检测到异常，则会向发那科服务中心发送电子邮件警报，因此可分派零组件和服务以进行预防性维护。电子邮件警报也会发送给预先指定的客户人员，使其能在停机发生之前采取适当措施解决问题。在有网络的前提下，可以在移动终端的专用画面上查看有关机器人的状态信息（如运行状况、生产信息、诊断信息、保养日期等），也可以在手机等智能设备以及PC的Web浏览器上查看机器人的运行状态，如图10-9所示。

ZDT不仅适用于机器人，也适用于加工设备，以及由机器人直接控制的过程，如焊接、喷涂。发那科的ZDT分析方案正在世界各地的客户设施上监控逾上万台机器人。发那科和思科最终打算使用为ZDT开发的数据通信网络，来连接机器人以外的设备。ZDT是发那科智慧边缘连接和驱动（intelligent edge link and drive）系统的一部分。ZDT提供开放软件平台，可为发那科CNC、机器人、外围设备和自动化系统中使用的传感器提供先进的分析和深度学习功能。

（2）工艺云专家系统

在自动化生产中，机器人的使用必须满足工艺的要求，然而工艺的复杂性使得能同时懂得工艺且能操作机器人变得难以实现。针对这个问题，有些学者提出了工艺云的概念。

工业机器人工艺云专家系统，包括集成有人机交互层（HMI）、运动规划控制层

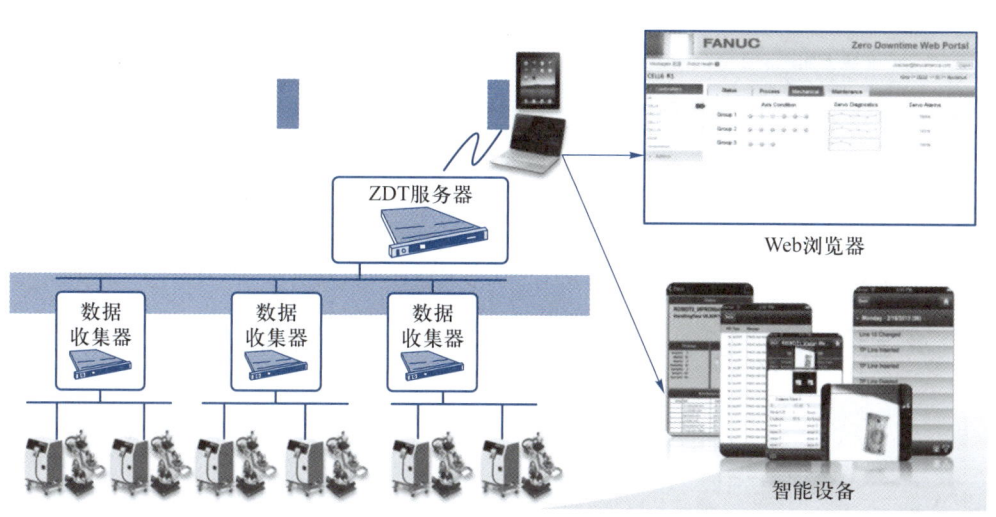

图 10-9　ZDT 分析方案

（Montion）和伺服回路控制层（Servo）的工业机器人控制系统。人机交互层、运动规划控制层借助于网络,通过特定的数据交互通信协议实现与云端服务器的数据交互,人机交互层输入作业信息后,传递给云端服务器,经过云端服务器在工艺专家系统内搜索现成的模板程序或者进行相似比对和推理计算后,形成具体的机器人作业程序,并借助网络下载到工业机器人控制系统内;工业机器人控制系统内集成有用于感应工业机器人实时数据的机器人感应传感器层（Sensor）,将工业机器人对工件进行批量作业时的最终的运行数据传递给云端服务器。通过对与原始下载作业程序的对比和学习,云端服务器工艺云专家系统完成、学习和优化,如图 10-10 所示。

工业机器人工艺云专家系统的工作方法包括下列步骤。

第 1 步:获取成品样件的三维数模输入到工业机器人控制系统,同时通过工业机器人的人机交互层（HMI）输入加工参数。

第 2 步:工业机器人控制系统利用特定的通信协议将第一步得到的相关数据传递到云端服务器。

第 3 步:云端服务器通过网络将作业程序下载到工业机器人控制系统内。

第 4 步:现场工程师模拟仿真及确认后,控制工业机器人进行试生产。

第 5 步:对试生产后的样件进行检测,以确保样件满足技术要求。

第 6 步:检测合格后进行正式生产。

第 7 步:将进入正式生产过程后的工业机器人及传感器收集的数据,借助网络上传到云端服务器。

第 8 步:在云端服务器中完成对原始下载的机器人作业程序与实际正式生产的机器人作业程序进行比对,完成对工艺云专家系统数据和规则的完善,使得工艺云专家系统完成学习与优化。

工艺云的实现使得机器人的使用变得更加简单,还带来诸多优点。工艺云与传统机器人应用的比较见表 10-1。图 10-11 所示为采用工艺云的智能制造单元。

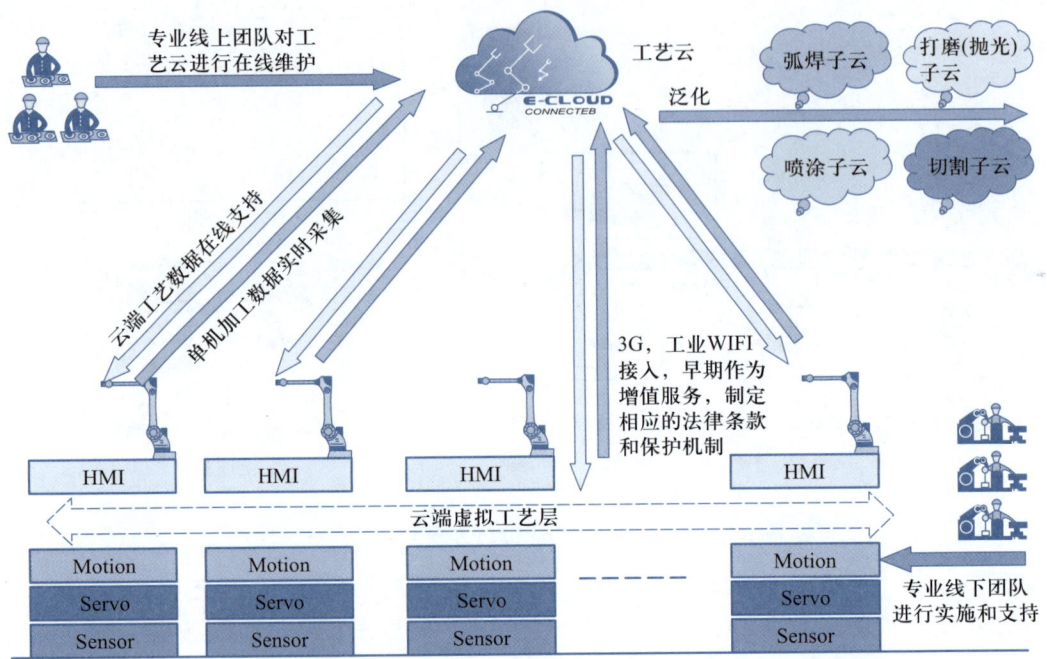

图 10-10　工艺云专家系统

表 10-1　工艺云与传统机器人应用的比较

| 类目 | 传统工业机器人 | 工艺云+机器人 |
|---|---|---|
| 换产编程效率对熟练工程师的依赖度,运维人员成本 | 换产编程效率较低,依赖于现场操作工和工艺工程师的经验。运维人员成本较高 | 换产编程效率高,不依赖于客户现场的人员的经验,终端客户运维人员成本大幅降低 |
| 工艺支持完整性和智能化 | 本地硬件资源无法完成工艺数据采集、挖掘、工艺指令的计算和推理及工艺知识库的存储。工艺支持智能化和完整性较差,存在瓶颈 | 依托于云服务器强大的硬件资源实现智能工艺知识库搭建,在知识库不断学习和完善的同时硬件不会存在瓶颈 |
| 工艺支持时效性 | 工艺软件包需要定期更新,是静态的,无法做到实时更新,无法使用户使用最新最优的功能,时效性较差 | 云端工艺知识库具有实时学习,更新功能,让用户始终得到最新的工艺支持,时效性强 |
| 机器人控制器软硬件要求 | 硬件资源占用较大,需要高性能的处理器和硬件平台,软件架构复杂 | 硬件资源占用较少(嵌入式平台),软件架构简单,成本较低,易于标准化 |

综上可知,从微观层面来看,"大数据+云计算"的结合,能够推动企业的信息

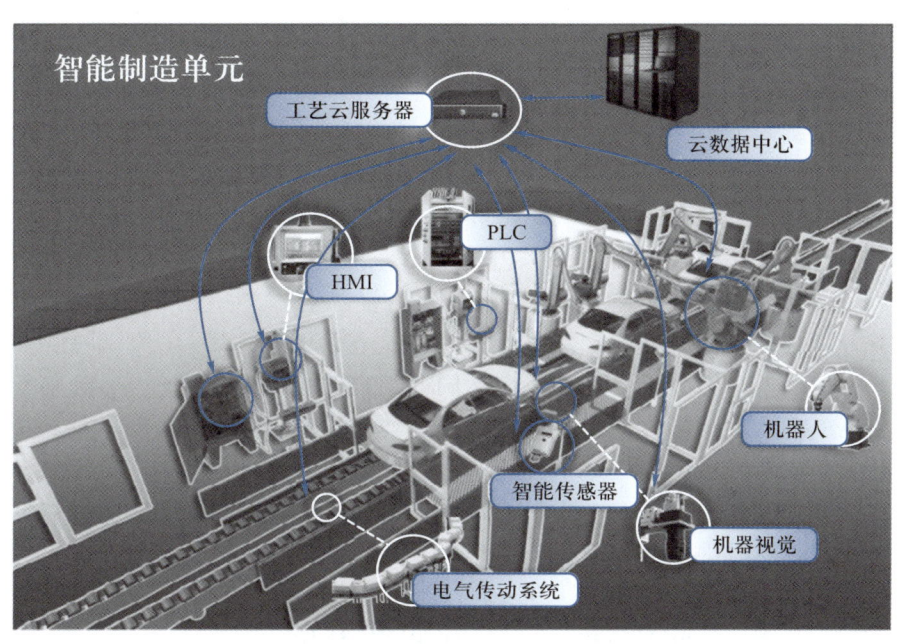

图 10-11　采用工艺云的智能制造单元

化升级转型,优化产品的研发生产流程,增强企业对市场信息的洞察力和敏感性,从而实现从生产型制造向服务型制造的转变,围绕市场个性化、定制化需求进行精准生产。从宏观层面来看,大数据和云计算的应用,有利于整个制造业的优化升级,提高生产的灵活性、准确性和安全性,从而帮助制造业真正根据市场需求安排生产活动,实现向智能制造和云制造的信息化转型。

智能机器人在各行业均具有广阔的发展前景。然而,尽管国内外智能机器人的研究已经取得了众多成果,但其智能化水平仍然有很大的上升空间。未来的智能机器人会在以下几方面发展。

（1）面向任务

由于目前人工智能还不能提供实现智能机器面向开放任务的完整理论和方法,已有的人工智能技术大多数要依赖领域知识,因此对机器要完成的任务加以限定,发展面向特定任务的特种机器人,已有的特定领域人工智能技术就能发挥作用,使开发这种类型的智能机器人成为可能。

（2）传感技术和集成技术

在现有传感器基础上发展更好、更先进的处理方法和实现手段,或者寻找新型传感器,同时提高集成技术,增加信息的融合。

（3）机器人云互联技术

利用云互联网络技术将各种机器人连接到计算机网络上,机器人的知识库源于云端,云端通过网络对机器人进行有效的协同控制,即机器人云与机器人学校;智能控制系统的计算方法,与传统的计算方法相比,以模糊逻辑、基于概率论的推理、神经网络、遗传算法和混沌为代表的计算技术具有更高的鲁棒性、易用性及计算的低耗费性等优点,应用到机器人技术中,可以提高其问题求解速度,较好地处理多变量、非线性系统的问题。

（4）机器学习算法

在智能机器人中,各种机器学习算法的出现推动了人工智能的发展,深度学习、强化学习、蚁群算法、免疫算法等可以用到机器人系统中,使其具有类似人的学习能力,以适应日益复杂的、不确定和非结构化的环境。

（5）智能优化的人机接口

人机交互的需求越来越向简单化、多样化、智能化、人性化方向发展,因此需要研究并设计各种智能人机接口（如多语种语音、自然语言理解、图像、手写字识别、甚至包括生理信息等）,以更好地适应不同的用户和不同的应用任务,提高人与机器人交互的和谐性。

（6）多机器人协调作业

组织和控制多个机器人来协作完成单机器人无法完成的复杂任务,在复杂未知环境下实现实时推理反应以及交互的群体决策和操作。

## 10.4 我国工业机器人技术的研究方向

我国工业机器人面临着历史上难得的发展机遇,包括政策红利、经济转型升级等刚性需求的释放。制造业的转型升级将推动我国高端制造装备的发展,我国制造业需要实现从"大"到"强",同时国内外经济环境的变化将倒逼产业转型升级,我国制造业将从依靠廉价劳动力、破坏资源与环境的粗放式发展模式向依靠提高生产效率、环境友好型的精细式发展模式进行转变。

我国工业机器人尽管在某些关键技术上有所突破,但还缺乏整体核心技术的突破,特别是在制造工艺与整套装备方面,缺乏高精密、高速与高效的减速机、伺服电动机、控制器等关键部件。

2021年12月,工业和信息化部等十五部门印发的《"十四五"机器人产业发展规划》,对"十四五"时期机器人产业发展做出了全面部署和系统谋划。该规划提出,到2025年,我国成为全球机器人技术创新策源地、高端制造集聚地和集成应用新高地。一批机器人核心技术和高端产品取得突破,整机综合指标达到国际先进水平,关键零部件性能和可靠性达到国际同类产品水平。机器人产业营业收入年均增速超过20%。形成一批具有国际竞争力的领军企业及一大批创新能力强、成长性好的专精特新"小巨人"企业,建成3~5个有国际影响力的产业集群。制造业机器人密度实现翻番。到2035年,我国机器人产业综合实力达到国际领先水平,机器人成为经济发展、人民生活、社会治理的重要组成部分。

主要研究方向如下。

### 1. 提高产业创新能力

加强核心技术攻关。聚焦国家战略和产业发展需求,突破机器人系统开发、操作系统等共性技术。把握机器人技术发展趋势,研发仿生感知与认知、生机电融合等前沿技术。推进人工智能、5G、大数据、云计算等新技术融合应用,提高机器人智能化和网络化水平,强化功能安全、网络安全和数据安全。

其中,机器人核心技术包括共性技术及前沿技术。共性技术包括机器人系统开发技术、机器人模块化与重构技术、机器人操作系统技术、机器人轻量化设计技术、信息感知与导航技术、多任务规划与智能控制技术、人机交互与自主编程技术、机器人云-边-端技术、机器人安全性与可靠性技术、快速标定与精度维护技术、多机器人协同作业技术、机器人自诊断技术等。前沿技术包括机器人仿生感知与认知技术、电子皮肤技术、机器人生机电融合技术、人机自然交互技术、情感识别技术、技能学习与发育进化技术、材料结构功能一体化技术、微纳操作技术、软体机器人技术、机器人集群技术等。

### 2. 夯实产业发展基础

补齐产业发展短板。推动用产学研联合攻关,补齐专用材料、核心元器件、加工工艺等短板,提升机器人关键零部件的功能、性能和可靠性;开发机器人控制软件、核心算法等,提高机器人控制系统的功能和智能化水平。其中,机器人关键零部件基础技术如下。

(1)高性能减速器

研发 RV 减速器和谐波减速器的先进制造技术和工艺,提高减速器的精度保持性(寿命)、可靠性,降低噪声,实现规模生产。研究新型高性能精密齿轮传动装置的基础理论,突破精密和超精密制造技术、装配工艺,研制新型高性能精密减速器。

(2)高性能伺服驱动系统

优化高性能伺服驱动控制、伺服电机结构设计、制造工艺、自整定等技术,研制高精度、高功率密度的机器人专用伺服电动机及高性能电机制动器等核心部件。

(3)智能控制器

研发具有高实时性、高可靠性、多处理器并行工作或多核处理器的控制器硬件系统,实现标准化、模块化、网络化。突破多关节高精度运动解算、运动控制及智能运动规划算法,提升控制系统的智能化水平及安全性、可靠性和易用性。

(4)智能一体化关节

研制机构/驱动/感知/控制一体化、模块化机器人关节,研发伺服电机驱动、高精度谐波传动动态补偿、复合型传感器高精度实时数据融合、模块化一体化集成等技术,实现高速实时通信、关节力/力矩保护等功能。

(5)新型传感器

研制三维视觉传感器、六维力传感器和关节力矩传感器等力传感器、大视场单线和多线激光雷达、智能听觉传感器以及高精度编码器等产品,满足机器人智能化发展需求。

(6)智能末端执行器

研制能够实现智能抓取、柔性装配、快速更换等功能的智能灵巧作业末端执行器,满足机器人多样化操作需求。

### 3. 增加高端产品供给

面向制造业、采矿业、建筑业、农业等行业，以及家庭服务、公共服务、医疗健康、养老助残、特殊环境作业等领域需求，集聚优势资源，重点推进工业机器人、服务机器人、特种机器人重点产品的研制及应用，拓展机器人产品系列，提升性能、质量和安全性，推动产品高端化、智能化发展。

其中，工业机器人主要面向研制面向汽车、航空航天、轨道交通等领域的高精度、高可靠性的焊接机器人，面向半导体行业的自动搬运、智能移动与存储等真空（洁净）机器人，具备防爆功能的民爆物品生产机器人，以及自动导向搬运车（automated guided vehicle，AGV）、无人叉车、分拣及包装等物流机器人，面向 3C、汽车零部件等领域的大负载、轻型、柔性、双臂、移动等协作机器人，可在转运、打磨、装配等工作区域内任意位置移动、实现空间任意位置和姿态可达、具有灵活抓取和操作能力的移动操作机器人。

当前，新一轮科技革命和产业变革加速演进，新一代信息技术、生物技术、新能源、新材料等与机器人技术深度融合，机器人产业迎来升级换代、跨越发展的窗口期。世界主要工业发达国家均将机器人作为抢占科技产业竞争的前沿和焦点，加紧谋划布局。我国已转向高质量发展阶段，建设现代化经济体系，构筑美好生活新图景，迫切需要新兴产业和技术的强力支撑。机器人作为新兴技术的重要载体和现代产业的关键装备，引领产业数字化发展、智能化升级，不断孕育新产业新模式新业态。机器人作为人类生产生活的重要工具和应对人口老龄化的得力助手，持续推动生产水平提高、生活品质提升，有力促进经济社会可持续发展。

面对新形势新要求，未来 5 年乃至更长一段时间，是我国机器人产业自立自强、换代跨越的战略机遇期。必须抢抓机遇，直面挑战，加快解决技术积累不足、产业基础薄弱、高端供给缺乏等问题，推动机器人产业迈向中高端。

## 学习评分表

| 序号 | 学习目标 | 知识技能点 | 评估结果 | 评分 |
|------|----------|------------|----------|------|
| 1 | 了解国外机器人产业概况和发展战略（20分） | • 国外主要工业发达国家机器人产业概况<br>• 国外主要工业发达国家机器人的发展战略 | □ 掌握<br>□ 初步掌握<br>□ 未掌握 | |
| 2 | 熟悉我国机器人的产业现状（20分） | • 我国机器人产业概况<br>• 我国机器人产业区域化的布局概况 | □ 掌握<br>□ 初步掌握<br>□ 未掌握 | |
| 3 | 掌握我国机器人产业的发展特征趋势（20分） | • 我国机器人产业的发展特征趋势 | □ 掌握<br>□ 初步掌握<br>□ 未掌握 | |

| 序号 | 学习目标 | 知识技能点 | 评估结果 | 评分 |
|------|----------|-----------|----------|------|
| 4 | 熟悉智能制造中的工业机器人新技术（20分） | • 协作机器人的发展及其应用<br>• 大数据及云计算等技术对机器人发展的影响 | □ 掌握<br>□ 初步掌握<br>□ 未掌握 | |
| 5 | 掌握我国工业机器人技术的研究方向（20分） | • 我国工业机器人技术的发展现状<br>• 掌握我国工业机器人技术的研究方向 | □ 掌握<br>□ 初步掌握<br>□ 未掌握 | |
| 合计 | | | | |

## 学习体会

## 单元练习题

1. 描述全球工业机器人及零部件产业概况。

2. 试述我国工业机器人的发展现状，并与国际工业机器人发展现状进行比较。

3. 查找资料，分析世界主要国家的工业机器人发展规划。

4. 分析我国工业机器人产业发展特征趋势，如何成为工业机器人强国？

5. 试举例分析智能制造新技术对工业机器人发展使用的影响。

6. 世界主要工业机器人大国正在智能机器人技术方面展开激烈竞争。描述我国工业机器人技术研究的方向。

习题答案
单元10练习题参考答案

# 参考文献

［1］ 许文稼,蒋庆斌.工业机器人技术基础［M］.2 版．北京:高等教育出版社,2023.

［2］ 胡伟.工业机器人行业应用实训教程［M］.北京:机械工业出版社,2015.

［3］ 张宪民,杨丽新,黄沿江.工业机器人应用基础［M］.北京:机械工业出版社,2015.

［4］ 汪励,陈小艳.工业机器人工作站系统集成［M］.2 版．北京:机械工业出版社,2022.

［5］ 蒋庆斌,陈小艳.工业机器人现场编程［M］.2 版．北京:机械工业出版社,2021.

［6］ 叶晖.工业机器人典型应用案例精析［M］.2 版．北京:机械工业出版社,2022.

［7］ 余任冲.工业机器人应用案例入门［M］.北京:电子工业出版社,2015.

## 郑重声明

高等教育出版社依法对本书享有专有出版权。任何未经许可的复制、销售行为均违反《中华人民共和国著作权法》，其行为人将承担相应的民事责任和行政责任；构成犯罪的，将被依法追究刑事责任。为了维护市场秩序，保护读者的合法权益，避免读者误用盗版书造成不良后果，我社将配合行政执法部门和司法机关对违法犯罪的单位和个人进行严厉打击。社会各界人士如发现上述侵权行为，希望及时举报，我社将奖励举报有功人员。

反盗版举报电话　 (010)58581999　58582371

反盗版举报邮箱　 dd@ hep. com. cn

通信地址　北京市西城区德外大街 4 号　高等教育出版社知识产权与法律事务部

邮政编码　100120

读者意见反馈

为收集对教材的意见建议，进一步完善教材编写并做好服务工作，读者可将对本教材的意见建议通过如下渠道反馈至我社。

咨询电话　400-810-0598

反馈邮箱　gjdzfwb@ pub.hep.cn

通信地址　北京市朝阳区惠新东街 4 号富盛大厦 1 座
　　　　　 高等教育出版社总编辑办公室

邮政编码　100029